都市美

臨時増刊号

地域社会圏研究所

河出書房新社

目次

特集　Riken Yamamoto Who?　山本理顕とは何者か？

Ⅰ部　プリツカー賞受賞

山本理顕、2024年プリツカー賞受賞　8
プリツカー賞について　20
2024年プリツカー賞受賞記念講演＋ディスカッション　28
プリツカー賞受賞に寄せて　トム・プリツカー　46
アレハンドロ・アラヴェナ
プリツカー賞受賞後日誌　54

Ⅱ部　山本理顕　著作・論文・対談選集

装飾論（卒業論文）　64
住宅はコミュニティの場か―プロジェクト1　小さい庭のある小さい家の幸福　67

住居の意味論的構造（修士論文） 72
領域論試論 75
新建築・月評 101
プランニングにこだわるというのは、厳密に部屋と部屋との関係が見えるようにしたいという意識があった。 123
素材について考えるということは、表現一般について考えることと実は同義なのだ 135
日常的風景の覚醒に向けて―クリストVS山本理顕 139
設計作業日誌77／88―私的建築計画学として 149
建築非映像論 164
建築と語るアートポリス 173
計画する側の意志が問われているのだと思う。 180

建築は仮説に基づいてできている 184
建築は隔離施設か 196
主体性をめぐるノート 205
共感された空間――主体性をめぐるノート2 214
建築の社会性 221
職寝一体・職住混在 226
システムが表現に転換する時 234
地域社会圏 236
建築空間の施設化 248

III部　山本理顕論

山本理顕― Riken Yamamoto 一九四五〜　植田実　266
〈ルーフ〉―さらにその概念を深化せしめよ　原広司　270
成熟しない建築家　松山巖　276
「世界」という「空間」をつくる「仕事」―山本理顕論　布野修司　282

山本理顕 年表

履歴　318
建築作品　319
著作　324
編集後記　布野修司　328

カバー写真：Tom Welsh for The Hyatt Foundation/Pritzker Architecture Prize

I部

プリツカー賞受賞

山本理顕、2024年プリツカー賞受賞

2024年3月5日、ハイアット財団は、プリツカー建築賞（The Pritzker Architecture Prize。以下本書ではプリツカー賞と表記）の2024年受賞者に、山本理顕を選出したことを発表した。

山本は、建築家として、またソーシャル・アドボケイト（社会の代弁者）として、アイデンティティ、経済、政治、インフラストラクチャー、住宅供給システムが多様に拡散する社会に調和が必要であることを主張し、公的領域と私的領域の間に親和性を確立しようとする。地域社会の生活（コミュニティ・ライフ）の維持に深くこだわる彼は、コミュニティの成員は互いに支え合うべきなのに、プライバシーという価値観が都市的感覚になっていると主張する。彼はコミュニティを「ひとつの空間を共有する感覚」と定義し、住居を隣人との関係のない商品と化してきた長年の状況を否定し、伝統的な自由とプライバシーの概念を脱構築しようとする。生活の繁栄のために、国際的な近代建築を未来のニーズに適応させることによって、文化、歴史と多世代の市民を繊細な感性によって橋渡ししようとしている。

「私にとって空間を認識することは、コミュニティそのものを認識することなのです」と山本は言う。「現在の建築的アプローチはプライバシーを強調し、社会関係の必要性を否定しています。しかし、われわれは、個人の自由を尊重しながらも、共同体としての建築空間においてともに生活することで、文化や生活の現実を超えて調和を育むことができるのです。」

山川山荘 © 大橋富夫

熊本県営保田窪第一団地 © 大橋富夫

岩出山中学校 ©藤塚光政

２０２４年の審査員は、「社会的要請に対する責任が何であるかについてコミュニティ内で意識を高めてくれたこと、建築の個々の反応を調整するために建築の規律に疑問を投げかけてくれたこと、そして何よりも、建築においても民主主義同様に空間は人びとの決意によって創造されなければならないことを思い出させてくれた」と評価する。

空間としての境界（閾）を再考することで、彼は、公的生活と私的生活の境界を活性化し、それぞれに交際や偶然の出会いの場があるように、プロジェクトごとに社会的価値を生み出している。小規模な作品から大規模な作品まで、空間そのものが持つ特質を明らかにし、それぞれの空間が縁取る生活に焦点を当てている。内部の人は外部の環境を見ることができ、通り過ぎる人は帰属感を感じることができるよう透明な境界が用いられる。彼は、景観の連続性を重視し、それぞれの建物の体験を文脈化することで、既存の自然環境と建物環境との対話をデザインする。

彼は、都市との関係において存在していた、すなわち、都市と結合し、商業が各家族の活力にとって不可欠であった時代の、伝統的な日本の町家やギリシアのオイコスを進化させようとしてきた。彼は、テラスや屋上から隣人との交流を呼び起こすような自邸「GAZEBO」（横浜、１９８６年）を設

建外SOHO ©Riken Yamamoto & Field Shop

公立はこだて未来大学 ©相原功

GAZEBO © 宮本隆司

石井邸（STUDIO STEPS）© 大橋富夫

計した。２人のアーティストのために建てられた「石井邸(STUDIO STEPS)」（川崎、１９７８年）は、パビリオンのような部屋が屋外に広がり、パフォーマンスを行う舞台となる。

「山本氏は、単に家族が住むための空間を作るのではなく、家族がともに暮らすためのコミュニティを作るための新しい建築言語を開発している」とハイアット財団のトム・プリツカー会長はいう。「彼の作品は常に社会とつながり、寛大な精神を養い、人間性を尊重している」。

大規模な住宅プロジェクトでは、一人暮らしの住民でも孤立しないよう、関係性の要素を組み込んでいる。９つの低層集合住宅街区からなる「パンギョ・ハウジング」（韓国・城南、２０１０年）は、１階部分の透明な空間は、近隣住民の相互関係を促進する。２階に設けられた共有デッキは、交流を促す集いの場、遊び場、庭園、そして住宅棟と住宅棟を繋ぐ橋などを備えている。

「未来の都市に最も必要なことのひとつは、建築を通して人びとが集い、交流する機会を増やす条件を作り出すことである。パブリックとプライベートの境界を慎重に曖昧にすることで、山本氏は、コミュニティを形成するために積極的に貢献している」と、審査委員長であり、２０１６年のプリツ

パンギョ・ハウジング ©佐武浩一

広島市西消防署 © 大橋富夫

カー賞受賞者であるアレハンドロ・アラヴェナ氏は言う。そして、「彼は日常生活に品格をもたらす心強い建築家である。日常が非日常となる。冷静さが素晴らしさに繋がっている」と続ける。

　特定の機能を実現する市民建築は公共の目的を達成し、保証するものである。広島市西消防署（広島、２０００年）は、ガラスルーバーのファサードと内部のガラス壁によって全体が透けて見える。訪問者や通行人は、中央のアトリウムから消防士たちの日々の活動や訓練を見ることができる。そして、建物内には、日々市民を守ってくれる消防士と交流する場所が設けられている。福生市庁舎（東京、２００８年）は、周囲の低層建築を考慮して、高層棟ではなく、２つの中層棟として設計されている。凹型の基壇部は来訪者のための休憩、リラックスするためのスペースとして開放され、屋上や低層部の緑地は様々な公共的プログラム用に設けられている。

　看護、福祉、保健を専門とする埼玉県立大学（越谷、１９９９年）は、９つの建築をテラスで繋いでいる。テラスは歩廊を通じて透明な建物に繋がっており、教室から次の教室、次の建物が眺められ、学際的な学びの場を生んでいる。横浜市立子安小学校（横浜、２０１８年）では、仕切りのないテラスが学習スペースに拡張され、各教室が相互に見渡せるようになっており、学年間の交流を促している。

　山本はユーザーの体験を第一に考える。横須賀美術館（横須賀、２００６年）は、訪問者のための目的地であると同時に、地元の人びとの日々の憩いの場でもある。来場者を引き入れる蛇行したエントランスは、取り囲む東京湾や近隣の山々を想起させるが、多くの展示室は地下にあり、自然の地形をそのまま鮮明に視覚的に体験することができる。来場者は、すべての共有スペースの丸い開口部から、風景や他の展示室を見渡すことができる。来場者は、作品だけでなく、隣

埼玉県立大学 ©Riken Yamamoto & Field Shop

横浜市立子安小学校 © 藤塚光政

横須賀美術館 © 大橋富夫

のスペースにいる他の人びとの動きにも印象付けられるよう、それぞれ異なる環境を一体化させている。

そのキャリアは50年に及び、そのプロジェクトは、個人住宅から公共住宅、小学校から大学キャンパス、さまざまな施設から市民スペース、都市計画まで、日本、中華人民共和国、大韓民国、スイスの各地に及んでいる。上述したほか、名古屋造形大学(名古屋、2022年)、THE CIRCLE—チューリッヒ国際空港(スイス・チューリッヒ、2020年)、天津図書館(中国・天津、2012年)、北京建外SOHO(中国・北京、2004年)、エコムスハウス(鳥栖、2004年)、東雲キャナルコートCODAN(東京、2003年)、公立はこだて未来大学(函館、2000年)、岩出山中学校(大崎、1996年)、熊本県営保田窪第一団地(熊本、1991年)などの建築作品がある。

山本氏は、53人目のプリツカー賞受賞者で、日本からは9人目である。中華人民共和国北京市出身、横浜市在住。2024年5月16日には、イリノイ工科大学のS・R・クラウン・ホールで、シカゴ建築センターとの共催で「2024年プリツカー賞受賞記念講演会」が開催される。

名古屋造形大学 © 大野繁

THE CIRCLE—チューリッヒ国際空港 ©Flughafen Zürich AG

天津図書館 ©Riken Yamamoto & Field Shop

東雲キャナルコート CODAN ©Riken Yamamoto & Field Shop

出典：Laureates | The Pritzker Architecture Prize (pritzkerprize.com)
URL：https://www.pritzkerprize.com/laureates/riken-yamamoto#laureate-page-2601
翻訳：布野修司

プリツカー賞について

目的

プリツカー賞は、建築芸術を通じて人類と建築環境に一貫して多大な貢献を果たした、建築作品に、その才能、構想（ビジョン）、実践（コミットメント）を兼ね備えた資質を示す建築家を顕彰することを目的としている。

この国際賞は、毎年優れた業績を挙げた存命の建築家に授与されるもので、１９７９年にシカゴのプリツカー家によってハイアット財団を通じて設立された。毎年授与されることで、しばしば「建築界のノーベル賞」、「建築家の職能（プロフェッション）における最高の栄誉」と呼ばれる。

歴史

プリツカー賞の名は、シカゴに本社を置く国際企業のプリツカー・ファミリーに由来している。ハイアット・ホテルの経営で有名なプリツカー・ファミリーは、教育、科学、医療、文化に関わる活動を支援してきたが、ジェイ・プリツカー（１９２２〜99年）と妻のシンディ・プリツカーによって設立されたのがこの賞である。

その長男でハイアット財団の会長兼社長であるトム・プリツカーは、「シカゴ人として、超高層建築の誕生の地であり、ルイス・サリバン、フランク・ロイド・ライト、ミース・ファン・デル・ローエなど、伝説的な建築家が設計したビルが建ち並ぶ都市に暮らす我がファミリーが、建築にとりわけ関心をもつのは驚くべきことでもなんでもありません。１９６７年に、私たちは、未完成の建物を買ってハイアット・リージェンシー・アトランタを開業しました。その高くそびえ立つアトリウムは大評判を呼んで世界中のハイアット・ホテルの代名詞となります。このアトリウムのデザインが宿泊客や従業員の態度に大きな影響を与えることがわかったのです。シカゴの建築が私たちに建築の芸術性を認識させた一方で、ホテルの設計と建設に携わる私たちは、建築が人間の行動に与える影響を意識するようになりました。ですから、活躍する建築家を顕彰するという企画を１９７８年に持ちかけられたとき、私たちは即応しました。私の両親は、意義のある賞は建築物に対する一般の人びとの認識を高め、刺激するだけでなく、建築の専門家の創造性を高めることにも繋がると信じていたのです」と言う。

プリツカー賞の手続きや報酬の多くは、ノーベル賞をモデルにしている。プリツカー賞の受賞者には、10万ドルの賞金、正式な表彰状、そして１９８７年からはブロンズのメダルが贈られるが、それ以前は、各受賞者に限定版のヘンリー・ムーアの彫刻が贈られていた。

授賞式

授賞式は毎年5月に行われる。授賞式会場は、世界各地の建築的に重要な場所が選ばれ、あらゆる時代の建築や過去の受賞者の作品に敬意を表している。通常、授賞式会場は受賞者が決まる前に毎年決定されるため、両者に意図的な関連性はない。

授賞式には海外からのゲストと開催国からのゲストが出席し、開催国の要人による歓迎の辞、審査委員長のコメント、トム・プリツカー氏による賞の授与、受賞者の受賞スピーチが行われる。

プリツカー賞の各受賞者に贈られるブロンズメダルは、超高層ビルの父として一般に知られているシカゴの有名な建築家、ルイス・サリバンのデザインに基づくものである。片面には賞の名前。裏面には、ローマの建築家ヴィトルヴィウスの建築の基本原則である強firmitas、用utilitas、美venustaの３つの言葉が刻まれている。

プリツカー賞 歴代受賞者

1979年	フィリップ・ジョンソン	Philip Johnson	アメリカ
1980年	ルイス・バラガン	Luis Ramiro Barragan Morfin	メキシコ
1981年	ジェームス・スターリング	Sir James Frazer Stirling	イギリス
1982年	ケヴィン・ローチ	Kevin Roche	アメリカ
1983年	イオ・ミン・ペイ	Ieoh Ming Pei	アメリカ
1984年	リチャード・マイヤー	Richard Meier	アメリカ
1985年	ハンス・ホライン	Hans Hollein	オーストリア
1986年	ゴットフリート・ベーム	Gottfried Böhm	ドイツ
1987年	丹下健三	Kenzo Tange	日本
1988年	ゴードン・バンシャフト	Gordon Bunshaft	アメリカ
	オスカー・ニーマイヤー	Oscar Ribeiro de Almeida Niemeyer Soares Filho	ブラジル
1989年	フランク・ゲーリー	Frank Owen Gehry	カナダ・アメリカ
1990年	アルド・ロッシ	Aldo Rossi	イタリア
1991年	ロバート・ヴェンチューリ	Robert Charles Venturi Jr.	アメリカ
1992年	アルヴァロ・シザ	Álvaro Joaquim de Melo Siza Vieira	ポルトガル
1993年	槇文彦	Fumihiko Maki	日本
1994年	クリスチャン・ド・ポルザンパルク	Christian de Portzamparc	フランス
1995年	安藤忠雄	Tadao Ando	日本
1996年	ホセ・ラファエル・モネオ	José Rafael Moneo Vallés	スペイン

１９９７年	スヴェレ・フェーン	Sverre Fehn	ノルウェー
１９９８年	レンゾ・ピアノ	Renzo Piano	イタリア
１９９９年	ノーマン・フォスター	Norman Foster	イギリス
２０００年	レム・コールハース	Rem Koolhaas	オランダ
２００１年	ヘルツォーク&ド・ムーロン	Herzog & de Meuron	スイス
２００２年	グレン・マーカット	Glenn Murcutt	オーストラリア
２００３年	ヨーン・ウツソン	Jørn Utzon	デンマーク
２００４年	ザハ・ハディド	Zaha Hadid	イラク・イギリス
２００５年	トム・メイン	Thom Mayne	アメリカ
２００６年	パウロ・メンデス・ダ・ロシャ	Paulo Mendes da Rocha	ブラジル
２００７年	リチャード・ロジャース	Richard George Rogers	イギリス
２００８年	ジャン・ヌーヴェル	Jean Nouvel	フランス
２００９年	ピーター・ズントー	Peter Zumthor	スイス
２０１０年	妹島和世	Kazuyo Sejima	日本
	西沢立衛	Ryue Nishizawa	日本
２０１１年	エドゥアルド・ソウト・デ・モウラ	Eduardo Elísio Machado Souto de Moura	ポルトガル
２０１２年	王澍	Wang Shu	中国
２０１３年	伊東豊雄	Toyo Ito	日本
２０１４年	坂茂	Shigeru Ban	日本
２０１５年	フライ・オットー	Frei Paul Otto	ドイツ

2016年	アレハンドロ・アラヴェナ	Alejandro Gastón Aravena Mori	チリ
2017年	ラファエル・アランダ	Rafael Aranda	スペイン
	カルマ・ピジェム	Carme Pigem	(スペイン)
	ラモン・ビラルタ	Ramon Vilalta	(スペイン)
2018年	バルクリシュナ・ドーシ	Balkrishna Vithaldas Doshi	インド
2019年	磯崎新	Arata Isozaki	日本
2020年	イヴォンヌ・ファレル	Yvonne Farrell	アイルランド
	シェリー・マクナマラ	Shelley McNamara	アイルランド
2021年	アンヌ・ラカトン	Anne Lacaton	フランス
	ジャン＝フィリップ・ヴァッサル	Jean-Philippe Vassal	フランス
2022年	フランシス・ケレ	Diébédo Francis Kéré	ブルキナファソ
2023年	デイヴィッド・チッパーフィールド	Sir David Alan Chipperfield	イギリス
2024年	山本理顕	Riken Yamamoto	日本

2024年プリツカー賞審査員

アレハンドロ・ガストン・アラヴェナ・モリ
Alejandro Gastón Aravena Mori
審査委員長

建築家。1967年生まれ。チリのサンティアゴを拠点に活動する。住宅、公共空間、インフラストラクチャー、交通など公的かつ社会的インパクトのあるプロジェクトを行うドゥ・タンク(実践集団)「エレメンタル(ELEMENTAL)」の創設者兼エグゼクティブ・ディレクター。そのすぐれた建築的手腕によって、社会的、人道的、経済的ニーズに応える作品や活動を生み出してきている。2016年プリツカー賞受賞。主な建築作品に「キンタ・モンロイの集合住宅」(2004年)、シャム・タワー(2005年)ビジャ・ベルデ住宅プロジェクト(2013年)など。

バリー・バーグドル
Barry Bergdoll

コロンビア大学教授(美術史・考古学)。1955年生まれ。米国芸術科学アカデミー会員、英国王立建築家協会および米国建築史学会フェロー、米国建築家協会(ニューヨーク)名誉会員。コロンビア大学美術史博士、ケンブリッジ大学修士。元ニューヨーク近代美術館フィリップ・ジョンソン・チーフ・キュレーター(建築・デザイン)。

デボラ・バーク
Deborah Berke

建築家。1954年生まれ。イェール大学建築学部学部長。ロードアイランド・スクール・オブ・デザイン、ニューヨーク市立大学卒業。1982年デボラ・バーク・パートナーズ設立。1987年イェール大学教授。

スティーブン・ブライヤー
Stephen Breyer

元連邦最高裁判所判事。1938年生まれ。2011年から プリツカー建築賞審査員。2019から20年まで審査委員長。最高裁事務官を経て、司法省反トラスト部門、ウォーターゲート事件特別検察官補佐官、米上院司法委員会特別弁護人、主任弁護人歴任。1980年連邦第1巡回区控訴裁判所任命、1990年首席判事就任。1994年、クリントン大統領により最高裁判事に任命。ハーバード大学ロースクール、ハーバード大学ケネディ行政大学院教授。

アンドレ・アラーニャ・コヘーア・ド・ラーゴ
André Aranha CORRÊA DO LAGO

ブラジル外交官。1955年生まれ。ブラジル大使（デリー、東京、マドリード、プラハ、ワシントンD.C.、ブエノスアイレス）、ブリュッセル欧州連合（EU）ブラジル政府代表歴任。

建築評論家。近代美術館国際評議会会員、オスカー・ニーマイヤー財団評議員。ベネチア・ビエンナーレ国際建築展ブラジル館（2014年）、「偉大な写真家が見たブラジル建築」展（大竹富江インスティテュート、サンパウロ、2013年）のキュレーター、「アンコール・モダーン？　ブラジル建築：1928-2005（パリ建築・遺産センター、2005-06年）の共同キュレーター。

妹島和世
Kazuyo Sejima

建築家。1956年生まれ。伊東豊雄建築設計事務所を経て1987年妹島和世建築設計事務所開設。1995年西沢立衛とSANAA設立。

2010年プリツカー賞受賞（西沢立衛と共同受賞）。

慶應義塾大学教授、横浜国立大学大学院Y-GSA教授、ウィーン応用芸術大学教授、ミラノ工科大学教授、大阪芸術大学教授、日本女子大学客員教授。2010年、第12回ベネチア・ビエンナーレ国際建築展のディレクター。

主な建築作品に、「梅林の家」（2003年）、金沢21世紀美術館（2004年）、ロレックス・ラーニング・センター（2009年）、ルーブル=ランス（2012年）、すみだ北斎美術館（2016年）など。

王澍
Wang Shu

建築家。1963生まれ。中国美術学院（杭州）建築学部長。1997年にルー・ウェンユーとともに「アマチュア建築スタジオ」設立。建築作品には、文化的伝統、工芸技術、自然発生的要素が随所に取り入れられている。その伝統的建築の理解、実験的な建築手法、徹底的な研究のユニークな組み合わせが、「アマチュア建築スタジオ」のプロジェクトの基礎となっている。2012年プリツカー賞受賞。

主な建築作品に寧波美術館（2005年）、中国美術学院象

山新校区（２００４〜07年）、杭州南宋御街博物館（２００９年）など。

マヌエラ・ルカ＝ダジオ
Manuela Lucá-Dazio
エグゼクティブ・ディレクター

ローマ・キエティ大学博士（建築史）。フランス・パリ在住。新たにプリツカー賞のエグゼクティブ・ディレクターに任命された。審査員団と密接に協力するが、議決権は行使しない。前職はヴェネチア・ビエンナーレの視覚芸術・建築部門のエグゼクティブ・ディレクター。１９９９年から両展覧会の技術組織と制作を担当。２００９年以降、国際美術展と国際建築展を開催するために、著名なキュレーター、建築家、アーティスト、批評家とともに展覧会を運営してきた。

出典：About the Prize｜The Pritzker Architecture Prize（pritzkerprize.com）
Meet the Jury｜The Pritzker Architecture Prize（pritzkerprize.com）
URL：https://www.pritzkerprize.com/about
https://www.pritzkerprize.com/jury
翻訳：布野修司

2024年プリツカー賞受賞記念講演

イリノイ工科大学クラウンホール、2024年5月16日

A Theory of Community Based on the Concept of Threshold

山本理顕

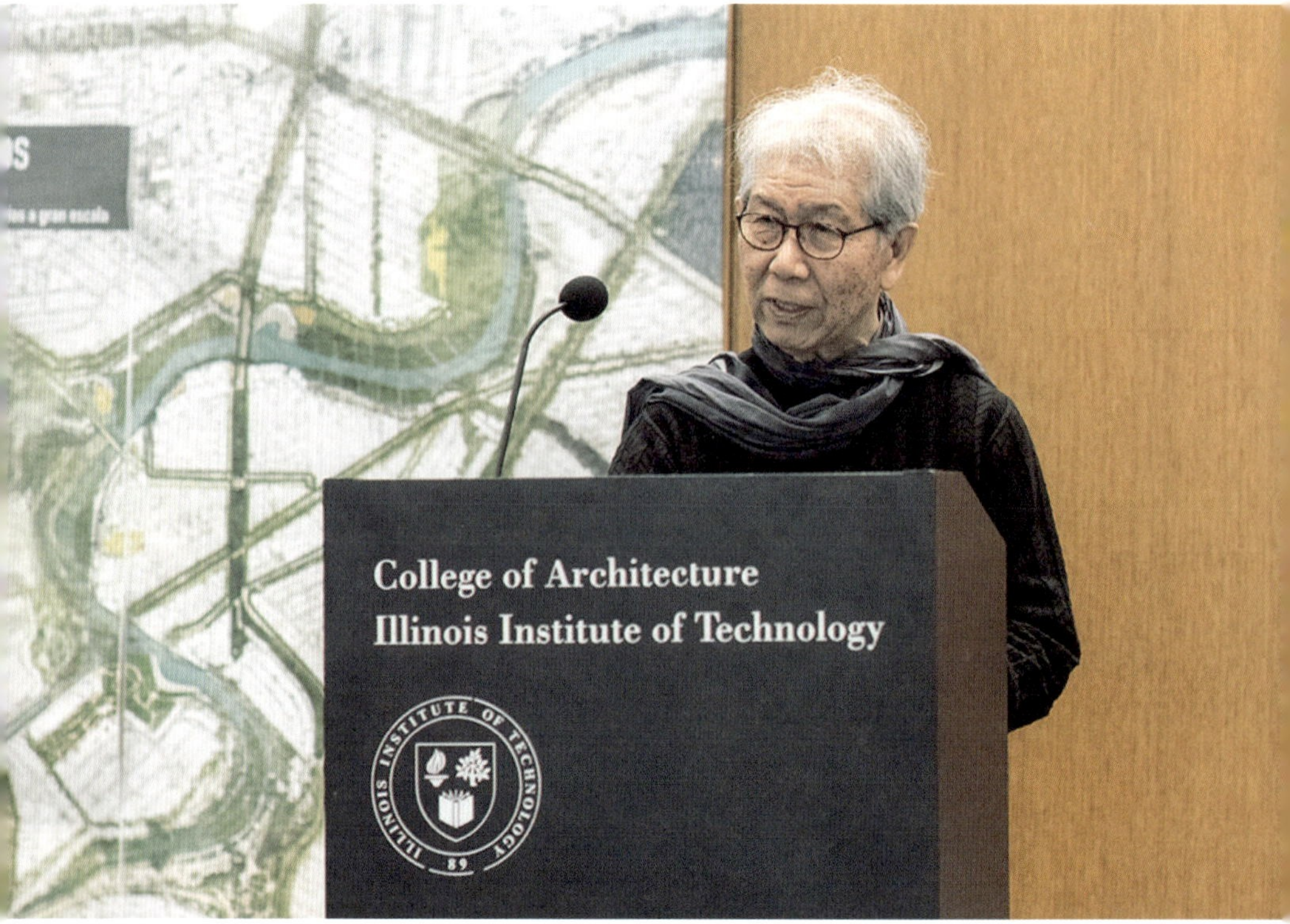

私は、建築の仕事は世界を変えるための非常に重要な仕事であると信じています。

最初に「閾（しきい）」についてお話ししたいと思います。これは非常に一般的な言葉ですが、公的領域と私的領域をつなぐ非常に重要な空間です。

私はドイツの哲学者ハンナ・アレントから多くを学びました。ドイツ系ユダヤ人のアレントはナチスから逃れてアメリカに亡命して、1963年にはシカゴ大学の教授に就任し、ここシカゴで多くの研究を行いました。彼女は政治哲学を専門としながら、建築空間と哲学について非常に優れた翻訳者でもありました。

まずアレントが『人間の条件』（1958年）で書いた言葉を紹介したいと思います。これはとても理解が難しいのですが、哲学者として「閾」について空間的に考えたのだろうと思います。

> 都市にとって重要なのは、隠されたまま公的な重要性をもたないこの〔私的〕領域の内部ではなく、その外面の現われである。それは、家と家との境界線を通して、都市の領域に現われる。法とは、もともとこの境界線のことであった。そしてそれは、古代においては、依然として実際に一つの空間、つまり、私的なるものと公的なるものとの間にある一種の無人地帯であって、その両方の領域を守り、保護し、同時に双方を互いに分け隔てていた。
>
> （『人間の条件』志水速雄訳、ちくま学芸文庫、92頁）

この文章は古代ギリシアの町並みとそこに建つ家との関係について書かれたものなのです。町並みは一つひとつの家が道に面して連なってできるものです。「外面の現われ」は、すなわち門構えのことで、家の内部よりも道に対する現れ方が重要である、とアレントは言うわけです。家と家は壁を共有し、相互に接し合っていた。さらに家は独立した概念ではなく、都市（ポリス）との関係でした。

アレントは「都市国家の法とは、まったく文字通り壁のこと」（『人間の条件』93頁）だと続けます。アレントが引用する古代ギリシアの都市（ポリス）を見ていきましょう。多くのポリスはまったく新たな場所につくられた人工の植民都市であり、壁で囲まれた空間でした。そして配分された土地に住むという所有の確定が法という概念の発端だったのです。

例えば、エーゲ海を見下ろす古代都市プリエネには、中心

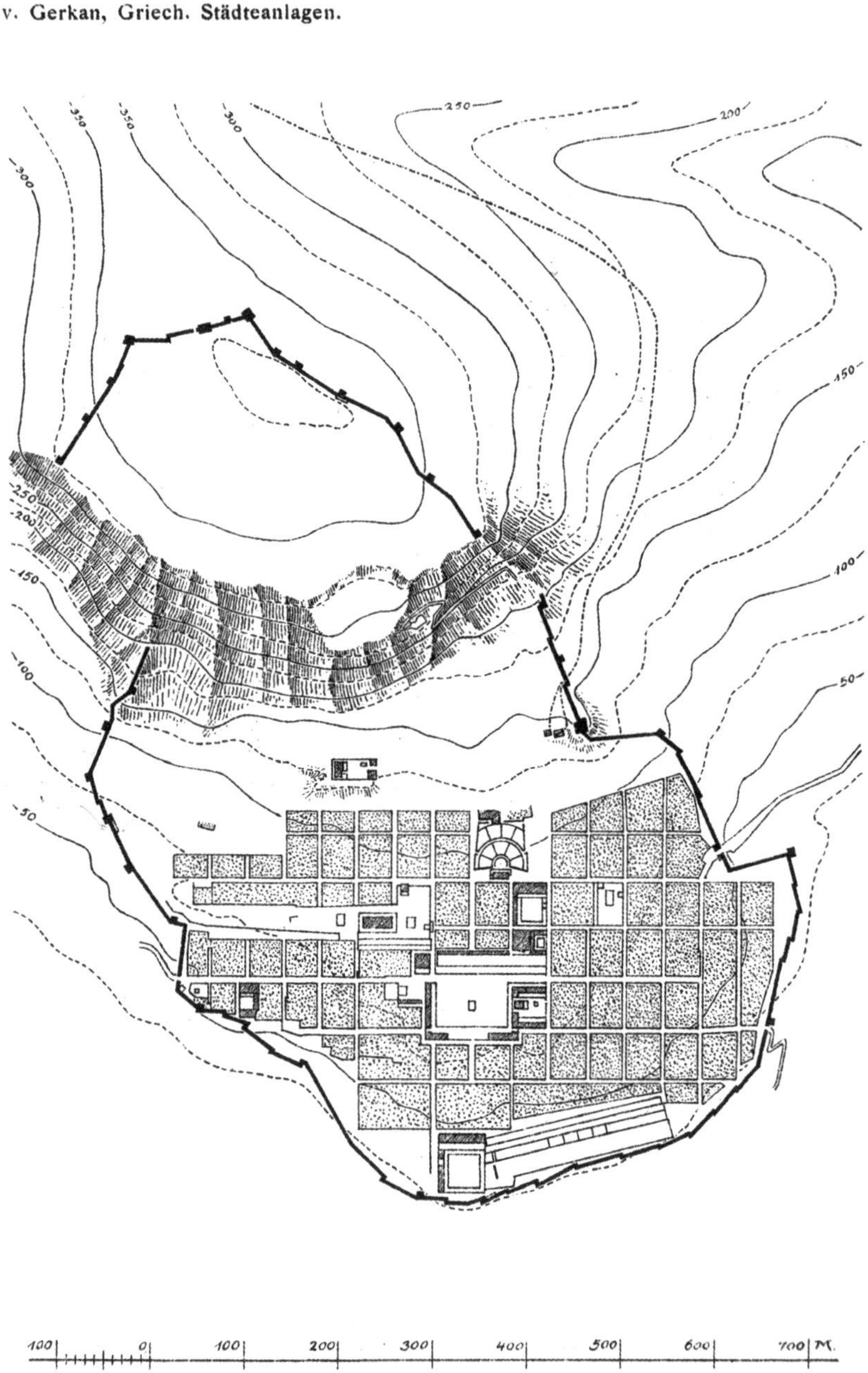

図1　プリエネの集落配置図（出典：Plan of Priene, in Griechische Stadeanlagen Wellcome M0009550.jpg" is licensed under CC BY 4.0.）

部にアゴラと呼ばれる広場があります。傾斜のある土地でありながら、ポリスの配置図（図1）を見ると完璧なグリッドプランになっています。プリエネも例外なく植民都市です。入植者が居住のために集まり活動を始める前に都市がすでに存在していること、そして政治システムを守るために人口は常に抑制することが重要でした。そのため都市計画者は均質で図式的明瞭なグリッドプランを作成し、隣人同士に等しい価値を持たせたのです。

グリッドプランを細かく見ていきます。古代都市オリュントスの住宅の配置図（図2）見ると、家の形はすべて等しく四角形であり、家が面している道はアゴラと繋がっています。

古代ギリシアの家は、男の領域（アンドロニティス）と女の領域（ギュナイコニティス）とに厳密に分けられていました。男の領域の中心は、食べて飲んで議論をする（饗宴）ための部屋「アンドロン」です。女たちは饗宴に参加することはなく、ポリスの正式な市民は男だけだったのです。そして男が饗宴のために他の市民を家に招き入れる際、門構えからアンドロンに繋がる領域がアンドロニティスです。逆に女が家事をするためのギュナイコニティスは最もプライバシーの高い場所として隔離されていました。これが今日使われる「プライバシー」の元となる概念であり、「私的（private）」

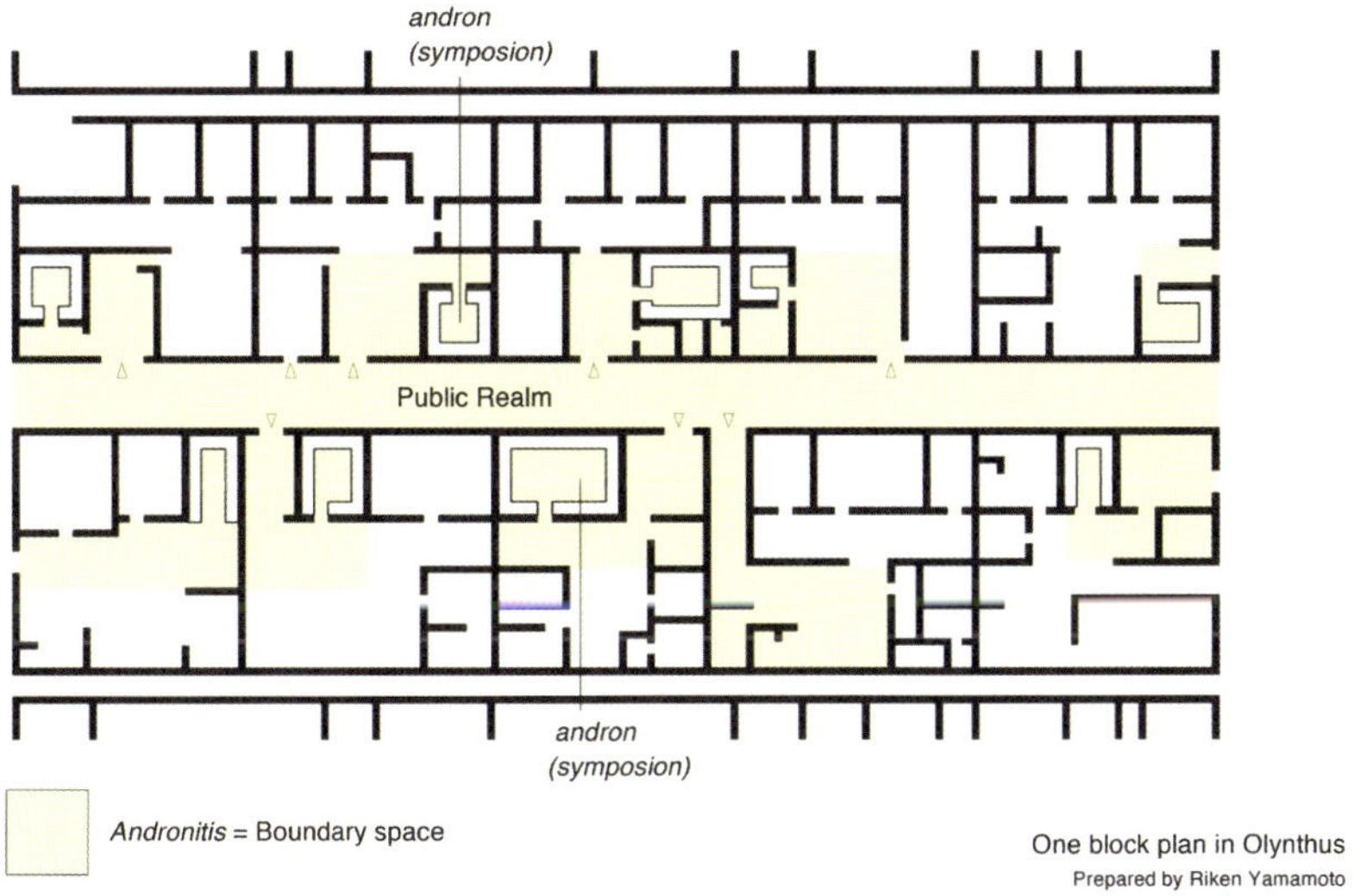

図2　オリュントスの平面図（作成：山本理顕）

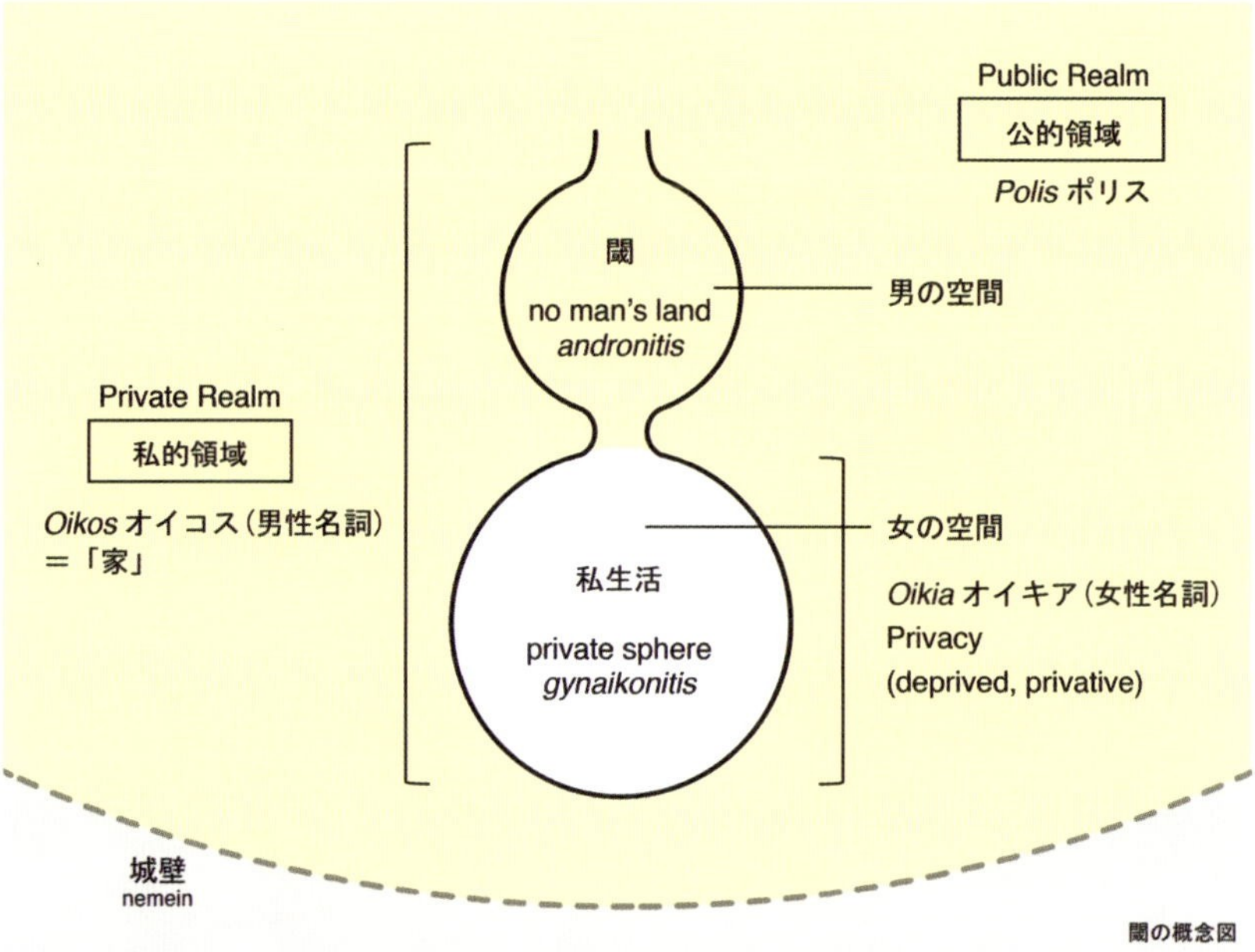

図3　「閾」の概念図（作成：山本理顕）

という言葉は「欠如している（privative）」という概念を含んでいる、とアレントは説明します。ギュナイコニティスは「なにものかを奪われている（deprived）状態」なのですね。そして、アンドロニティスは公的な領域と私的な領域の間に位置し、どちらにも属さない曖昧な場所です。そしてこれこそがアレントのいう「無人地帯 no man's land」であり「閾」です。アンドロニティス＝no man's land＝閾は家の内側に含まれており、そこは私的な領域なのです。つまり、家の中に「閾」という公的な領域があるわけです。

このように公的領域と私的領域を相互に結びつけ、あるいは切り離すことを「閾」という建築的な装置が担っている構造は、古代ギリシアに限ったことではありません。かつて私は世界中の集落を調査し、その際に非常に似た空間をいくつも見てきました。

たとえばイラク南部のチバイッシュという村の集落（図4）。ここはユーフラテス川に接する水辺の土地で、人びとはボートで移動します。彼らは家族が住まうための島を作って生活し、他の家は水を隔てて遠くにある。島の平面図（図5）を見ると、船着場から繋がっているのは「マディフ」と呼ばれる領域で、ここは来訪者を迎え入れる男の空間です。上陸した私たちはマディフに設えられた囲炉裏端でコーヒー

図4　イラク、チバイッシュの集落　©東京大学生産技術研究所原広司研究室

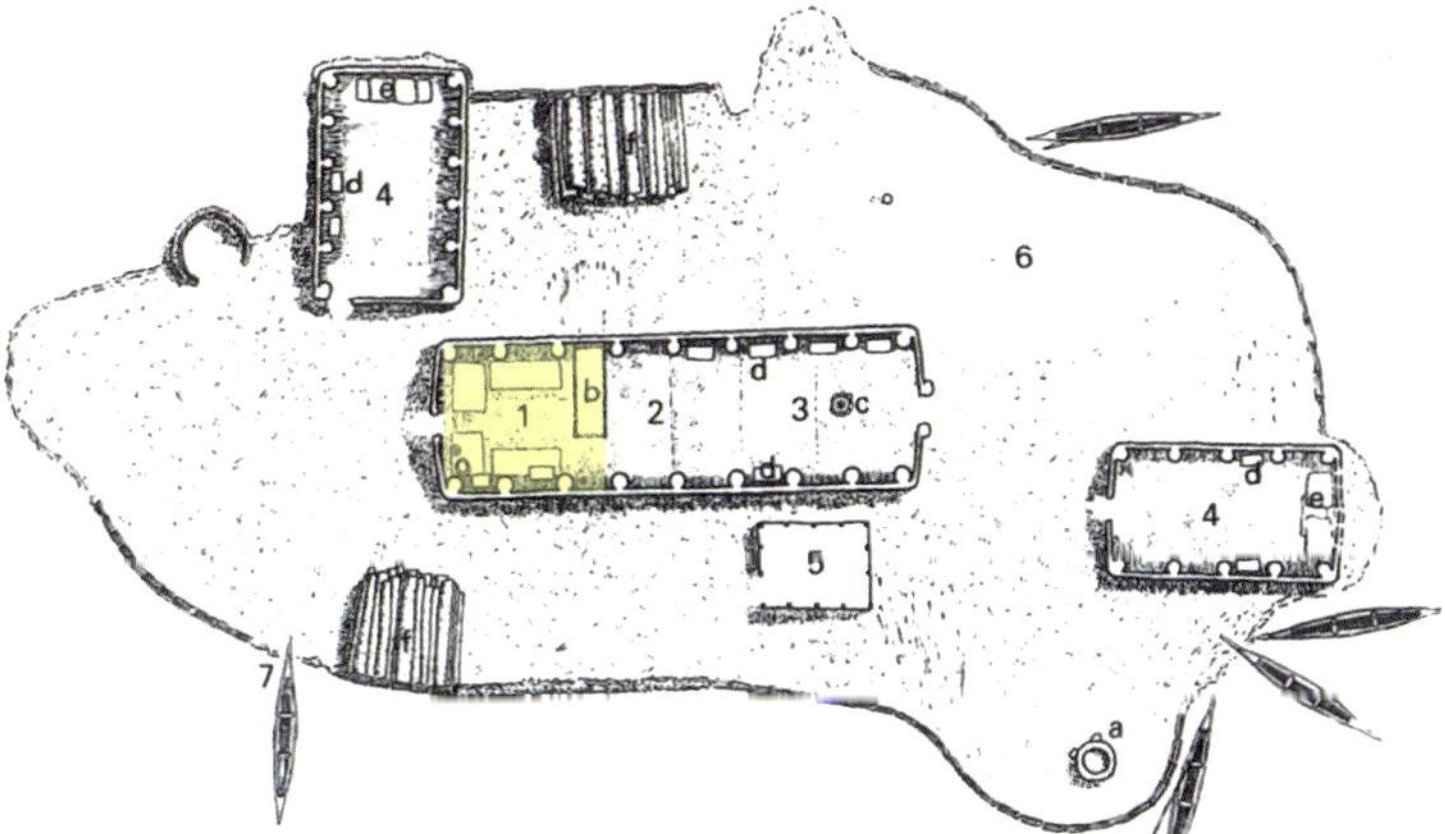

1. *Madhef* (guestroom, place for men)
2. Bedroom
3. Kitchen
4. Bedroom for offspring family-unit
5. Storeroom
6. Buffalo yard
7. Boatslip

a. Oven
b. Storage
c. Fire pit
d. Chest
e. Bedclothing

図5　イラク、チバイッシュの住居平面図。黄色部分がマディフ（出典：『住居集合論 II』）

図6　ペトレスの集落の鳥瞰　©東京大学生産技術研究所原広司研究室

図7　ペトレスの通りに面する家　©東京大学生産技術研究所原広司研究室

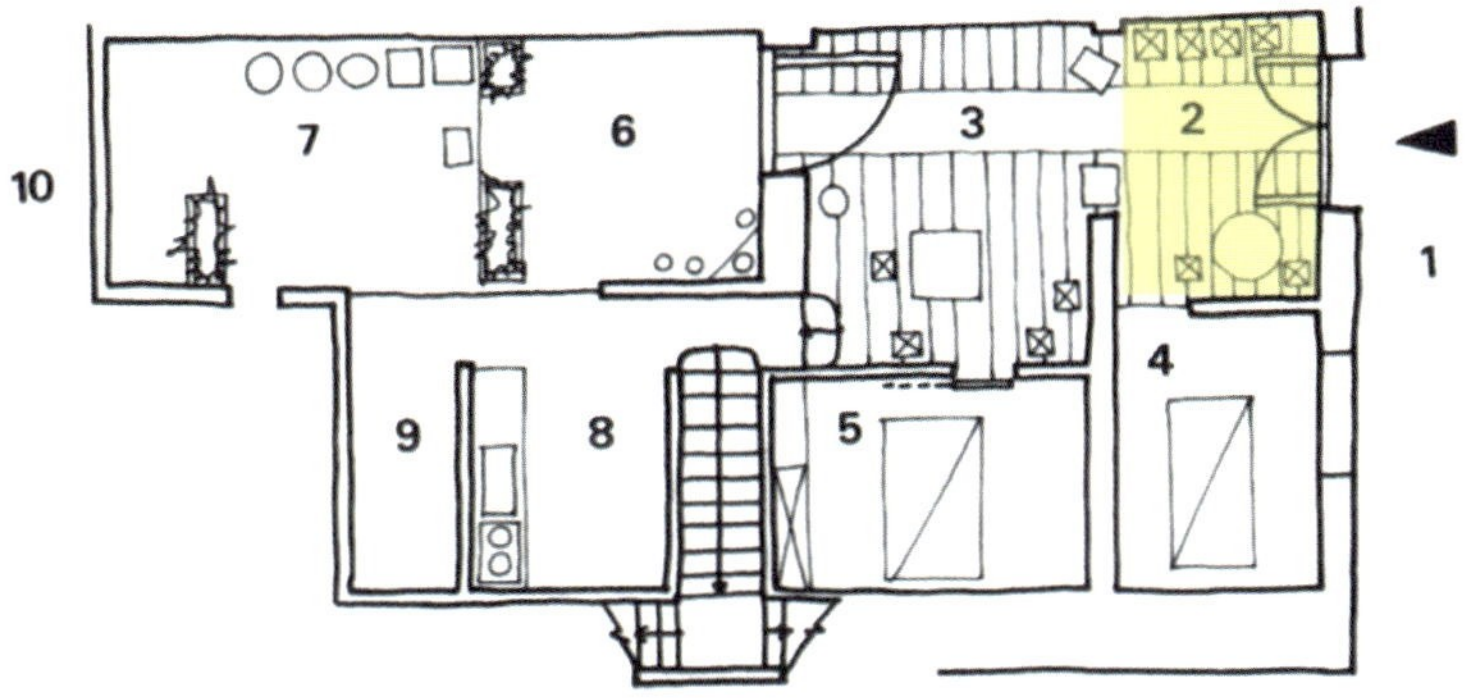

1. Main street
2. Entrance hall (*recibidor* ; Spanish for “reciprocity”) Threshold
3. Lounge
4. Bedroom
5. Bedroom
6. Patio 1
7. Patio 2
8. Kitchen
9. Storage
10. Orange field

図8　ペトレスの住居平面図。黄色部分がレシビドール（出典：『住居集合論Ⅱ』）

の接待を受けました。マディフには男性だけが訪れ、女性はこうした接待には参加しません。マディフは家の中で唯一の公的な領域で、古代ギリシアの家のアンドロンに非常によく似ています。

またフランスとの国境に位置するスペインのペトレスには、廃墟のようなロマネスク教会が丘の中腹にあり、そこから続く道の下に集落があります（図6）。アレントは、外面の現われ＝ファサードは公共空間にとって非常に重要だと述べていますが、ペトレスの家々は美しいファサードを持ち、玄関に続く部屋は美しく仕上げられたホワイエのような空間です。ここは「recibidor レシビドール」と呼ばれ、スペイン語で「相互に関わり合う場」という意味を持つそうです。ここもまた「閾」に似た空間が存在します（図8）。

インド中部のジュナパニーでは非常に大きな家を見ました（図9）。3人の妻を持つ村長パトルの家には大きな中庭があります。そして入り口に広がる空間はヒンディー語で「ダルワザ」と呼ばれ、外の人を接待する場所。ダルワザの先には「ドゥエリ」という中庭があり、最も奥に配置されるのはかまどのある「アンダーラート」。ダルワザは男の場所、アンダーラートは女の場所を意味します。インドの家族形態は「合同家族（ジョイントファミリー）」と呼ばれ、家父長と複

図9　ジュナパニーの住居の中庭　©東京大学生産技術研究所原広司研究室

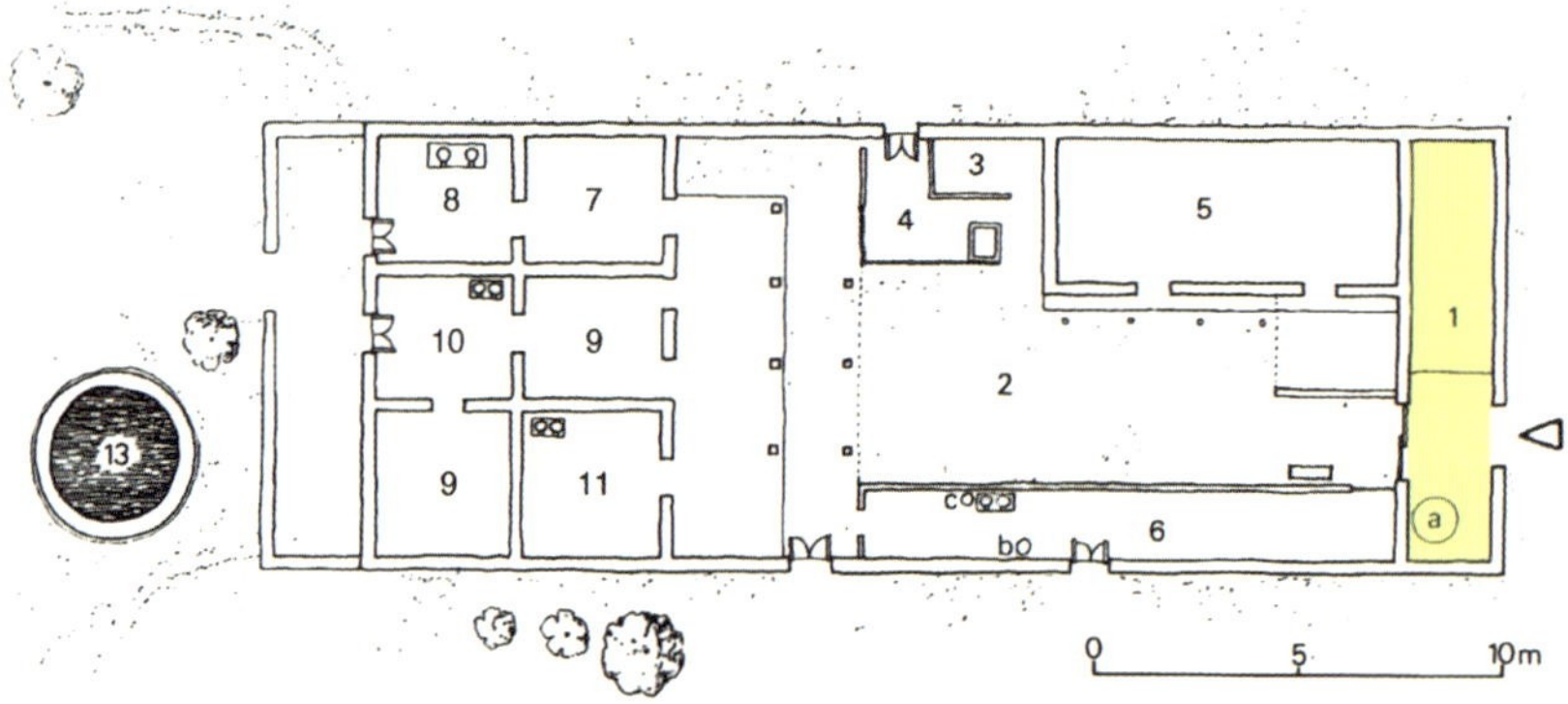

1. *Darwaza* (Gate)
2. Courtyard
3. Latrine
4. Bath
5. Kitchen/Bedroom for A-family
6. Kitchen/Bedroom for B-family
7. Storeroom
8. Bedroom for C-family
9. Kitchen for C-family
10. Bedroom for D-family
11. Kitchen for D-family
12. Well

a. Cereal storage
b. Mill
c. Stove

図10　ジュナパニーの住居平面図。黄色部分がダルワザ（出典：『住居集合論Ⅱ』）

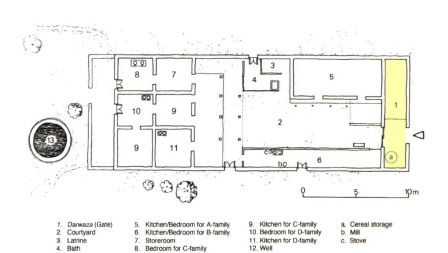

数の妻、結婚した子どもたちがそれぞれアンダーラートを持つようになると家が次第に大規模に拡張していきます。それでも男＝家父長の象徴であるダルワザは変わらず一つのままなのです。

スペインのレシビドール、イラクのマディフ、インドのダルワザ、形は異なれどもこれらはすべて「閾」です。そして世界のさまざまな集落が時空を超えて似通った構造を持っているわけですね。ポリスや集落という公的領域は大きな共同体領域であり、その共同体の中にある家は私的領域、すなわち小さな共同体である。その両者を守り保護し、同時に分け隔てる場所が閾です。近代の建築家はしばしば家という建築空間を「内部の問題」だと思っていますが、家には閾という公的領域に開かれた場所がある。家の問題は外側との問題、都市との関係の問題でもあるのです。

最後にもう一度アレントの言葉を紹介します。

> 世界は、そこに個人が現われる以前に存在し、彼がそこをさったのちにも生き残る。人間の生と死はこのような世界を前提としているのである。
>
> （『人間の条件』１５２頁）

私は、建築も人びとが現われる前から存在し、人びとが死んだ後も存在すると考えています。だからこそ、建築は人びとの生活にとって非常に重要なのです。誰かが亡くなっても、家や都市はその記憶を留め続けます。なぜなら、家も都市も人の一生よりもはるかに長い時間存在し続けるからです。アレントの信念に倣い、そのような建築を私はつくりたいのです。どうもありがとうございました。

翻訳・構成：中村睦美

2024年プリツカー賞受賞記念講演

イリノイ工科大学クラウンホール、2024年5月16日

パネルディスカッション

山本理顕　Riken Yamamoto

マヌエラ・ルカ=ダジオ　Manuela Lucá-Dazio

ディエベド・フランシス・ケレ　Diébédo Francis Kéré

アンヌ・ラカトン　Anne Lacaton

ジャン=フィリップ・ヴァッサル　Jean-Philippe Vassal

マヌエラ・ルカ＝ダジオ――理顕さん、あなたの建築に対する考え方と、集落での経験、そしてインスピレーションを与えてくれる素晴らしいお話をありがとうございました。さて、他のスピーカーの方々にも温かい拍手でお迎えしましょう。２０２１年のプリツカー賞受賞者であるアンヌ・ラカトンさん、フィリップ・ヴァッサルさん、そして２０２２年のプリツカー賞受賞者であるフランシス・ケレさんです。また、この場にいる渡辺洋さんにも感謝の気持ちを伝えたいと思います。渡辺さんはこの場のみならず、理顕さんの著作の翻訳もされてきました。そして参加していただいているみなさんにも感謝を。今日は、ここに登壇している建築家たちが歩んできた人生、若き建築家としての経験、成功や失敗などをお聞きできることを楽しみにしています。

まずは先ほど出た「コミュニティ 共同体」についてお話ししたいと思います。コミュニティはみなさんの知的アプローチや建築の実践において、基本的な要素となっていると思います。建築がいかにして公的領域と私的領域の間の境界を再構築できるかをみなさんは示してきました。そこで、最初に伺いたいのは、共同体に関する個人的な思い出や最初の記憶についてです。そしてそれがどのようにみなさんの今の仕事に繋がっているかお聞かせください。

アンヌ・ラカトン――私たちがラカトン＆ヴァッサルとして建築の仕事を始めたとき、「建築家として、人びとがコミュニティを築いて生活を発展させていくための最良の空間を創造すべきだ」と強く考えていました。空間の寛大さは私たちにとって非常に重要だった。なぜなら寛大な空間は、自由に物事を行うための条件をつくり出すからです。つまり、建築がコミュニティをつくり出すわけではなく、はじめにコミュニティが存在し、人が出会い、そしてともに活動するための条件を私たちが提供するのです。

コミュニティは最も基本的な単位、つまり家族から始まります。住宅はコミュニティが発生する最初の空間ですね。理顕さんが講演で話されたように、家族の空間は、私的領域であるのと同時に公的領域の一部でもあり、他者を招待する場所でもあります。そのためには余剰の空間、つまり特定の機能に専念しない自由な空間をつくることが重要だと思います。こうした空間こそが、家族や人びとが自らコミュニティを創造していくことを可能にするのでしょう。

フランシス・ケレ――今日この場にいられることをとても嬉しく思います。記憶をたどると、私が子どもの頃、夜になると家族みんなが集まり、祖父母や母たちがいろんな物語を語ってくれました。家の外にみんなで座って集まると、すごく一体感に溢れるというか、エネルギーが満ちていたことを思い出します。建築を学ぶようになって、私はつねに「コミュニティの生活が快適な環境で行われるような空間をどうすれば創れるだろうか」と考えていました。私が育ったのはブルキナファソの田舎の村。小さな動物があたりを走り回り、サハラの強い風が生活を妨げることもありました。

隣の人が家の前を通りかかって話や歌声を聞き、それに参加してくる。そんな歓びを分かち合うような場所をつくりたいとずっと思っています。理顕さんが見せてくれた集落では、人びとを囲い込むのではなく、開かれた空間がつくり出されていて、とても美しかった。まさに通りすがりの人びとを家に招き入れて楽しむような空間や場所だと思います。

これが私がコミュニティ生活を覚え、考えていることです。そして、それは今も私の建築に影響を与え続けています。

フィリップ・ヴァッサル——私が理顕さんに初めて会ったのはおよそ10年前の横浜でのことでした。「Creative Neighborhood」というテーマでワークショップを行ったときです。そのときのディスカッションで重要だったのは、都市の中でどのようにしてこれを創造できるかを考えることでした。

都市はときに困難も多い場所です。しかし都市ではさまざまな社会的な関係性が生まれ、人びとが出会い、個人の場所を持ちながらも他者を招くことができるような場所がありまず。とくに密集した都市の中では、小さなコミュニティが自分たちの空間を持ち、少人数でも交流が可能な場所をつくることが重要です。そうした場所にときには一人でいることもある。そしてこの小さいコミュニティが積み重なって都市が形成される。つまり、外から内ではなく、内から外へ成長していく構造があるのです。住まうということは、幸福を感じること、場所で気持ちよく過ごすこと、そして楽しむことです。そこに住む人びとと、そこで築かれる社会的な関係、そしてそのための空間の質を大切にしなければなりません。

ルカ＝ダジオ——みなさんのお話から「閾」やコモン・スペースという概念には、寛大さという側面があるようですね。２０２０年にプリツカー賞を受賞したアイルランドの建築家イヴォンヌ・ファレルとシェリー・マクナマラは、２０１８年のベネチア・ビエンナーレで総合ディレクターを務めた際、「FREESPACE」というテーマを設定しました。彼女たちのキュレーションにより、無意識的に滞在するような場所、自由な空間が志向されましたね。

理顕さん、あなたは世界各国の旅で見てきた「閾」やコモン・スペースを紹介してくれました。では理顕さん自身のコミュニティに関する最初の記憶は何ですか？

山本――私は横浜の郊外で育ちました。母は薬剤師で、家で薬局を経営していました。私の家族生活は薬局と密接に結びついていたんです。薬局は商売の場所でもあるので、常に外に開かれているのです。母は薬剤師として、外部と強く関係性を結びながら仕事をし、生活をしていました。薬局は地域にとって重要な施設だった。また、父は私が5歳のときに亡くなったため、母は家族の長でもありました。したがって、彼女は2つの役割を持っていました。これがコミュニティにまつわる私の最初の記憶です。

彼女は私にとって母親という存在であり、ときには薬剤師として私たち家族だけでなく外の人との生活も楽しんでいました。その姿にもどかしさを感じることもありました。家庭生活とそれ以外の共同体生活の間には矛盾があるわけです。私たちは家族のプライバシーを大切にしたいと思いますが、ときには外の共同体に参加することも必要です。

しかし現代、多くの家は外部との関係を持たず、公的領域と私的領域が完全に分断されています。とくにここシカゴやニューヨーク、東京のような密集した都市では、家族の生活は外部から独立している。現代化された家には矛盾があるのです。なぜなら家族が家の中だけで生活するのは到底難しく、でも外部と分断されているので共同体をつくることも難しくなっているわけです。

ルカ＝ダジオ――ありがとうございます。続いて建築家としてのキャリアに関してお聞きしたいと思います。大きな失望や挫折の瞬間、つまり「これはうまくいかない」と思った瞬間について教えてください。また、その一方で、「この建築の方法はうまくいく」と思ったポジティブな転機もお聞かせください。

ヴァッサル――私は建物が取り壊されるたびにとても悲しく、失望します。持続可能性やエコロジーの観点から、既存のものを活用することは非常に重要です。建物が長く存在しているということは、たとえそれが良い状態でなくても、そこには歴史があり、壁には、かつて住んでいた人びとの痕跡が残っているということ。既存の建物は、取り壊さずに何かを加えたり、形を変えたり重ねたりしていくことができるのです。だからこそ最終的にそうした建物が解体されてしまうのは悲しい。そこで暮らしていた人びとの記憶が消えてしまうのは非常に残念です。

ラカトン――私もまったく同意します。私たちは20年以上にわたり、"Never demolish, never remove or replace, always add, transform, and reuse!"（取り壊さず、取り除かず、取

り替えず、常に追加し、変化させ、再利用する！）という理念を信じて設計活動をしてきました。しかし、すべての建物を保存し、改修して再生させることがより良い解決策であると広く説得できていないことは失敗だと感じています。時間がかかる議論はもう受け入れることができず、物事は早く進めなければならないのです。というのも、フランスでは、この24年間で20万戸の住宅が解体され、同じ数の住宅は再建されていません。住宅不足の問題は解決しておらず、同様の問題は他の国にもあると思います。こうしたことは私たちにとって失敗と言えます。

ルカ＝ダジオ——しかし、失敗だけでなく成功もたくさんあったわけですよね。

ラカトン——そうですね、建築家として、私は毎日失敗を避けるために努力しています。そして、常にポジティブであることが重要です。私たちは最初から、物事が成功することを信じてやってきました。つねにポジティブで楽観的であり続けることが大切です。

ケレ——ドイツで建築を学んだ後、私にとって最初の設計活動はブルキナファソにあるガンド小学校の建設でした。多くの人びとの協力を得て建設資金を集めることができ、幸運にも、コミュニティと協力して建物をつくりあげることができました。ここでは地元の人びとが知っている素材を使いました。その素材、つまり粘土は、雨に弱いという問題がありました。そして建設が1メートルほど進んだ段階で大雨が降ったのです。それは夜に起こった出来事で、とても驚きでした。ここまでの努力が無駄になったと思った矢先、誰かが見に駆けつけ、建物は無事だと伝えてくれました。ガンド小学校の設計と建設は、地元の素材とそしてコミュニティがあってこその奇跡のようなものでした。以降、同じような建物を建ててほしいと多くの依頼が私の元にやってきました。そのためには資金や多くのリソースが必要なのです。

私は当初欧州で設計活動をするつもりはありませんでした。お金や知見を得たら地元に戻り、地域の人びとと向き合って働きたかったのです。ふたたびブルキナファソの村からの依頼に応えるために、拠点を置いていたドイツに戻りました。その結果、村にいる時間がなくなってしまった。あるとき村に戻ると、女性たちが「あの人はもう私たちと一緒に建物を建てる時間がないのね」と言った。そのとき地元のために孤軍奮闘していたことが結果的に自分自身を地元から遠ざけることになってしまっていたと気づいたのです。そこで、一緒に働いていた人びとにもより積極的に参加してもらい、私が欧州で働きながらも彼らがプロジェクトを進められるようにしました。この方法はうまく機能し、現在でも続いています。

しかし、今度は別の問題に直面しています。ドイツで進めてきたプロジェクトで、都市から農地が提供され、建築許可も得られた段階において、突然賢い人びとが現れ「もう十分だ。建築家は遊びすぎだ。われわれは真面目なものを求めている」と言ったのです。その結果、私がコミュニティとともにつくったアイデアが退けられ、イノベーションを求めていたはずなのに、結局は現状維持を望むようになってしまったのです。これは私にとって大きな課題です。

それでも私は自分のやっていることを信じており、諦めていません。つねに失敗や闘いとチャンスが交錯する終わりのない状況にあると思っています。

ルカ＝ダジオ——理顕さんはいかがですか？ あなたの失望や成功について教えてください。

山本——失望はたくさんありますよ（笑）。とくに公共建築をつくる際、自治体とのやりとりには苦労したものです。自治体の多くは、家族のスペースと共有のスペースを完全に分けた集合住宅をつくりたがるのです。彼らにとって最も重要なのは、プライバシーを保つこと。しかし現代の日本は、家族の人数の平均は１・９人、つまり２人未満です。単身世帯

熊本県営保田窪第一団地。中庭から住戸を臨む　©相原功

も大変多いわけです。また高齢世帯も増えています。そこで私は、住宅を通じてコミュニティをつくる方法を提案しましたが、自治体との間で闘争となりました。プライバシーを保ちながらコミュニティをつくることは非常に難しいです。

最初の試みは1991年に竣工した「熊本県営保田窪第一団地」というプロジェクトでした。この住宅は大きな中庭を囲むように110の住戸が配置され、外部から完全に隔てられているプランになっています。中庭は住人のためにつくったコモンスペースです。しかし、多くの建築関係者やジャーナリストたちから、「住戸が外に対して近すぎる」、「こんなプライバシーのないところに住むのは不可能だ」といった批判をたくさん受けました。しかしその後、中庭を囲みながら思い思いの時間を過ごして暮らす人たちも多く、この計画は成功したと思っています。

また韓国では2010年に「パンギョ・ハウジング」という集合住宅の設計をしました。この住宅は9つのクラスターで構成されていて、各クラスターには3〜4階建ての住戸が9〜13戸集まっています。2階部分はガラス張りの玄関を設け、住人が多目的に使用できるスペースとなっており、まさにこれが「閾」です。玄関から上階に行くと、子ども部屋がふたつ並んでいます。玄関の下、1階にはリビングと寝室が

パンギョ・ハウジング、2階に集まる住人たち ©Nam Goongsun

ある。このように住宅が上下で構成されていて真ん中に玄関、そこは外部に対して開いているという住宅です。私はパンギョ・ハウジングで、「共同体内共同体」をつくろうとしたのです。約100戸で構成されたこの集合住宅に、最初は誰も住みたがりませんでした（笑）。あまりにも2階が透明すぎるという理由からでした。

この2階の閾は、大きな玄関のような場所です。応接間、ホームオフィス、アトリエなどさまざまな用途として使うことができ、しばらくしてカフェやギャラリーを開く住人も現れるようになりました。住人以外の人びとも多く訪れているようです。4年ほど前に、住人たちが私をバーベキューパーティーに招待してくれました。彼らは「山本さん、私たちはこの場所でとても快適に生活をしています。この建築を楽しんでいます」と言ってくれたのです。

ハンナ・アレントや世界の集落から学んだ「閾」という領域を、私は建築家として意図的につくるなかで、住人のコミュニティにとって重要な場所が生まれたと思います。そこではプライベートな暮らしとともに住まうことが融合しているのです。最後に実例を少し紹介させていただきました。どうもありがとうございます。

ヴァッサル——実際の建築プロジェクトを見せていただき、先ほどの理顕さんがレクチャーで示されたことがよく理解できました。古代ギリシアのプラン、インドやスペインのプラン、そしてコミュニティのあり方。非常に興味深いのは、時空を超えて提示されるさまざまなプランに対し、理顕さんは極めて現代的な再解釈を行っているということです。これは本当に素晴らしい思考と実践だと思いました。

山本——モダニズムの時代、たくさんの集合住宅や公共建築がつくられましたが、これらの方法ではコミュニティや共同体を形成するのは難しかったのだろうと思います。しかし私たちはこの時代からも多くのことを学びました。だからこそ私たちは今、モダニズムとは異なるアイデアで建築をつくらなくてはなりません。ここ、イリノイ工科大学はまさにモダニズムの象徴的な建物ですが、ともに次のステージで活動しましょう。ありがとうございました。

翻訳・構成：中村睦美

プリツカー賞受賞に寄せて

トム・プリツカー

プリツカー賞は、これまで多くの大陸を旅してきました。そして今日、この賞が構想され、生命を吹き込まれ、形となった街、シカゴに帰郷するのです。今宵、私たちはこの空間で、山本理顕を前にしています。ミレニアム・パークの芝生の向こうに、同じく受賞者のフランク・ゲーリーが設計したプリツカー・パビリオンを眺めながら。

しかし、モダン・ウィングやパビリオンよりもずっと重要なのは、私の母、シンディ・プリツカーが今夜ここにいることです。母は父とともにプリツカー賞を発案し、設立しました。母さん、あなたも知っていると思いますが、私たち家族にとってあなたがいろいろな意味で素晴らしい模範であったことを他の人たちにも知ってもらうために、公の場で言いたいのです。

さて、今宵は日本から9人目の建築家としてプリツカー賞を受賞した山本理顕さんをお祝いします。プリツカー賞受賞者の20%近くが日本出身であることは偶然ではありません。なぜでしょうか? 日本人と建築に関する避けられないパターンの理由は何なのでしょう? 最も基本的な構造である家の話から始めると、西洋の家は4つの壁で外から中のものを守ろうとしています。一方伝統的な日本の家は、床と天井があり、家の中を自然が流れています。これはどこから来ているのだろうか。そして、なぜ自然が日本の美意識に強く組み込まれているのだろうか。

私の妻、マーゴットとともに数年前から続けている旅の話を少しさせてください。私たちはアスペンの自宅に伝統的な日本の石庭をつくってきました。京都・建仁寺の庭師の助けを借りて続けてきたのです。建仁寺は1202年に禅宗の開祖によって創建されました。私が最初にこのプロジェクトにかかる期間を尋ねたとき、庭師の先生は宙を見上げてから、私を見て言いました。

「第1段階は30年から40年はかかるだろう。」

このとき私たちは、日本人の時間に対する考え方を知ることができました。実際、日本人は1500年もの間、石庭を設計してきた。だから私は自然に、石庭が日本人の建築観に影響を与えているのではないかと考えるようになったのです。

マーゴットと私、そして先生との旅から学んだのは、石庭は視覚的な詩だと考えるべきだ、ということです。石庭のデザインの3つの特徴をご紹介しましょう。

・配置、あるいは風水や気、エネルギー源を利用して、岩の中にいる人の経験を高める
・経験の層、あるいは経験の層を通過する際の意識の変化を緩和する
・これらを建築の世界に当てはめると、配置、意識、そして啓示がぴったりくる

しかし、私たちの分析はここで終わるわけにはいきません。もう少し掘り下げて、神道や神々の道に目を向ける必要があります。日本には「八百万（やおよろず）の神」という言葉がありますね。

人生とはバランスである。それが今宵の受賞者、山本理顕に繋がります。理顕さんには、母なる自然だけでなく、人間の本質に対する深い尊敬の念が見て取れるのです。ここにバランスという考え方が加われば、理顕さんを取り巻く洞察が見えてきます。私にとって、空間を認識することはコミュニティ全体を認識することです。現代においては多くの建築的アプローチがプライバシーを重視し、社会的関係の必要性を否定しています。しかし、個人の自由を尊重しながらも、建築空間の中でともに生活することで、文化や生活の段階を超えた調和を育むことができるのです。

理顕さんは、単に家族が住むための空間をつくるだけでなく、家族がともに暮らすためのコミュニティを創造する新しい建築言語を生み出しています。彼の作品はつねに社会と

繋がり、寛大な精神を培い、人間の瞬間を尊重する。

彼は、シェルターを持つことと自然を楽しむことのどちらかを選ぶ必要はないことを示してくれました。知恵と創造性をもってすれば、シェルターだけでなく、自然やコミュニティとの永続的な繋がりを含めたバランスをとることができる。このバランスをとるという問題は、私たちの共通の未来に関わる他の多くの側面においても、ますます重要になってきています。

世界中で、住宅プロジェクトはますます必要性を増しており、困難な課題でもあります。多くの人びとに住居を提供するという倫理的義務と、そのようなプロジェクトを受け入れる住民と関係性をつくり、美に対する人間の欲求とのバランスをとることができるのでしょうか？

理顕さんの大規模な住宅プロジェクトはまた、人びとの関係性を生み出し、一人暮らしの住民でさえも孤独に暮らさないことを保証します。韓国のパンギョ・ハウジングは、9つの低層集合住宅からなる複合施設で、隣人同士の相互関係を促進するような、杓子定規でない透明な2階部分のボリュームが設計されています。2階の共有デッキは交流を促し、集いのスペース、遊び場、庭園、ある住戸と別の住戸をつなぐ橋などを備えています
最後に、毎年のプリツカー受賞者を研究している友人の話をしましょう。理顕さんがこのたびの受賞者だと聞いて、彼は理顕さんの最新の本を読み始め、私に電話をかけてきま

した。彼が言ったことは魅力的でした。

「聞いてくれ、彼は偉大な建築家かもしれないが、その実は世界的な哲学者なんだ。」

というわけで、哲学者であり、今年のプリツカー賞受賞者でもある山本理顕を紹介しましょう。

理顕さん、前に出てきていただけますか？

プリツカー賞受賞に寄せて

アレハンドロ・アラヴェナ

こんばんは。今年のプリツカー受賞者に山本理顕さんを選出するという幸せな決定に至りました。

そこでまずは本日ご参加の審査員の皆さんにお礼を申し上げたいと思います。これは全審査員の共同の努力と議論の成果であるからです。それではお名前を呼びますので、立ち上がってください。スティーブン・ブライヤーさん、デボラ・バークさん、バリー・バーグドルさん、アンドレ・コヘーア・ド・ラーゴさん、そして王澍さんに感謝を申し上げます。とくに王澍さんには、審査員を6年間務めてくださった功績に感謝を申し上げます。今年で審査員を退かれますが、これまで素晴らしい貢献をしていただきました。

受賞発表前日とその数日後、私はトム・プリツカーさんと山本理顕さんとともに日本で過ごす機会がありました。彼の作品をいくつか訪問する計画を立てていたのです。

発表翌日の朝、まず訪れたのは横浜市立子安小学校でした。学校には私たちが来ることはほとんど知らされていなかったようです。校外にいる子どもたちの保護者の誰かが、山本さんがいることに気づき、その場で自然発生的に拍手が起こったのです。その後私たちは校内に入り、ちょうど昼食の時間で教室は給食の配膳中。教室には地域の高齢者たちも一緒にいました。昼食の時間はコミュニティの交流の場となっていたのです。1年生から6年生までの子どもたちは山本さんに気づき、またもや拍手が起こりました。

公立の小学校という特段派手な用途でもない建築物においてこれほどまでにコミュニティが創造されているということが、理論上の話ではなく、実際に起こっている様子として見たのは、私にとって本当に感動的な体験でした。

次に訪れたのは広島市西消防署でした。シカゴやニューヨークは、都市の歴史から消防士と深い関係を持っていますが、広島の街もまた消防と強い結びつきがあるように感じられました。到着すると、消防士たちが整列して迎えてくれました。山本さんが車を降りると、消防士たちは山本さんへ丁寧にお辞儀をしました。山本さんもお辞儀を返し、その後またもや拍手が沸き起こりました。

その日の最後に訪れたのは名古屋造形大学でした。この建築は傑作だと思います。遅い時間に訪れたため、人はほとんどいませんでしたが、建物を見終わった後、私は思わず拍手をしました。それほどに衝撃的な建築でした。

その日の終わりに東京へ戻り、アメリカ大使館でプリツカー賞受賞の記者会見が行われました。多くのメディアが集まっており、山本さんはこの賞についての所感を求められました。子安小学校について話し始めようとしたとき、山本さんは涙を流しはじめました。私も先に訪れた子安小学校の体験を思い出し、思わず涙を流してしまいました。非常に感動的な瞬間でした。

「コミュニティの創造」が単なるクリシェではなく、事実だということ。山本さんを突き動かしているのは、まさにコミュニティの創造なのです。誰かがまたこれを原動力にして、素晴らしい建築を生み出したとき、プリツカー賞の核となる「建築を通じて人類や環境へ貢献する」という一文を私たち全員に思い起こさせてくれるでしょう。

建築を通じてコミュニティを創り出すというのは、切実にそれを必要としている世界に対し、建築家が貢献できる謙虚でありながら壮大な目標です。

この素晴らしい業績に心からお祝い申し上げます。

翻訳・構成：中村睦美

プリツカー賞受賞後日誌

3月5日　ハイアット財団より2024年プリツカー賞公式発表

シカゴ時間8時、日本時間23時に発表。NHK、TBSで速報

The New York Times、CNN International、朝日新聞、National Public Radio、Architectural Record、Sanlian Life Weekly、中日新聞、AP通信、日経アーキテクチュア、毎日新聞、読売新聞、共同通信、EFE通信などより取材

3月5日　山本理顕による建築ツアー①

アレハンドロ・アラヴェナ氏同行

訪問地：埼玉県立大学→GAZEBO→山本理顕設計工場

3月7日　山本理顕による建築ツアー②

トム・プリツカー氏（横須賀美術館のみ）およびアレハンドロ・アラヴェナ氏同行

訪問地：横須賀美術館→緑園都市→横浜市立子安小学校

アレハンドロ・アラヴェナ氏、トム・プリツカー氏と横須賀美術館にて

3月7日　プリツカー賞受賞記者会見&ディナー（駐日米国大使公邸）

米ハイアット財団会長トム・プリツカー氏、ラーム・エマニュエル駐日米国大使、審査委員長アレハンドロ・アラヴェナ氏が同席

3月8日　山本理顕による建築ツアー③

妹島和世氏およびアレハンドロ・アラヴェナ氏同行

訪問地：保田窪第一団地→広島市西消防署→名古屋造形大学

3月17日～20日　能登半島地震　被災地視察

2024年1月1日に発生した能登半島地震による被災を受けて、輪島市深見町、輪島市街、三井地区、石川県庁、珠洲市立正院小学校避難所を訪問、視察

全焼した輪島市「朝市通り」を歩く山本

被災した輪島市を視察

4月2日　桃園市児童美術館オープニングセレモニー（台湾）

©2018 Taoyuan City Government, Taiwan
Photography by Ching Kuang Liao (C.K.L.)
※美術館棟は2026年に竣工予定

4月11日　ゲンロンカフェ

「万博と建築―なにをなすべきか」
対談：山本理顕＋藤本壮介
モデレーター：五十嵐太郎＋東浩紀

4月17日　トークイベント（本屋B&B）

『都市美第3号』『地域社会圏主義 増補改訂版』『THE SPACE OF POWER, THE POWER OF SPACE』刊行記念
「コミュニティ権新しい希望―地域社会圏という考え方」
鼎談：山本理顕＋小熊英二＋布野修司

4月26日　Local Knowledge MeetUp Spring 2024

「建築家、ゴリラ学を学ぶ―人類史の知見を活かした復興と再生を考える」
対談：山本理顕＋山極壽一

5月1日　NHK『視点・論点』放送

「楽しく暮らすための住まいとは」

5月4日　13th National Architecture Symposium（フィリピン）

講演「An Architecture can change the world」

トンド地区の視察

5月16日　プリツカー賞受賞記念講演＋パネルディスカッション（イリノイ工科大学クラウンホール）

講演「A Theory of Community Based on the Concept of Threshold」
司会：マヌエラ・ルカ＝ダジオ
パネリスト：山本理顕＋フランシス・ケレ＋アンヌ・ラカトン＋ジャン＝フィリップ・ヴァッサル

5月18日　プリツカー賞受賞式（シカゴ美術館）

©Heather Hackney Photography for The Hyatt Foundation/The Pritzker Architecture Prize

アレハンドロ・アラヴェナ氏とレセプションパーティにて

5月31日　岡山国際交流センター

講演「地域社会圏という考え方—地方都市岡山の可能性」

6月3日　埼玉県立大学

講演「専門家としての社会的責任」
彩の国M・A・P・謹呈式

6月7日　横浜国立大学 Y-GSA

講演「閾論—A Theory of Community Based on the Concept of Threshold」

名誉教授・名誉博士号授与式

©Mariko Terada

祝賀会にて妹島和世氏、西沢立衛氏と

6月10日　City and Space Forum 2024（韓国）

講演「Housing Project in Korea」

6月22日「新美の巨人たち」放送

「前代未聞の校舎！山本理顕〈横浜市立子安小学校〉×松丸亮吾」

7月1日　山本理顕氏プリツカー賞受賞記念セレモニー（横須賀美術館）

7月7日　現代総有研究所シンポジウム

講演「山本理顕氏プリツカー賞受賞の意味と現代総有」

7月10日　日本大学

講演「地域社会圏とは」

日本大学名誉教授・名誉博士号授与式

©日本大学理工学部

©日本大学理工学部

7月12日　東京藝術大学

講演「公共と私的な空間をつなぐ調和のとれた社会を提唱する建築家」

7月29日　文化庁長官表彰・国際芸術部門

8月5日　NHKワールド「DIRECT NEWS」放送

「Living Side by Side: Yamamoto Riken / Architect」

8月29日　Faculty of Architecture and Design of the Universidad del Istmo（グアテマラ）

講演「A Theory of Community Based on the Concept of 'Threshold'」

登壇：山本理顕＋ファン・フリジェリオ＋ジルベルト・ロドリゲス

バリオの視察

9月6日　記念講演（日本建築家協会東海支部）

講演「建築家の退廃」

9月11日　世界知識フォーラム（韓国）

セッション「Key Holders of Sustainable Architecture」

登壇：山本理顕＋リ・サンリム

モデレーター：キム・セヨン

9月13日　神奈川経済同友会

講演「少子高齢化と地域社会圏」

9月20日　国際文化会館

空間・活動・共同体―真の協働が生み出すもの

対談：山本理顕＋美馬のゆり

9月26日　CERSAIE International Exhibition of Ceramic Tile and Bathroom Furnishings（イタリア）

講演「Local Area Republic」

©Cersaie Bologna

9月28日　Kaleidoscope of Culture（セルビア）

講演「about THE CIRLE」

10月18日　韓国・ソウル大学

講演「Living Together」

10月19日　韓国・全南大学

講演「Living Together」

10月31日　大阪府保険医協会シンポジウム

「緊急シンポジウム このまま開催でいいの?大阪関西万博」

ディスカッション:山本理顕+西谷文和

11月3日　神奈川県文化賞受賞

11月7日　FAU建築トリエンナーレ(ベネズエラ)

©Fundación Misión Venezuela Bella

11月7日　ベネズエラ中央大学(ベネズエラ)

講演「El Poder del Espacio(空間の権力)」

©Fundación Misión Venezuela Bella

11月14日　JAKARTA ARCHITECTURE FESTIVAL（インドネシア）

講演「The Architecture can change the world」

カンポン地元建築家と住民座談会

12月7日　神奈川大学

講演「みんなでなかよく住むにはどうしたらいいだろう」

12月9日　関東学院中学校高等学校

講演「Living Together」

12月20日　神奈川県建築会議

講演「建築家の責任」

特記なき写真はすべて©Riken Yamamoto &Field Shop

Ⅱ部

山本理顕　著作・論文・対談選集

1967 装飾論（卒業論文）

装飾論的本を作ろうと思った。写真アルバムを解体して、それを利用して表紙をつくった。クリーム色の紙を画材屋で買ってきて、そこにロットリングで注意深く文字を書いた。コピー機などなかった時代だったから新聞写真を切り抜いて直接貼った。あるいは広告宣伝のカタログを切り刻んでそれを貼った。豪華装丁の「一部限定特別号」感のある卒業論文ができあがった。

「装飾」について考えたいと思ったのは「装飾と罪」というアドルフ・ロースの本を読んだこともひとつの理由だった。それはレイシズムと言っていいようなひどい本だった。ロースは装飾と民族の進化とは反比例すると言ったのである。当時、装飾は遅れた民族の美意識と同じようなものだと考える建築家は多かった。装飾そのものがマイナスイメージだったのである。

私の言いたかったことは〝機能〟と〝素材〟だけでは物はできない、そこにはその物を作ろうとする物作りの意思が必要である、というようなことだった。〝物〟を作ろうとする意思である。その意思が〝物〟として実現するためには、その〝物〟を飾り立てようとする意思が不可避的に介入するのではないかと考えた。それが「装飾意思」である。〝物〟とは常に「装飾的な物」なのだと考えたのである。

「装飾意思」とは共同体的意思のことだと恐らく気がついていたのだと思うが、〝共同体的意思〟などという言葉は思いつきようもなかった。当時はまだ、そんな言葉がなかったからである。「装飾意思」が部族や民族や、そしてさらには国家のような共同体の意思であるということに気がついたのは、少し後になってからである。

（２０２４年12月２日）

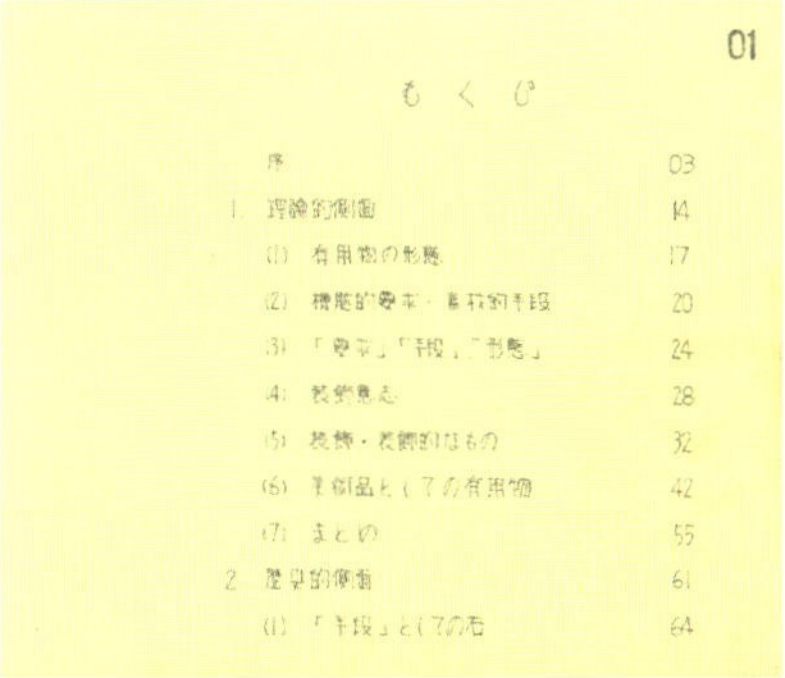
01

もくじ

序　03
1. 理論的側面　14
(1) 有用物の形態　17
(2) 機能的要求・素材的手段　20
(3) 「要求」「手段」「形態」　24
(4) 装飾意志　28
(5) 装飾・装飾的なもの　32
(6) 美術品としての有用物　42
(7) まとめ　55
2. 歴史的側面　61
(1) 「手段」としての石　64

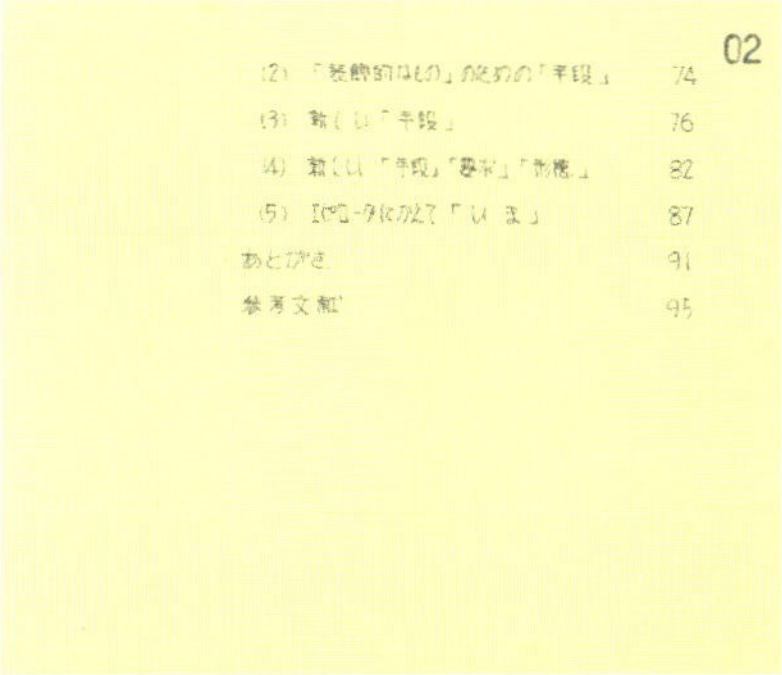
02

(2) 「装飾的なもの」のための「手段」　74
(3) 新しい「手段」　76
(4) 新しい「手段」「要求」「形態」　82
(5) エピローグにかえて「いま」　87
あとがき　91
参考文献　95

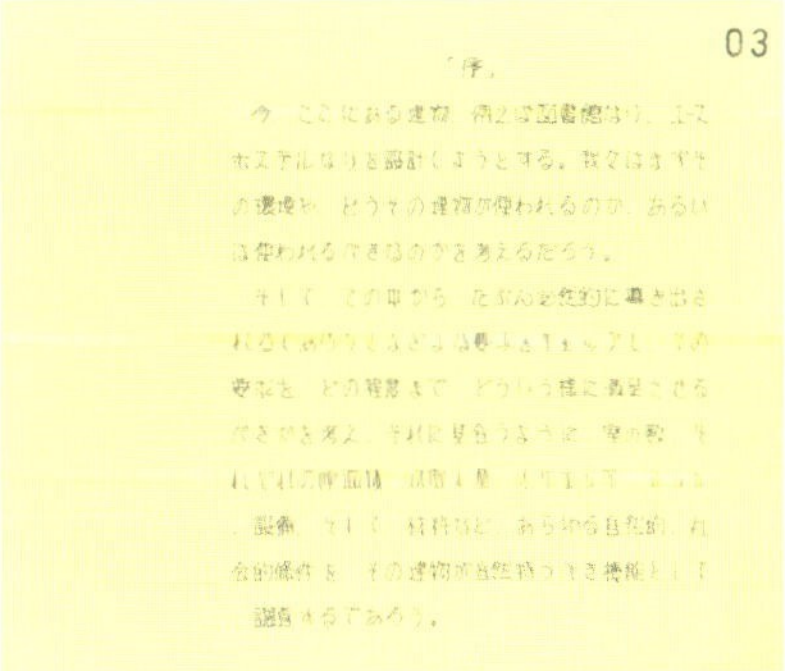
03

「序」

今、ここにある建物、例えば図書館なり、ユースホステルなりを設計しようとする。我々はまずその環境や、どうその建物が使われるのか、あるいは使われるべきなのかを考えるだろう。

そして、その中から、たぶん必然的に導き出されるであろうさまざまな要求 [illegible] その要求を、どの程度まで、どういう様に満足させるべきかを考え、それに見合うように、室の数、それぞれの床面積 [illegible]、設備、そして、材料など、あらゆる自然的、社会的条件を、その建物が当然持つべき機能として調整するであろう。

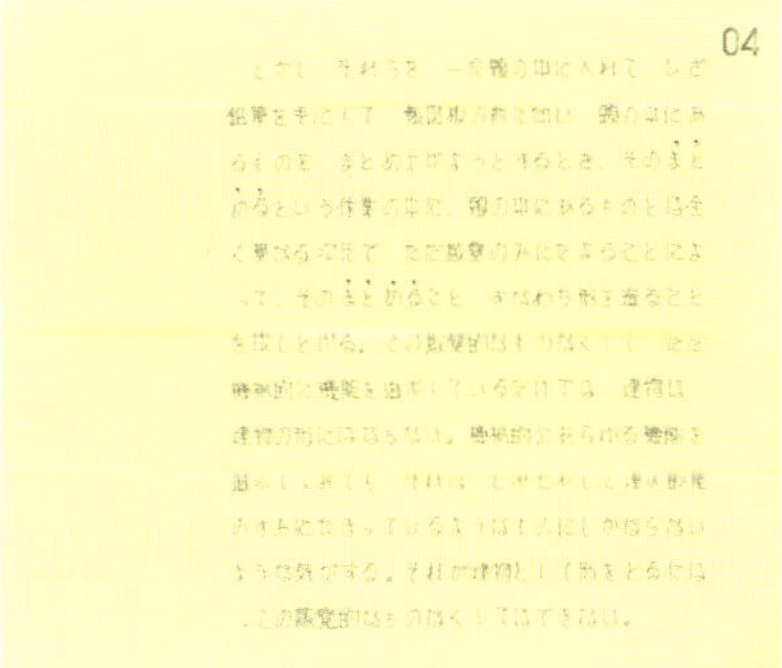
04

しかし、それらを、一度頭の中に入れて、いざ鉛筆を手にして、製図板の前に向い、頭の中にあるものを、まとめあげようとするとき、そのまとめるという作業の中に、頭の中にあるものとは全く異なる次元で、ただ感覚のみにたよることによって、そのまとめること、すなわち形を造ることを探しあげる。この感覚的なものがなくて、ただ機械的に機能を追求しているだけでは、建物は建物の形にはならない。機能的なあらゆる機能を追求しつくしても、それは、しょせん [illegible] ようなものにしかならないような気がする。それが建物として形をとるには、この感覚的なものがなくてはできない。

05

それは、ちょうど「豆腐のできるように、ほとんど豆腐の形ができあがっておらんで、豆腐になるべき成分がありますところへ、そこへにがりを入れると、成分がそのために寄せられて豆腐の形になるというようなできあがりかたもありましょう。」と内藤湖南が「日本文化とは何ぞや」の中に使った、このにがりにも似ている。

コルビジェは、ここの所を「仕事を委託されたとき、それを記憶のうちにとどめておくことに、私は慣れてきた。それは、数ヶ月のあいだ私自身に一枚のスケッチさえも作らしめぬためである。人間の頭脳は、なにか独立性をもつようにできあがっている。それは問題を無秩序にはまりこむこ

06

とのできる箱のようなものである。それを"浮ばしめ""漂しめ""醗酵させよ"。

するとある日、内部世界からの自然な湧きあがりがカチッと音をたてる。鉛筆をとり、木炭をとり、色クレヨンを（もちろん色は道路の鍵である）をとり、紙のうえに生命をあたえる。アイデアは形をとる —— 子が生み出されるのである。この世にあらわれてくるのである。それはまさしく出産である。」（「建築」1966.4「デザインの秘密」）という言い方をする。

この非常な感覚的なもの"カチッ"と音をたてるもの"にがり"のようなもの、それは決して論理的なものではない。そして我々はこの感覚的な

50

から新しい「要求」が生まれた。その「要求」も「手段」の発達によって解決されたものもあるが、自動車という概念の中では「形態化」されない「要求」も生まれてくる。そこに「装飾意志」があり、「装飾的なもの」が潜入する。

ほとんど同じ「要求」と「手段」によって「形

* ニッサン サニー 1000
** トヨタ カローラ 1100

態化」される同じ種類の自動車でも製作者によってその「形態」は基本的には同じでも、異なる部

56

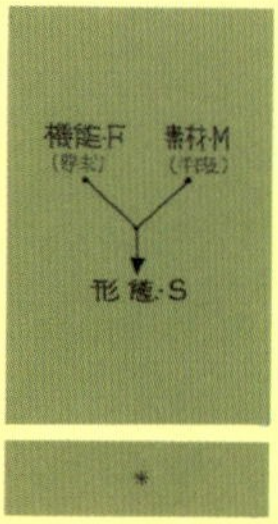

* 理想モデル

57

モデル I.

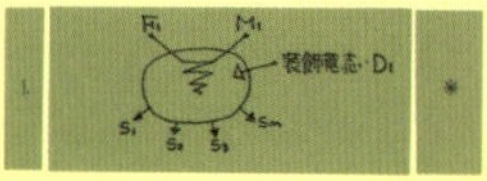

* F1の「要求」とM1の「手段」では「形態化」できない。

* F1の「要求」を完全に把握することができない。

そして理想モデルに向かって進歩しようとしながら、新しい「要求」や新しい「手段」が、発展段階の途中で登場する。

58

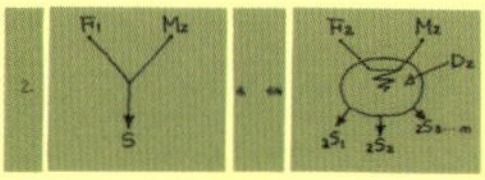

* 新しい「手段」の登場により「要求」をほとんど、完全に「形態化」することもあれば（といっても「要求」は常に変化する可能性を持っている。F1に対してSは理想であってもF1の変化によってSに「装飾意志」が入り込み、すなわち次には**になる可能性を持っている。）また

** 新しい「手段」が新しい「要求」を導くこともある。

1970

『都市住宅』1970年4月号　特集―コミュニティ研究

住宅はコミュニティの場か

プロジェクト1 小さい庭のある小さい家の幸福

●行為に対応する建築、人間の行為は関係に置きかえることができる。おそらく行為に対応する建築は、関係を正確に限定するだろう。それは今までわれわれが気付かなかった関係をも明示してくれるかもしれない。

●家族という限られた人間関係に対応する住居は、ただのマシーンとして対応させることが可能だろうか。

●家族の中の人と人との関係はFAMILY SPACE（後記）を通じての関係で表わすことができる。そしてFAMILY SPACEは家族ファシリティー（後記）のためのスペースである。だとするなら、家族ファシリティーを装置化することによって、人間の行為に対応させることができる（A図）。逆に装置のあり方（どこにどうジョイントされているか）が行為を説明することにもなる。装置は関係を顕在化させる。そして顕在化した関係は、新たな関係を生み出すトリガーとなる。

●個室INDIVIDUAL SPACE（以後I.S.）は社会的に個人として認められるときに、はじめて持つことができる（かつて、個人は存在せず、あるいは主人のみが個人として認められ、他の家族の構成メンバーは総て主人に属するというときがあった。そのとき主人以外の構成メンバーは当然I.S.を持つことはなかった）。現在、個人は何々家の誰々として存在しているわけではない。むしろ何らかの仕事をしている個人、〇×会社の誰、学生である誰々というかたちで存在している。それは、人は何らかのASSOCIATIONに属さなければ個人として成立し得ないことを意味している。そのとき個人はI.S.を持つ（B図）。

●家族の構成メンバーは、それぞれ様々なASSOCIATIONに属している。そしてその個人とASSOCIATIONとの関係は家族とは全く無関係である（父親と息子が同じASSOCIATIONに属する場合ももちろんあるだろう。それはたまたま、一致しているだけで、父子が常にそのような関係にあるわけではない）。具体的には、I.S.の開いた口はASSOCIATIONに向かって開いている。

そのとき家族との関係は切断される。FAMILY SPACE（以後F．S．）との口は閉じられる（B図）。

●I．S．がF．S．に向かって口を開こうとするとき、ASSOCIATIONとの口は閉じられる（C図）。

●主婦は、歴史的にも家族が定着して以来、家族の中でのファシリティーとして存在してきた。主婦を家族ファシリティーと呼ぶことができる。そのようなファシリティーを核とした一種のASSOCIATIONを家族と定義づけることも可能かも知れない（ただし、それは最も閉鎖的なASSOCIATIONである）。そして、F．S．はファシリティーを存在させるためのスペースである。主婦の仕事はファシリティーとしての労めであり、ASSOCIATIONとしての家族を維持することである。そのために主婦は他のASSOCIATIONに属することが不可能である。それはI．S．を持つことができないことを意味しているし、外との接触を持てないことを意味している（B図）。接触を持つときは必ず、家族のI．S．を持った個人を通じて行なわれる。

●ファシリティーは具体的には、家事、育児、老人の世話、あるときには、病人の世話etc．があげられる。ここに言う育児、の対象は、子供がI．S．を持つ（何らかの家族以外のASSOCIATIONに属し、属していることを自覚するときなのであるが、最初は恐らく、そのI．S．はほとんどの時間F．S．に含まれているようなものになるだろう）までの間、そして老人とは、I．S．を持てなくなった（ASSOCIATIONから離れた）家族の構成メンバー。

●当然老人と育児の対象である子供は外に対する口を持つことはない（C図⑨）。

●勝手口というのはF．S．にある口であろうがそれはただ、物質のみの出入に限られる。KITCHIN装置がジョイントしたときのみ開くような口（D図⑧）。

●F．S．はもっともプライベートなスペースであると言うことができる。その中で人間は全くの無防備で居ることができる。

●最高度に閉鎖されたF．S．が、いくら集合したところで何のメリットも見つけ出すことは不可能であろう。むしろ家族は必ず一戸建てを求めると言える。逆に他のF．S．と完全に遮蔽されることが可能なら集合してもかまわないことになるのだが。

●I．S．がF．S．に向かって口を開くとき、それはファシリティーと関係づけられる。I．S．と外のASSOCIATIONとの関係は閉じられる。そして個人がF．S．へ入ることは、I．S．がF．S．の中に含まれることになる（C図）。

●I．S．の口は必ず一方は閉じている。両方同時に開くことはあり得ないが、両方が共に閉じられる状態は存在するだろう（F図⑳）。

●F．S．に入る個人は原則として家族の構成メンバーに限られるが、常にそうであるわけではない。客は当然個人の属するASSOCIATIONの仲間であるはずである。彼は、I.S.に通されることになる（E図）。
●しかし彼が何らかのサービスを受けねばならないとき、F.S.に通されることになる。そこで彼とI.S.を持つ個人との関係は、F.S.を通じての関係に置き変えられねばならない。言ってみれば、家族同様にならなければならなくなる。当然客とF.S.との関係は様々なハイアラーキーを持つであろう。完全に中に入り込まなければならない場合もあるであろうし、僅かな関係しか持たない場合もあるだろう。例えば便所を借りる（D図⑯）場合は、F.S.を使用しながら、あまり深い関係は持ち得ないし、食事を共にすることは（E図⑩）完全に家族と同じ状態にならねばならない。そこでは、家族全員の客として、F.S.の中の一員となる。
●I.S.が無目的にF.S.に対して開くことはあり得ない。そこには必ず何らかの目的性が存在する。だからこそ家族もASSOCIATIONと呼ぶことができる。一家団欒というとき、そこに赤く燃える火がなかったら、テレビがなかったら、お茶がなかったら、それはどんな、団欒なのだろう（C図）。
●主婦の行為はファシリティーである以外に、性行為があげられるが、具体的な性行為はむしろ家族とは無関係と言える（F図）。
行為自体は決して家族の初源的な関係ではないし、本質でもない。それはどこと も関係付けられない2人だけのスペースを持つことになる。
●ある日突然、主婦がI.S.を持てるときが来るとするなら、それはファシリティーを主婦の仕事でないものにすることによって可能である。すなわち、家族ファシリティーの社会化、そして個人化ということであろう。それは、簡単に外化することができそうである。——育児所、食堂、老人ホーム、病院、ランドリー——一方便所、風呂、台所という設備関係は、I.S.へも持ち込まれるだろう。逆に言うなら、ファシリティーが社会化され、あるいは、個人化されるとき、主婦ははじめて、I.S.を持つことが可能となる。そのときF.S.の持つ機能はなくなり、F.S.は消滅する（G図）。そしてF.S.の消滅は、I.S.の存在する場を束縛しないことになる。それはI.S.を必然的にI.S.を所有する個人の属するさまざまな、ASSOCIATIONに向かわせるだろう。I.S.はさまざまなASSOCIATIONの間を動きまわる。いやそうではないかもしれない。I.S.はスペースさえ持たない。個人はASSOCIATIONに属するときはじめてスペースを持てるような、そんなジョイントだけを持ち歩くのかも知れない。今われわれが、自宅の鍵と職場の鍵とを持ち歩くように。そして職場と自宅とその他の鍵の組み合わせは同じ組み合わせが他には存在しないように、持ち歩くジョ

C

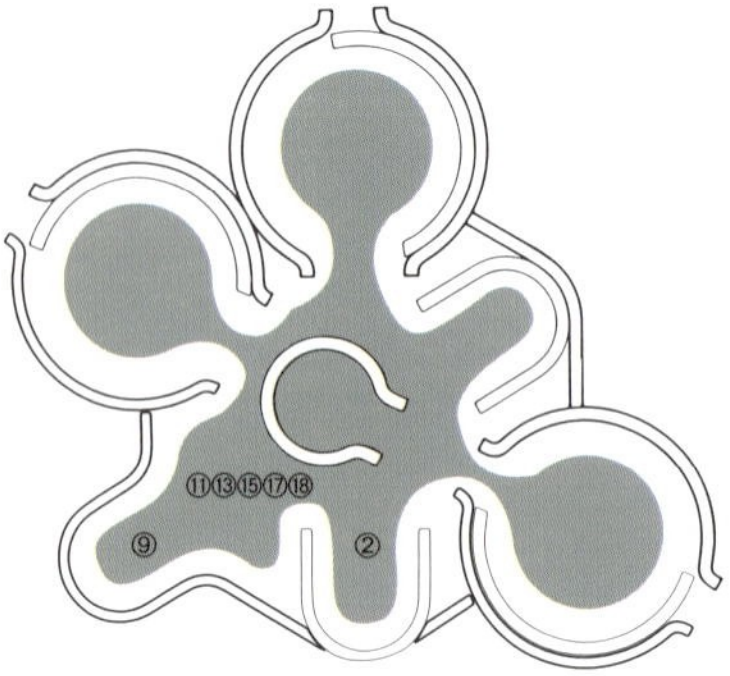

D

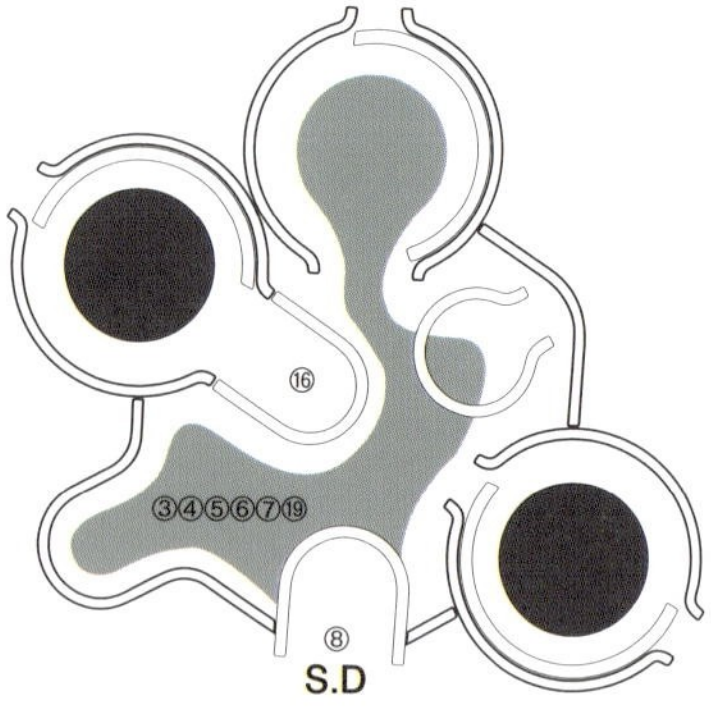

G

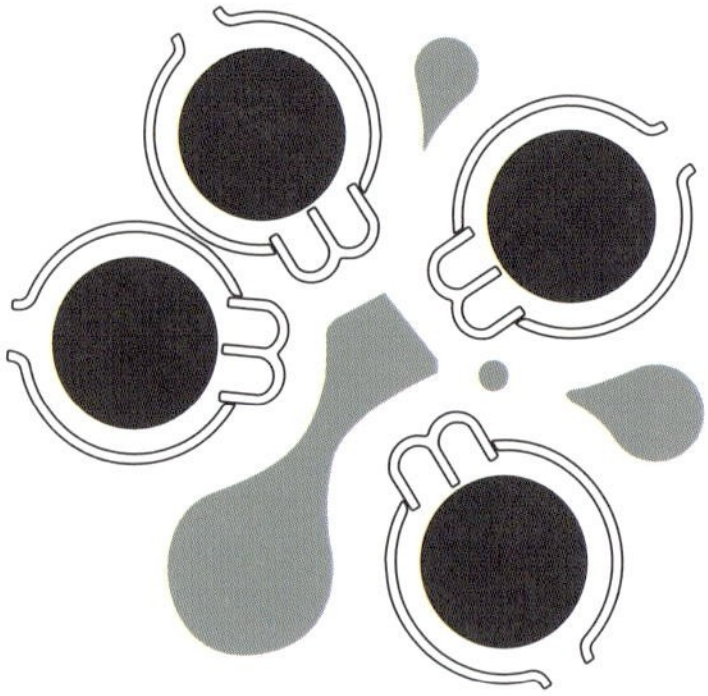

IS＝個室
FS＝ファミリー・スペース
NB＝主婦BED装置
W＝BATH、WC装置
OR＝老人室
K＝KITCHIN装置
SD＝勝手口

イントは個性を現わすことになるだろう。たった一人になるためのASSOCI-ATIONがあっても良いかもしれない。

もう既に、家族ファシリティーの社会化と個人化は進んでいる。電子レンジ、自動皿洗い機は、その行為を個人化させる可能性を含んでいるし、テレビ、便所、風呂は個人化されつつある。一方託児所、老人ホームが次々とでき、出前は繁盛し、洗濯屋は冬でも汗をかく。そして主婦はI.S.を持つべき行為を少しずつはじめている。

ただこれらの情況は全くかみ合っていない。ひとつ見方を誤れば、F.S.を存在させるための行為と受け取られる。子供を殺す母親は、ただ彼女の頭がおかしいからではない。父と子の断絶は対話がないからではない。あたたかい家庭でないから外で遊ぶわけではない。F.S.は消え去ろうとしている。

A

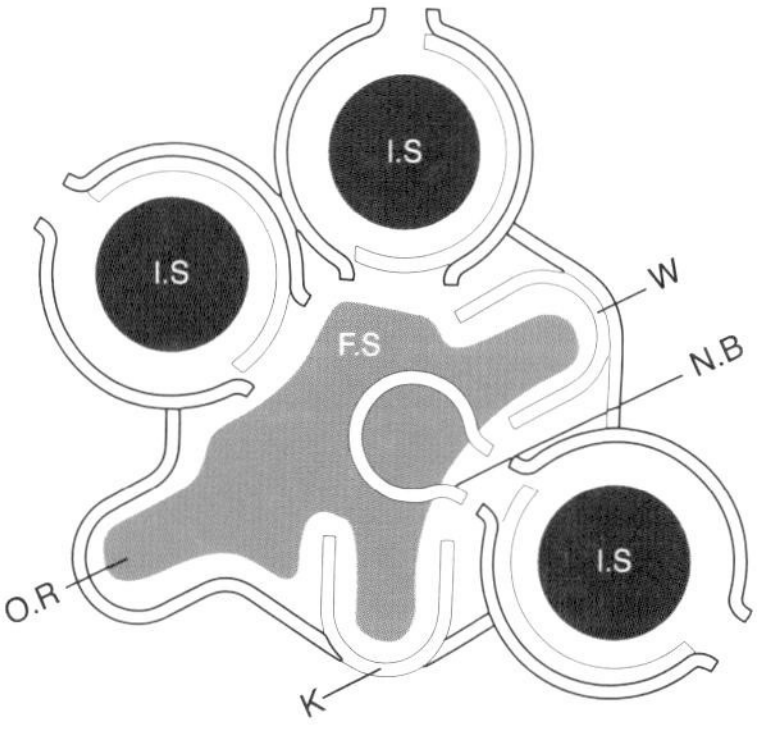
I.S
I.S
I.S
F.S
W
N.B
O.R
K

B

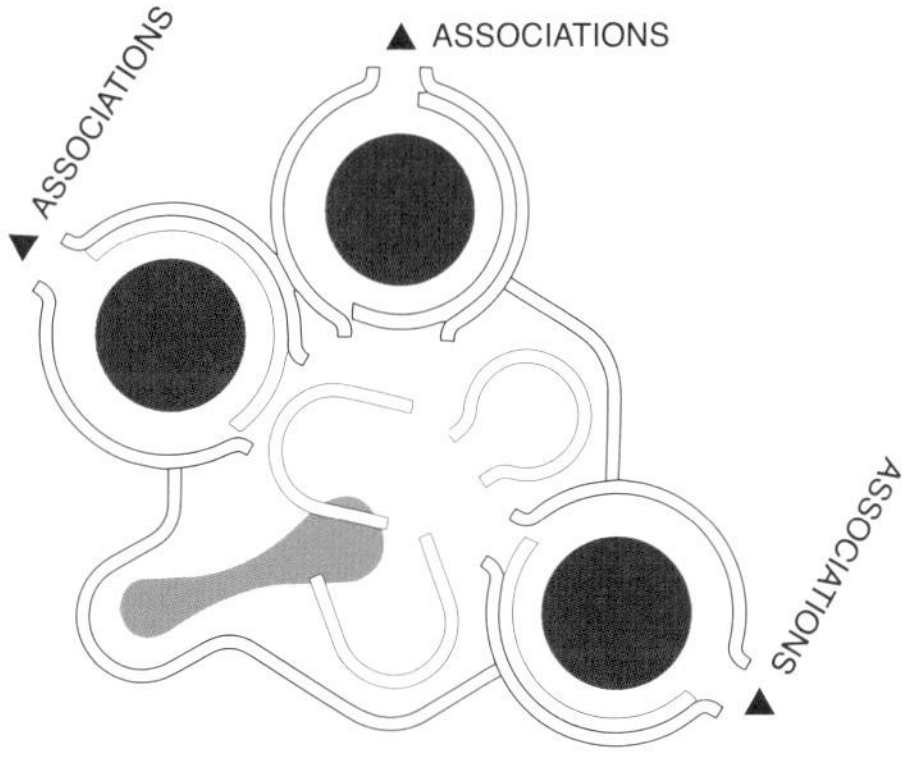
ASSOCIATIONS
ASSOCIATIONS
ASSOCIATIONS

E

⑩

F

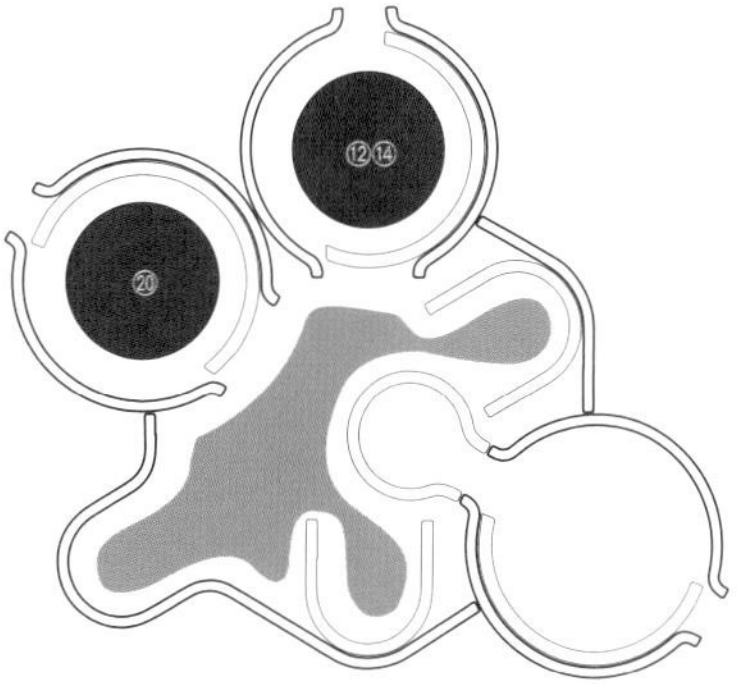
⑫⑭
⑳

1971 住居の意味論的構造（修士論文）

ひょうたん型の図を書き始めたのは、学部4年になったころか大学院に入って間もないころだったと思う。それは導線計画の図式化だった。設計の授業では設計の手法を教えられる。そのときに部屋の用途をあたえられ、学生達は似た用途ごとそれをまとめたり切り離したりいろいろやってみるという作業をする。そのときに用途ごとにそれを丸で囲んで、その丸をつなげたり切り離したりするのである（図1）。ところが、この丸を書くという作業には欠陥があった。複数の丸をただ重ね合わせるように書くので、諸室に至る導線が分からない。

そこで、導線計画も分かるように（図2）のような図式を書き始めたのである。これなら導線計画もわかる。

書いてみて単純なことがわかった。すべての建築は必ず一つの玄関ホールを介して外部とつながっているということである。玄関ホールとは、その建築に入る者を振り分ける空間である。許可する者と拒絶する者を振り分ける。そして許可された者のその後の行き先を指示する空間である。それを単純化すると（図3）のようになる。

それは建築空間の原型のようなものではないかと思ったのである。

修士論文はそうしたことを書こうとした論文だった。まだ「閾」という言葉は思いついていない。

（2024年12月2日）

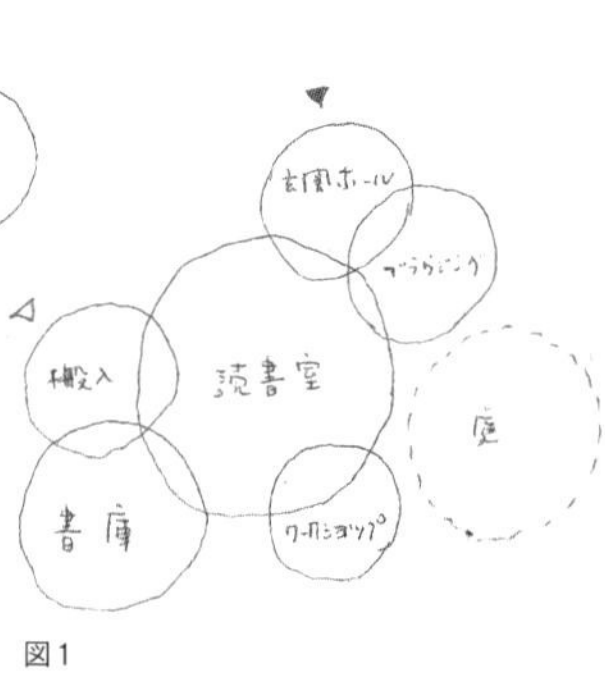

図1

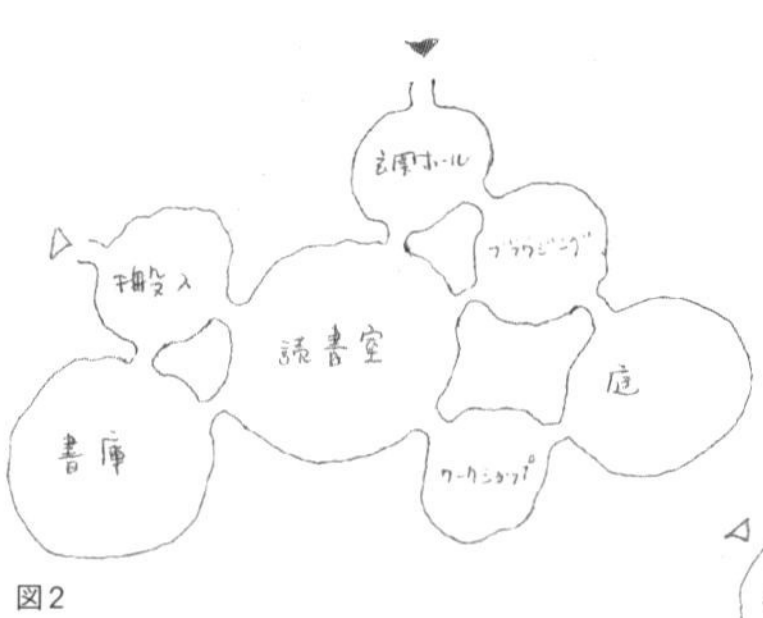

図2

図3

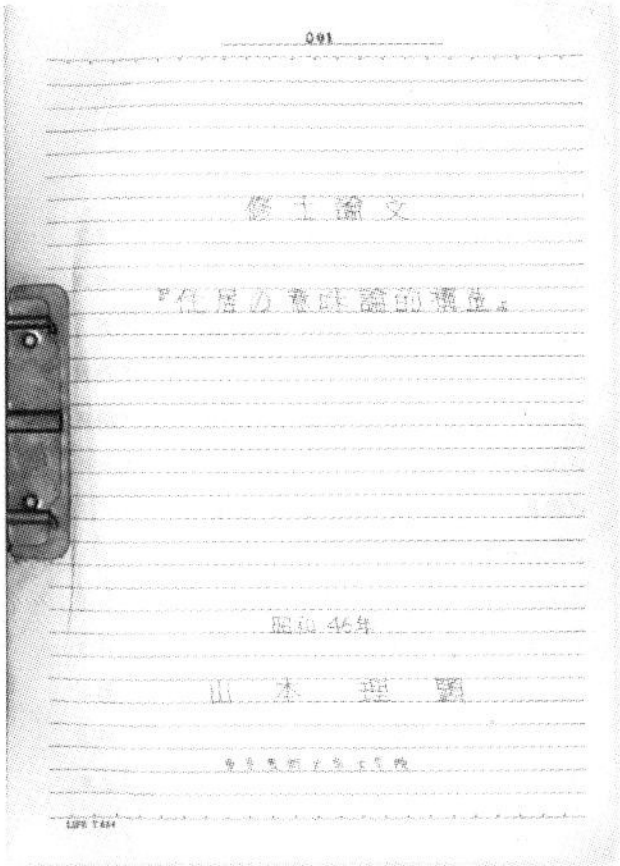
001
修士論文
昭和46年
山本理顕

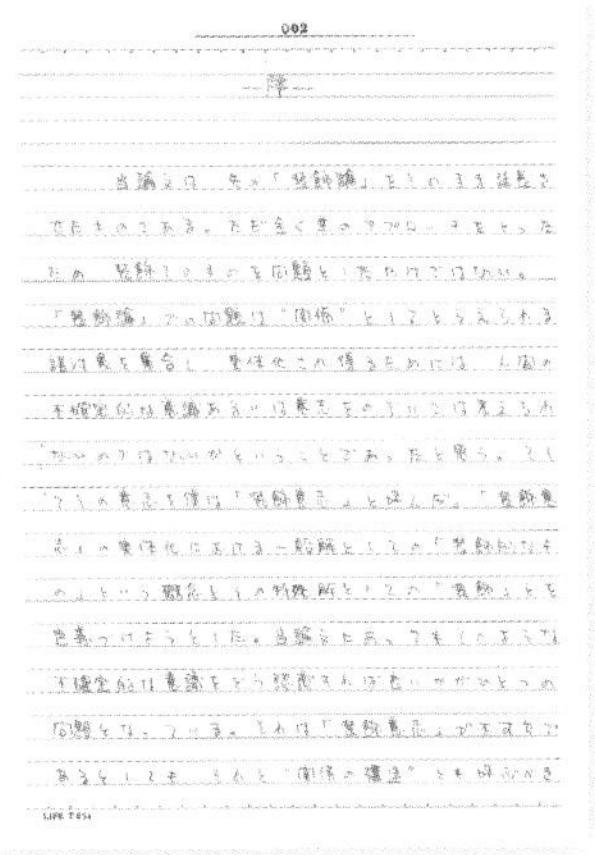

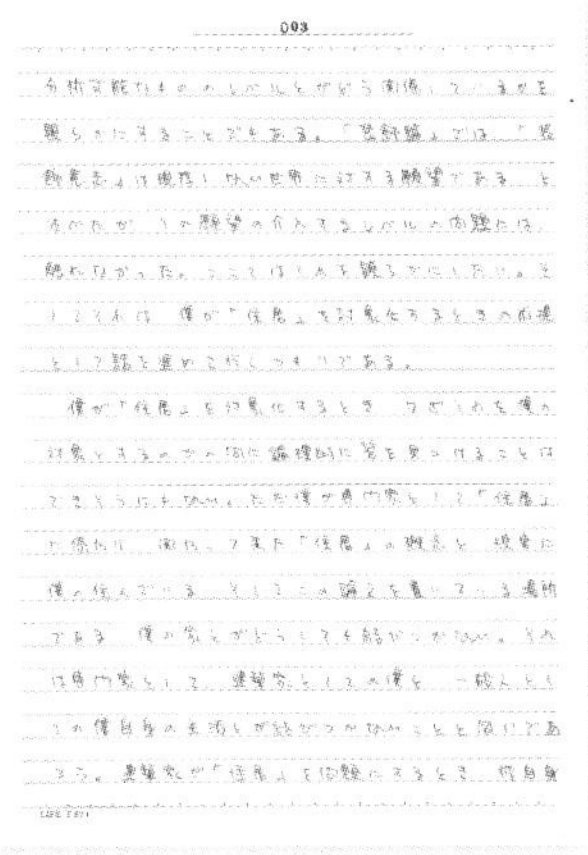

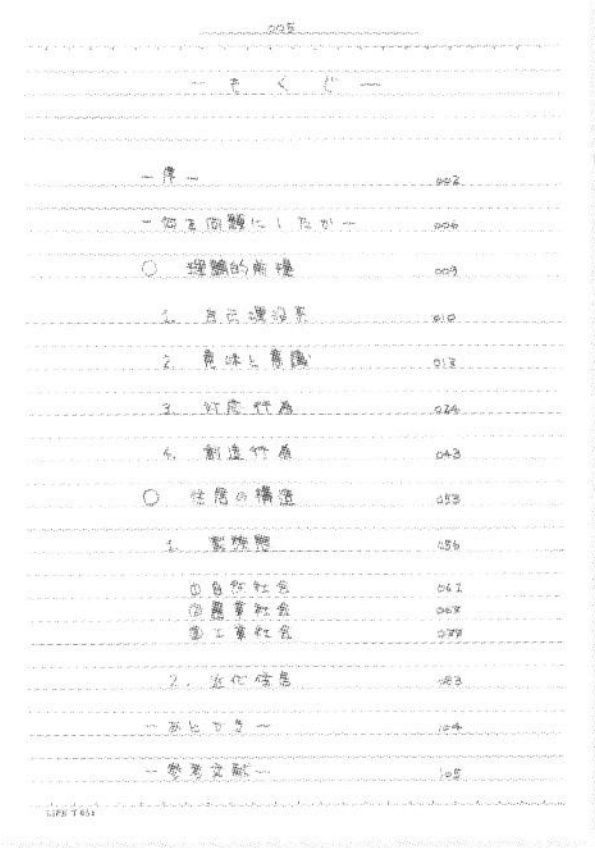

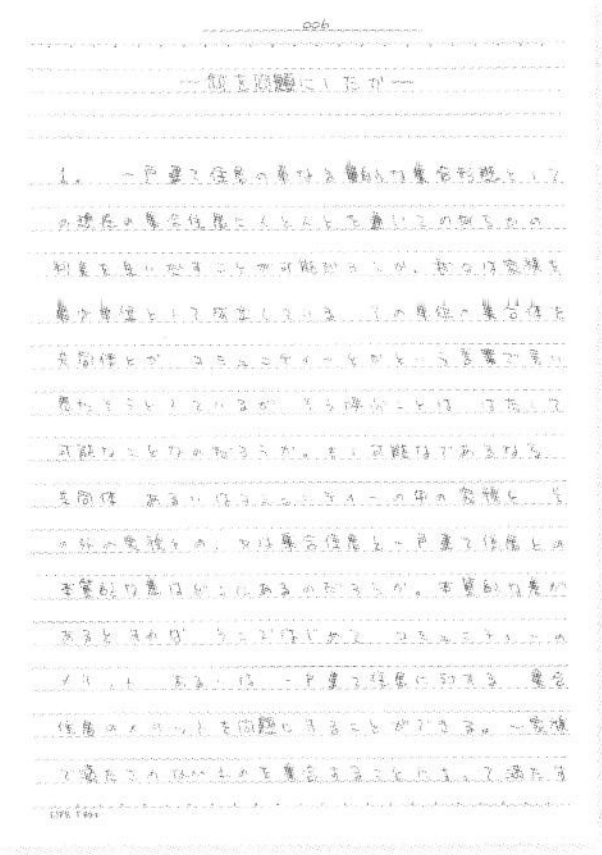

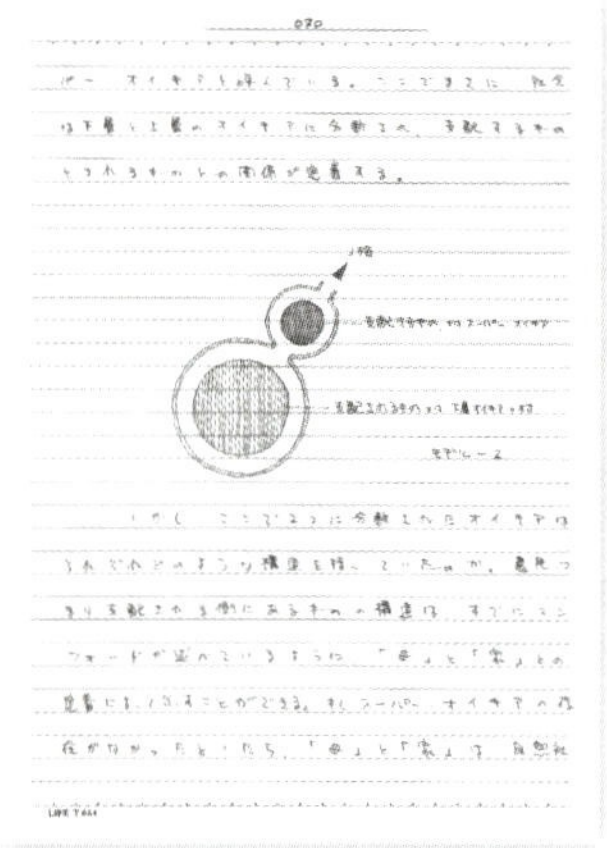
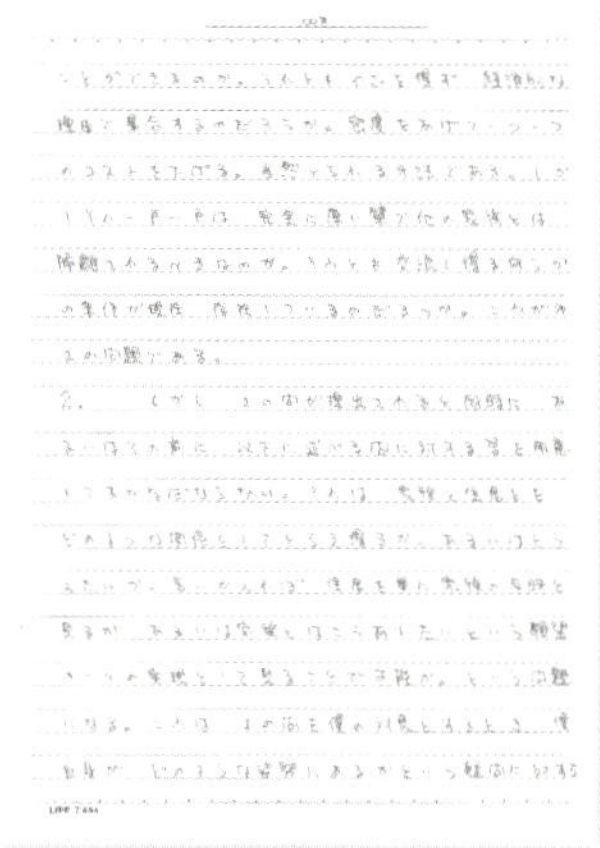
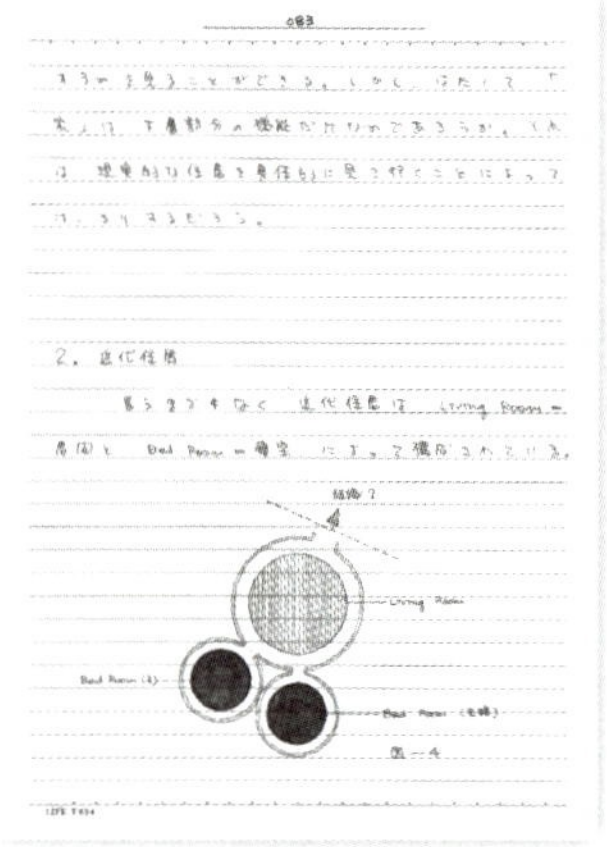
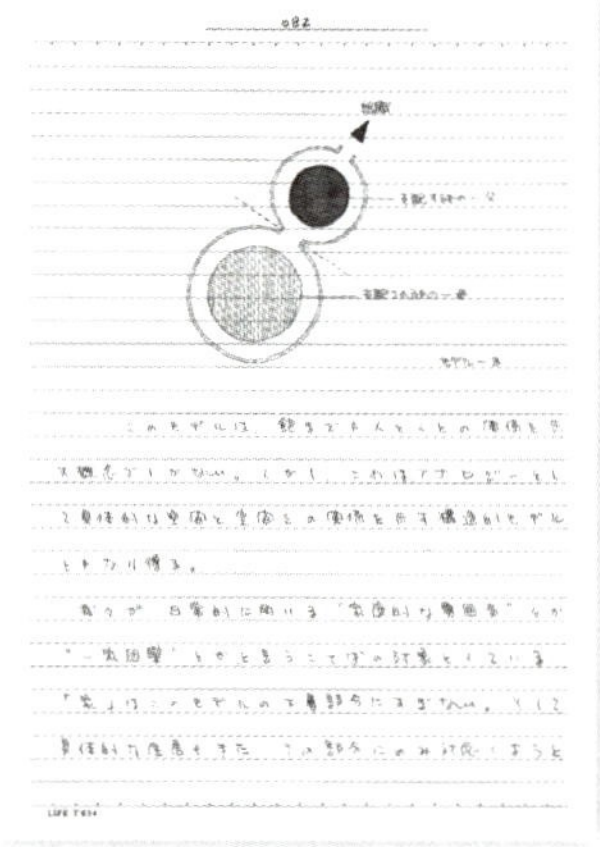
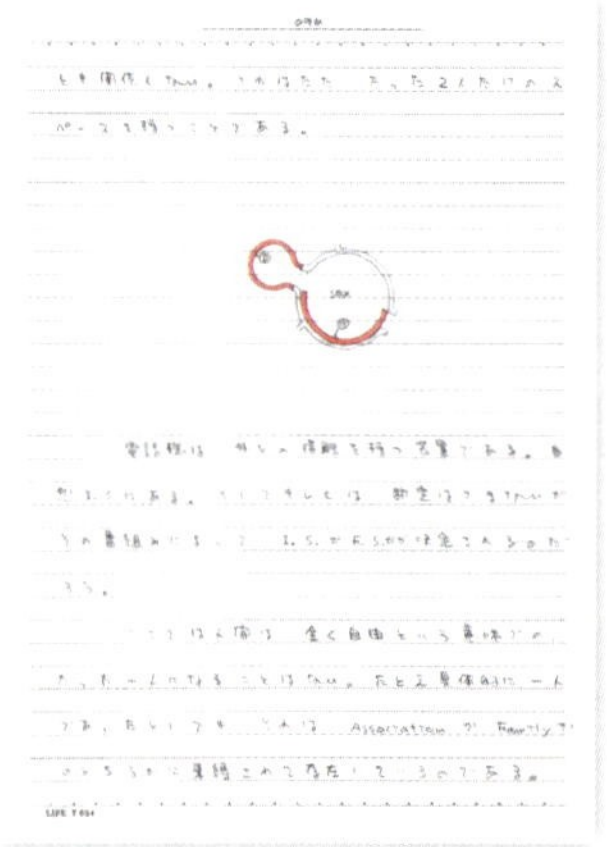
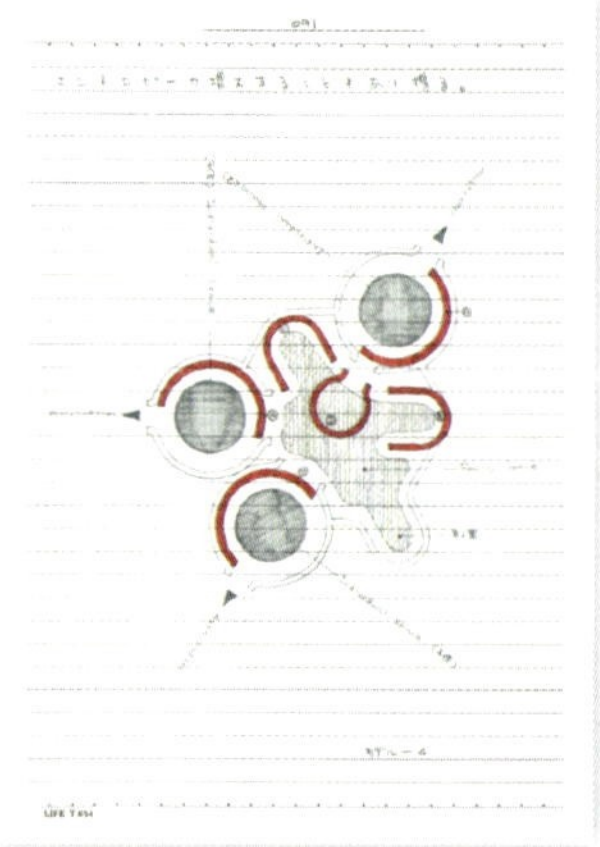

1973

領域論試論

SD別冊No.4『住居集合論 その1 地中海地域の領域論的考察』東京大学生産技術研究所・原研究室、鹿島出版会、1973年

1 領域への出発

一冊の写真集を前にして、われわれの方針はまだ一致しなかった。そこには不思議な、しかしわれわれにはすでに見なれた光景が写し出されていた。頂きのミナレットを中心にして、丘の四方にひとつの有機体のように群棲する白い住居、そしてそれがかつてコルビュジエによって熱っぽく語られた、あのガルダイヤ(Ghardaia)であることも知っていた。しかしここからガルダイヤまでは、アトラスを越え、なおサハラ砂漠を何時間も走り続けなければならない。それにもしそのガルダイヤが、単にコルビュジエの手法の原形としてのみ価値のある場所だとしたら、あのアルハンブラも、バレンシアもすっぽかして、ひたすら歴史的時間から見放されてしまった集落だけを追い求めてきたわれわれには、それほど興味のある対象とはなり得ない。しかし、コルビュジエでもなく、ガルダイヤでもなく、ただ砂漠を一目見ようというそれだけの理由がわれわれにアトラス越えを決断させた。

一直線にどこまでも延びるアスファルトの道、透きとおった炎のようにゆらゆらとたちのぼる陽炎、砂漠は無限に続く単調な平面だった。何の境界も特異点もない、ただ均質なだけの平面は、確かにわれわれの日常的な体験からはほど遠いものだった。われわれの体験してきた自然は、その断層や裂目、あるいは高さや低さを示すことで、常に人間の生活の気配を感じさせるものであった。われわれが自然あるいは地形の持つさまざまな表情を手掛かりにして、その生活をつくりあげてきたのだとしたら、降雨量が少ないとか陽射しが強いとかいう以前に、た

ガルダイヤのモスクの塔

だ単調で均質な平面は、それだけで人間の生活からほど遠い印象を与えるに十分だった。

そして、ガルダイヤはその砂漠が裂けた所にあった。「ムザッブの谷」と呼ばれている砂漠の裂目の中に点在する五つの丘の一つひとつが都市になっているのである。そのひとつがガルダイヤである。

すでに夕暮れに包まれて、ミナレットから流れるコーランの声を聞きながら、遥かに眺めるその丘の姿は、写真からは想像もできない、なにやら秘密めいた幻想性を包み込んでいた。明らかにわれわれを拒んで、まったく異質な彼ら独自の世界をつくりだしている。頂きの塔を中心にして丘全体にひろがる住居の群れは、丘の底辺でそこから先へは広がることを止めて、はっきりと境界をかたちづくっていた。それは目に見える境界であると同時に、われわれを中へは入れない、つまり意識としての遮蔽物でもある。塔や住居の配列そしてそれらがつくりだす境界は、丘と一体になってわれわれの前にその全体像を見せていた。それはわれわれの持つ世界と彼らの世界との差異そのものだった。いわば彼らの世界観が見えている。そして、それは決して丘の全貌によってのみ確かめられるのではなく、強い陽射しの中で濃い影を落とし、網目のように集落全体を編んでいる細い道も、その道に固く表情を閉ざしている住居も、道の端にそっと置かれているモスクも、そしてどのような小さな部分をとりあげてみても、すべては彼らの持つ世界の表現であり、それらはそのものであるとともに、その意味を同時に伝えるメディアでもあった。

われわれの有する境界は、単に風や光や熱や音を遮るための物理的な遮蔽物でしかなくなりつつある。そしてそのようなもので構成され規定される領域は、数字や量に置き換えられ、その意味を内包しない、均質な空間でしかない。われわれはすでにサインや言語や文字を頼りにしなくては、その領域の意味さえわからなくなってしまった。それはまさにあの砂漠のイメージに一致する。砂漠が無限に広がるかのように、われわれの持つ領域は、均質にそしてどこまでも広がってゆく。

われわれは砂漠に住んでいる。いくつもの集落を訪れ、そして興奮するたびに、何度も何度もわれわれはそう思わざるを得なかった。もはやわれわれは彼らの住む、そして豊かな意味を内包し表出するあの〈オアシス〉へ、再び帰ることはないのだろうか。

2 観察

a 前提

私たちの考察は具体的に現象するものの観察から始められる。しかし考察が具体的現象の観察によって裏づけられる場合であっても、観察が無前提に行なわれるわけでは決してない。というより、むしろその前提こそが観察の方法を決定し、したがってすでにわれわれの姿勢を、そして考察の限界をも明らかにするものでなくてはならないはずなのである。もし集落の構造あるいは全体性やその意味と呼ばれるものがわれわれの目指すものであるとするなら、それらは空間あるいはかたちのレベルに表出されているはずだという期待がわれわれにはあった。それは期待であると同時に、前提でもあった。つまり重要なのは、現在的になおかつ具体的に目に見えているかたちであり空間であり、またそのあり方にほかならない。時間的に溯るその歴史的時間性や起源、あるいは空間的広がりをたどることによってもたらされる伝播の源などを仮定する必要はまったくないし、われわれの目に映らない自然条件を考慮する必要もない。むしろそれらは意識的に排除されてゆかねばならないのである。具体的に現象しているものを何ものかの進化の結果とし、その起源あるいは原形と進化の間に一定の方向性を予定する方法、あるいは自然の反映と見ることによって、自然的な条件との因果関係を探り、その因果関係こそがそこに現象するものの本質であるという認識は、われわれの問題とは何ら関係しない。しかしそれが歴史的起源や進化、あるいは自然的諸条件との因果関係ではないとしても、それだけでわれわれが歴史や自然から解放されて、さまざまな現象を考察できることを意味するものではない。ただその歴史や自然は、空間的・時間的に局限された、個別的・具体的集落あるいは社会集団の諸現象の内にすでに内包されたかぎりでの歴史であり自然である。それはわれわれの側の概念の内ですでに方向づけられた歴史や自然ではなく、彼ら独自の歴史であり、彼らの解釈する自然である。

つまりさまざまな集落をアノニマスと

ロックフォート

セリメ

呼び、自然発生的としてでしか認識できないとしたら、それをつくりだした人々の意志や意図は顧みられることなく、われわれのすでに方向づけられた概念に頼って、その自然発生の原因や結果あるいはその過程を考察せざるを得ない。ここに、考察の枠組みはわれわれの側にのみあって、彼らの側には存在しないものとなる。われわれが空間的・時間的に局限された、個別的・具体的集落に限定するのは、そこに彼らの意志や意図、そして彼らの独自の秩序体系によってつくられる彼ら独自の世界を認めようとするからにほかならない。必ずしもそこでは、歴史や自然そしてその他の概念が、それぞれの位相において体系化されているとは思われないが、それらは分離されないまま、あらゆる現象の内に貫徹し、彼らのつくりだすかたちや空間の内に表出されているはずなのである。かたちや空間は、そこに住む人々に固有の世界観そのものである。まして、われわれによって方向づけられ規定された進化の概念や機能の概念などによって切断されてしまうものでは決してないはずなのである。

　実際にさまざまな集落を訪れる前に、本来なら当然用意すべきであろう予備的な知識を、われわれはほとんど持ちあわせてはいなかった。したがって、土地の人に聞き、あるいは車窓からわれわれの求めるものを発見する以外に方法はなかった。しかし、少なくともフランスやスペインにおいては、人々に聞くまでもなく、さまざまな集落は例外なくその位置を誇示するがごとく現象するものであった。

　実際、集落は彼らの自然とともにあった。その場所に固有の自然環境が彼らの住み方そして集落のあり方を決定しているという意味ではない。むしろ集落たちは自然に依拠し、依拠することによって、逆に自然をわが物とし、ひとつの静的な風景として完結しようとしていた。城や教会がより高い場所にあるとき、その高さがすでに城や教会そのものであるように、集落の背後の巨大な岩や聳える山、あるいはその下に流れる河や海は、まさに集落と一体となって集落の全体像をつくりだしていた。つまり自然環境はあるがままの自然環境なのではなくて、すでに彼らによって解釈され評価された自然や環境なのである。静的な風景はそこに住む人の自然や環境に対する解釈の結果である。

　われわれの考察は、たとえそれが印象的であったとしても、この静的な風景からはじめられねばならない。ここには、自然も歴史も文化もすべてを内包した彼らの世界だけが存在している。

b　3つのタイプ

　もしヨーロッパにおいてわれわれが通過してきたさまざまな集落の全体的印象を語ろうとすると、そこにはまったくその性質を異にするふたつの集落タイプが存在したということが、その印象の中心部分ではないかと思う。ひとつは、中世的な面影をいまだに残して、すでにわれわれのうちに農業共同体として定式化されている集落である。必ず教会や城のような中心的施設を有し、風景のすべては、丘や谷や崖そして住居の配列をも含めて、この中心への指向(1)と、そして、周縁、つまり境界の明瞭さによって特徴づけられる集落である。ひとことで言えば、すべては特殊な行事をするための舞台のようでもあり、そしてすべてが何か飾り立てられたような印象を与える集落である。中心の教会や城は当然のこととしても、その前の広場には樹木や花が植えられ、あるいはタイルで彩られた基壇やベンチが設けられる。そしてこの飾られたような広場を中心にして、道は四方に延び、住居の配列をつくりだしている。道に面して隙間なく軒を並べる住居の壁は白く塗られ、その壁には鉢植の花が吊るされている。住居の窓や入口の縁には、鮮やかな色が塗られ、あるいは美しいモザイク模様のタイルが埋め込まれている。飾られた教会や広場につながる飾られた道は、そのまま住居の中へも入り込み、ホワイエ的な飾られた部屋につながっていた。人々は気軽にこのホワイエ的な部屋へ入り込み、そこに置かれた椅子に腰を下ろして世間話をしている。この部屋を強引にわれわれの日常的な言語にあてはめれば、客間あるいは居間と呼ぶことができるかもしれない。その奥には、台所や食堂、そして便所や風呂が続いている。ここはもはや飾られてはいない。私たちの経験では、ホワイエ的な部屋までは喜んで迎え入れてくれても、そこから先へはなかなかわれわれを案内しようとはしない。おそらく寝室があるのだろう、二階へ上がろうとしたわれわれは厳しい口調で拒絶されてしまった。

住居の裏側には広々としたオリーブやオレンジの畑が広がっている。そのオレ

ソルバスの広場

ソルバスの崖

ンジの畑は、同時に集落の境界でもある。境界は住居の配列や畑によってつくり出されるだけではなく、ときには自然の崖であったり、あるいは城壁が集落を囲い込むこともある。

教会や広場が住居から離れ、あるいはあまりに高い位置にある場合は、集落の境界のすぐ内側に別の小さな広場がつくられる。そこには、いかにも便宜的といった感じの小さな教会が建てられている。そこは、市の立つ場所であり、日常的な通商の場所となる。しかし日曜日の礼拝などはこの教会ですますことができても、結婚式やクリスマスそのほかさまざまな特別の行事が行なわれるとき、人々は着飾って中心の教会へ向かうことになる。

このように中心と境界、そして住居の配列が明解であり飾られたような印象を与える集落を、その典型であるペトレス(Petres)という村の名をとってここではペトレス型と名づけておく。

このペトレス型と全く対照的に際立った中心性も境界もなく、ペトレス型の印象が飾られたところにあるとすれば、むしろ日常の生活がそのまま露出しているような印象を与えるのがクエバス(Cuevas)に住む人々の集落であろう。彼らは、まるで人々の目を逃れるように、ひっそりと自然のつくる窪みの中に生活している。

クエバスとは、スペイン語で横穴式の住居形式を示し、一般の住居カーサ(Casa)とははっきりと区別されている。カーサとクエバスとが共棲することはない。なだらかに起伏する丘の窪みは、彼らの道であり、小さな広場でもある。この小さな広場に面して五〜六戸のクエバスが掘り込まれ、広場を中心としたひとつのクラスターが形成されている。そして日常生活のかなりの部分がこの広場に露出しているのである。そこは子供の遊び場であり、道具置場であり、洗濯場であり、仕事場でもある。台所もこの広場につくられている。クエバス・デル・アルマンソーラ(Cuevas der Alm.)という村の例では、台所は他の部屋のように掘り込まれるのではなく、穴の外に石で積まれ、それも各クエバスがそれぞれ台所を所有しているわけではなく、ただひとつの台所が、広場を中心として構成されるクラスターの全員によって使用されていた。この広場は彼らにとっては単なる外部ではなく、生活の内に入り込み、生活のための重要な場所として意識されている。つまり彼らの生活にとっては内部の空間と同じなのである。われわれにとって印象的なのは、小さな広場を中心として営まれる彼らの生活であり、クラスターを構成する彼らの住居のあり方である。

広場に面する彼らの住居には、ペトレス型に見られたような飾られたホワイエ的な部屋があるわけではない。そこにはただ生活の臭いの充満した部屋が並んで

クエバス・デル・アルマンソーラの広場

いる。このクエバスによって構成される集落の形式を仮にクエバス型と名づけておくと、そこにはペトレス型との明らかな対比を見ることができる。一方は、中心的な施設を持ち、その中心に向かう指向性によって明確な配列と境界を生み出し、一方は、中心を持たず、ただ広場を中心とした数戸によって構成されるクラスターが目立つだけで、集落全体は、決して明確な配置や境界を持っているわけではない。クエバス型の集落は、クラスターの単位は明瞭でも逆に集落全体の配列はむしろランダムに見える。しかし、ペトレス型とクエバス型との対比は、単にわれわれが通過してきた南ヨーロッパの印象を語るときの分類であり、それが地中海あるいはその他のさまざまな集落すべてにあてはまる分類であるわけではもちろんない。特に北アフリカの印象は南ヨーロッパの印象とは、ほとんど対象的といっていいほど異なるものであった。

　われわれにとって北アフリカ一帯、つまりマグレブと呼ばれる地域の印象は、モロッコのテトアン、ラバト、あるいはマラケッシュ、フェズなどのメディナ(2)を訪れることで、すでに決定的であった。メディナはもはや集落と呼ぶより都市と呼ぶ方がふさわしい。喧噪と雑踏、そして観光客、大きな荷物をくくりつけられたロバを追う男の声、ここではわれわれも決して、ヨーロッパで経験したような、異質な侵入者として扱われることはない。ここではすべての人が他人であり、他人同士の経済的な流通においてのみその接触が成立している。市場の喧噪はそのまわりの路地にも入り込み、香料や、ハッカの茶を売る店、そして観光客相手のおみやげ星が並んでいる。ところどころの小さな広場が、布やジュラバと呼ばれる民族衣裳を織る店に専有され、路地や小さな広場は錯綜して迷路を

フェズ

つくりだす。

おみやげ屋の店頭の絵はがきにある風景を見て、われわれは一瞬共同洗濯場と錯覚した。しかしガイドに案内されたそこは、牛と羊の死骸、切り取られた内臓や首が乱舞し、悪臭の中で裸の男たちが働く鞣皮工場であった。実際このメディナには、共同の施設などありはしない。モスクでさえ共同でつくられるものでもなければ人々の接触を触発するものにもなり得ない。モスクは錯綜する路地に面して、驚くほどその表情を隠してひっそりと佇んでいる。メディナを遥かに眺めると、確かにミナレットがいくつも建ち並んでメディナの印象を決定するものとなってはいる。しかしその内部では、その前に広場があるわけでもなく、中を覗かない限りそれとわからないまま通り過ぎてしまうことすらある。そして定められた時間にモスクに集まり何もない壁に向かって深々と頭を垂れる。彼らはそこにいくら多くの人々が集まっていようと、ただ一人で神に対峙しているようにさえ見える。それは近所の人びとと誘い合い、家族ともども日曜ごとに着飾って教会に集まるあの華やかな風景とはまったく対照的でもある。

ここにはあのペトレス型のホワイエ的な部屋も、クエバス型の共同生活のための広場もない住居はその入口を固く閉ざして、あらゆる人との接触を拒絶しているようにさえ見える。きわめて閉鎖的な住居の構えなのである。そのためだろうか、道は住居と住居の間の隙間をやっと見つけて細々とメディナ全体を覆っている。その道も市場から離れるに従って人通りもなく、ただ単に人の歩くだけの路地に変わってゆく。閑散として高い壁に囲まれた路地は、ペトレス型やクエバス型のように、決して人と人との接触を触発しはしない。むしろ接触しないことを前提として彼らの〈道〉は成立しているようにすら見える。ところが住居の内部は、それとは対照的にきわめて開放的にできている。必ず中庭を持ち、その中庭を囲んでつくられる彼らの住居は、外に対しては完璧に閉ざされたものではあっても、その内部ではあらゆる部屋は、この中庭に向かって実に開放的なのである。

そして外に向かって閉鎖的な住居の群れは、ペトレスのように明確な配置や中心を持つわけでもなく、またクエバスのようなクラスターを形成するわけでもなく、ただ勝手気ままに、メディナ全体をびっしりと埋め尽くしているように見える。住居の群れは、かつての城壁の外へも侵蝕して、何度城壁をつくりなおしても、その外へ外へと無限にスプロールしてゆくようにも見える。

もしこのような住居の集合の仕方を指してメディナ型と名づけるとしたら、われわれはいまそのそれぞれ異なる住居の集まり方の違いを、ペトレス型、クエバス型、メディナ型として、ただの印象に

	中心的施設	広場	住居の配列	道に対する住居形式	集落の境界
ペトレス型	有	中心的施設の前にあって飾られている	中心への指向	開かれている	明確に境界を持つ
クエバス型	無	生活的広場	クラスター	開かれている	不明確
メディナ型	無	流通のための広場	各住居は個別的	閉ざされている	不明確

図1　ペトレス型とクエバス型の開かれ方は同一ではない。ペトレス型は道を住居の内へ引き込むように開いているのに対して、クエバスは逆に、道に向かってさまざまな生活機能が漏出していくように開かれている

よるものだとしても、とりあえず三つのタイプに分類したことになる。

　われわれが通過してきたさまざまな集落の全体的印象を語るために、便宜的に分類された三つの集落のタイプは、住居形式の違いであり、広場や中心的施設の違い、あるいは道や境界のあり方の違いとして観察され、記述されてきた。そしてその原因を、文化、風土、宗教の違いとして考察することもできるし、あるいはメディナ型が都市的であり経済流通を核として成立するものであるとするなら、クエバス型は生活の共同を核とした集落であり、それに対してペトレス型はいかにも政治的、権威的色彩の強い集落だと言うこともできる[3]。しかしそれら類型の原因や、類型から演繹されるものをいかに説明し尽くしたとしても、それだけでわれわれの分類のレベルが明らかにされるとは思われない。なぜわれわれはそこに現象するものだけを分類の手掛かりとして抽出したのか。そして三つのタイプとは、はたして本質的な差異なのか、それとも、文字通り現象においてのみの差異なのか。

　解答への手掛かりは、すでに現象するそのもの自体が指し示している。われわれの前に現象するものは、ただ単に機能を示すだけではなく、同時にその〈意味〉を明らかにするものでもあった。われわれの遭遇した集落における道や住居や中心的施設、あるいは広場といったものは、ただ単に歩くための場所、住むための場所等を指示しているだけなのではなく、そのあり方がすでに〈全体〉の中で特定の〈意味〉を有しているのである。

　つまりわれわれは現象するものの〈意味〉を見ようとしているのである。教会やかつての領主の館をともに中心的施設と呼び、城壁や住居の配列のとぎれる場所あるいは農地を境界と呼ぶとき、われわれはすでに〈意味〉に関わる言語を使用している。われわれには〈意味〉とは何かという問いに答える能力はないとし

ても、そこに現象しているものが何を〈意味〉しているのかは、当然明らかにしておかなければならないはずである。それはおそらく現象するものをどう認識するのか、そしてわれわれの使用する言語の抽象度の考察に関わっている。

3 考察

a 行為

観察によって抽出された言語（道、住居、広場、中心的施設、境界等）を、ひとつのあるいは数種の〈行為〉に対応する空間もしくはものの名称として了解することもおそらくは可能なことだと思われる。そしてむしろ一般的にはそう解釈すると思う。しかしその〈行為〉という概念そのものをわれわれは疑う。

時間的・空間的に連続している人間の動き、動作を断片的行為に分割することによって、はじめて行為の概念は成立可能になる。しかし、また行為それ自体は連続しているがゆえに無限に分断、分割することが可能な性質の概念でもある。そのような無限性を持つ〈行為〉を有限のレベルに引きもどすためには、ひとつの手続きが必要であった。

それが「目的の配分であり、意図の分類」(4)であった。目的と意図を手掛かりとして、連続している行為は、それぞれ断片的な行為に配分され、分類される。そしてその行為は、その行為の意味を支えている状況から切り離されて一種の普遍性を獲得していったのである。

たとえば、眠るという行為や食べるという行為は、一方は単に神経生理学の問題としてその脳波や生物電気の特性において、一方は、食物が口から食道を通過して胃に到る経過として、あらゆる個体や民族や文化の特性を、そしてその行為の〈意味〉を支えている状況を超えて、同一の断片的行為としてその普遍性を獲得する。そして分類された断片的行為に対応して、〈機能的〉に空間が設定されていく。機能という言葉はしばしば、分類された行為とその行為に対応する空間との関わり合いを示すと同時に、分類の手掛かりとしての目的、意図そのものを指し示す言葉としても使用されてきた。

そして、行為と空間との関係は、基本的に次のような認識が前提となっている。つまり、分類された断片的行為に対応して、断片的な単位空間（プライマリーな空間）が存在する。当然、単位空間は意味を内包しない機能的単位空間となる。そして、人間のあらゆる行為が断片的行為の組み合わせとして記述できるように、あらゆる空間は単位空間の組み合わせとして、記述することが可能になるわけである(5)。単位空間の組み合わせによって記述される空間は決して、特定の人間、特定の集団に対してのみ成立する空間ではない。あらゆる人間、あるゆる集団に対応する空間であることがあらかじめ保証されているのである(6)。

b　行為の仕方＝〈モード〉

もし、〈行為〉を手掛かりとしての現象の認識が意味を捨象されたものでしかないとしたら、われわれが観察の時点で、現象するものに、用在と同時に意味の表出を認めようとするとき、われわれは一体それをどのように認識しているのだろうか。

　われわれが道や住居や中心的施設と呼ぶとき、それらは単に〈行為〉に対応しているだけのものではない。それらは〈行為の仕方〉に対応している。〈行為の仕方〉とは行為そのものではなく、ある行為を行なおうとするときの、態度、作法、マナー、あるいはとりきめ、ルール等のことを指している。それらを一括して、ここでは仮に〈モード（mode）〉(7)と呼んでおくことにする。

　われわれは決して、さまざまな行為を自由気ままに行なっているわけではない。行為には〈行為の仕方〉がある。その行為を行なおうとするときの約束事のようなものである。作法と言ってもいいし、態度のようなものと言ってもいい。あるいはルールやマナーと言ってもいい。すでに述べたように、行為という概念が断片的な行為であり、普遍的なそして標準的な人間を前提とする概念であるとすれば、〈行為の仕方〉は標準的な人間ではなく特定の集団の中でその集団による約束事を共有する人々が前提となるはずである。ある〈行為の仕方〉つまり作法なり行為のための約束事が成り立つためには、その約束事を共有するなんらかの特定の集団をその前提とせざるを得ないはずなのである。〈行為の仕方〉は特定の集団との関わりの中でしか抽出され得ない。そしてその集団の中の個々の人々の具体的行為の積み重ねによって〈行為の仕方〉という約束事がつくりあげられていくと同時に、それがつくられることによって逆に個々の人々を拘束して、その〈行為の仕方〉というマニュアルに従ってさまざまな行為が実現することになるわけである。つまり〈行為の仕方〉は特定の集団の中で、特定の意味を有するものである(8)。〈行為の仕方〉は行為の意味そのものである。

　〈行為の仕方〉は特定の集団の中での人間と人間との関わり方を示す。そして、それが身分とか序列とかに関連しそうなことも想定できる。「すべての社会生活は上位と下位という位階制を――まったく技術的理由から――必要とする(9)」。とすれば、その位階は、日常的には〈行為の仕方〉によって表象される位階制にはかならない。

　かつて、中世的な社会制度の中では、個人という人格は制度の中の相互の序列そのものであった。つまり常に上位の地位としての人格に結びつけられることによってのみ、社会的個人たり得ることが可能であった。序列そのものが集団、あるいは個人を規定していた。〈全体は部分より先にあるのが必然〉という中世的リアリズムは、人間を、〈行為の仕方〉

を通じて、集団全体の中での役割的部分として表出させる。このことを考えに入れれば、中世的リアリズムを否定して、新たな方法を探り出そうとするとき、当然〈行為の仕方〉を否定し、個人の自由な意志によって行なわれる〈行為〉をその手掛かりにしようとしたことも首肯できる。つまり、〈行為〉を手がかりにしての考察が、全体性を解消するものであるとするなら、逆に〈行為の仕方〉は、なんらかの全体性あるいは統一性を前提としない限り語り得ないものである。

そして〈行為の仕方〉が、特定の集団の中での位階に関連するとすれば、それはまさに、集団の全体性、統一性、あるいは支配、被支配の関係そのものを表出する。ここにいう支配、被支配の関係とは、集団の性質を維持しようとするひとつの機構のことであり、少なくともなんらかの集団を対象にしようとするとき、そこに集団の統一性を無視するわけにはいかないであろうし、集団の統一性が、広い意味での支配事象を自らの内に内包すると考えることが否定されるとは思われない。

われわれが〈行為〉ではなく、〈行為の仕方〉を考察の手掛かりにしようとすることは、その〈行為の仕方〉が認知されている集団、そしてその集団の統一性、あるいは支配を手掛かりにすることと同義である。〈行為〉そのものがすでに述べたように、無限性、均質性、連続性、普遍性のレベルでの問題であるとするなら、〈行為の仕方〉は逆に、集団の全体性、統一性を前提とする以上、その統一性の限界、特性、不連続性といったものをその対象とせざるを得ない。つまり、〈行為の仕方〉を手掛かりとして集団を考察しようとするとき、そこに集団の統一性のより広い意味での〈領域〉を問題にせざるを得ないのである。〈領域〉とは、この場合必ずしも空間的領域だけを意味しているものではない。それは、集団の領域であり、支配の領域であり、〈行為の仕方〉の領域であって、それぞれは、空間的領域であると同時に、観念としての領域でもある。ある集団に属する人間が、その集団の空間的領域外に至る場合であっても、彼がその集団内の人間であることになんの変わりもないし、それだけで、彼がその集団の統一性から解放されるわけではない。ただ、われわれがここで問題とすべきなのは、支配の領域、〈行為の仕方〉の領域という観念的な領域ではなく、その空間的領域である。そこには、支配の領域も、〈行為の仕方〉の領域も包含した、集団の領域そのものが表出されているはずなのである。

c 領域

領域は〈場〉という言葉に近い。〈場〉とは電磁場、重力場という言葉が示すように、なんらかの特性を自らの内に内包する空間に対して、そう呼ばれる。空間的領域も、その内になんらかの特性を有する。そしてその領域の特性は、その境界においてより鮮明になる。境界とは、文字通りある特性とそれとは別な他の特性との境界であり、両者の関係を示すことによって、はじめて領域の特性を明らかにすることができる(10)。いわば境界はそこで領域の特性の漏出、あるいは他の特性の侵入を禦ぎ、一定の特性を維持しようとする役割を担っているからである。

ここにいう境界は、ただ物理的、用在的な境界なのではなく、意味的な境界でなくてはならないのはすでに当然のことだろう。〈モード〉が〈行為の意味〉のことであるとすれば、〈モード〉を手掛かりとしての〈領域〉は、まさに空間的な〈意味の領域〉でなくてはならない。そして用在としての境界ではなく、意味的な境界を、用在的な境界と区別するために、ここでは〈閾(しきい)〉(11)と呼ぶことにしておく。

〈領域〉は〈境界〉によって閉ざされている。〈領域〉の持っている特性を維持するために閉ざされている。特性というのは集団の統一性のことであり、〈行為の仕方〉の固有性のことである。〈領域〉は集団の統一性を維持するために閉ざされている。そしてその外側の作法とは異なる作法を指示するために閉ざされている。とすれば、逆の言い方をすると、きわめて単純に少なくとも次のことだけは言えるように思う。つまり、ひとつの〈領域〉にはただひとつの集団の統一性が実現されている。そして、ただひとつの〈行為の仕方〉、つまり作法のマニュアルが封じ込められている。だからこそ閉ざされていることの有効性が確認できるはずなのである。仮にひとつの〈領域〉の内にふたつ以上の集団の統一性を実現しようとしても、それは論理的に不可能であるように思う。それぞれの集団の統一性そのものが失われてしまうはずである。

つまり、われわれはさまざまな集落の〈領域〉を見ていたのである。そして、その境界を観察していたのである。そして境界を観察すると同時に、その〈領域〉に内包される空間の配列を見ていたのである(12)。〈領域〉の中の諸部分は全体としての〈領域〉の内に位置づけられ、それぞれ全体との関わりの中で固有の意味を与えられている。さらに言えば、全体との関わりの中でそれぞれの序列を与えられている。われわれは、より具体的には、もの(たとえば、住居、中心的施設、部屋)の配列の内にその序列を発見し、その〈領域〉の特性を見出すことができる。つまり、〈領域〉の特性は、その〈境界〉によって確かめられるだけでなく、同時に配列によっても確かめることが可能だったのである。

d 配列

われわれが、さまざまな集落の中の住居に、廊下のようなものをただのひとつも見出すことができなかったことは、この配列、ひいては〈領域〉を考察するうえできわめて重要と思われる。

「18世紀になると会を催し歓談するための特別の応接室、つまりサロンがあらわれた。これらの諸室はいずれも互に独立し廊下に沿って並んでいた。それはちょうど新しい廊下街路に沿って家が建ち並ぶのに似ていた。つまりプライバシーの必要が廊下という特別な共用の循環器官を生み出したといえよう。(13)」とマンフォードは述べる。プライバシーの確保とは、行為がさまざまな制約（行為の仕方）から解放されること、つまり、行為の自由の確保なのである。行為に対応し、行為によって名称づけられた諸室は、互に独立して存在し、〈行為の仕方〉の制約から解放された部屋となる。部屋と部屋との間にある序列の差を考慮することなく、一本の廊下に面することだけで、その配列はまったく自由になる。つまり廊下に沿って配列されることによって、それぞれの部屋の間にある序列が排除され、均質な関係、すなわち単なる機能的な組み合わせに置き換えることが可能になったのである。しかし逆に廊下による機能的な組み合わせは、諸室の結合図（結合の原因）をも排除してしまった。諸室はそのつど、機能的に結合されまた切り離されるだけの存在でしかない。諸室が、全体の中で固有の役割を担った場所ではなく、独立の存在であるがゆえに、プライバシーもまた確保できたのである。

逆に、廊下によって結合されない諸室は、その関係こそが重要になる。配列は独立した諸室の自由な配列なのではなく、序列を持った関係になる。配列が序列を生み出し、また逆に序列が配列を決定してゆく。諸室はすでに独立した単位空間としては存在せず、結合因をあらかじめその内に内包しているはずである。つまり序列とは結合因そのものなのである。

このような配列は、明らかに廊下を媒介とするような独立した自由な空間の機能的配列とは区別されなくてはならない。それを〈布置〉(14)と呼ぶ。その配列によって配列されるものに意味を与え、その意味が逆に配列を決定して行くような配列のあり方である。ポテンシャルが「座」という言葉に近いとすれば、恐らくそれは集団内の支配の序列に対応し、〈モード〉を表出する。そしてそのポテンシャルの関係が布置と呼ばれるのである。布置は住居内だけでなく、集落全体の問題として考察されてゆかねばならない。中心的施設と住居とは、まさに布置の中にある。

4 了解

〈領域〉という概念を導入することで、それぞれの言葉（住居、道、中心的施設、広場）はどう規定され、われわれの集落の観察そして三つのタイプなるものは、どう了解されるのだろうか。

a 住居とその集合

住居が家族の〈領域〉と規定されるこ

とに、説明は不要であろう。それが〈領域〉と規定される以上、家族はひとつの集団であり、特定の〈行為の仕方〉を持ち、特定の支配による統一性を内包している。「父子の間に父子としての秩序がなければ、父子の間柄そのものが成立せず、したがって父を父、子を子として規定することもできない」⒂ように、家族とは、父、母、子としての血のつながりであると同時に、血縁を契機としての〈行為の仕方〉あるいは集団の統一性を自らの内に内包しているひとつの〈集団〉にほかならない。

周知のようにfamiliaの語源が、源初的には家父長の支配と所有に属する一切のものの名前であると同時に、住居そのものを指し示すとも言われる。住居の壁や、屋根や、床は、雨や風のための単なるシェルターとしてではなく、まずこの〈領域〉の〈境界〉として了解されねばならない。〈領域〉は閉ざされている。それは家族の統一性を保存するために、そして他の〈行為の仕方〉や支配の秩序を侵入させないために、閉じられている。

住居は、閉ざされたひとつの〈領域〉である。それか閉じた存在であるかぎり、本来住居は個別的であり、単一な存在でしかない。つまり、その他の住居と共棲する契機をその内に含んではいないのである。そして、われわれが印象的、形式的に分類した三つのタイプの集落と住居の形成は、この住居の個別性というひとつの構造の表われの違いにほかならない。つまり、閉ざされ方の違いが、それぞれ三つのタイプとして現象しているのである。

ここにおいてはじめて、われわれは、さまざまな言語の意味を一般論として考察することが可能になる。住居の内とは、〈領域〉の内側、つまり家族支配や家族内に固有の〈行為の仕方〉が常に実現されている場所であり、外とは家族の支配秩序の関与しない場所であると同時に、他の支配、〈行為の仕方〉の秩序が実現されている場所でもある。道や広場や中心的施設と呼ばれるものが、単に機能的にある行為に対応して、歩く場所であり、人びとの集まる場所であるとするのは、すでにわれわれにとってなんの意味もなさない。そこは住居の内なのか外なのか、もし外だとすれば、いったいいかなる〈領域〉なのか。そして、住居が個別的であるとするなら、その集合とは何を意味するものなのか。

b メディナ型とクエバス型におけるコートの概念

メディナ型と呼ばれる住居が道に対して閉ざされていることはすでに述べた。それは住居の個別性の表出である。メディナ型の住居にとってその接する道は、外以外の何ものでもない。入口は廊下状になって、一度折れ曲り、そこからは決して中庭を見ることができないようになっている。通常、訪問者は家族やよほど心を許した友人を除いて、この入口部分

ラバトの住居　内庭部分

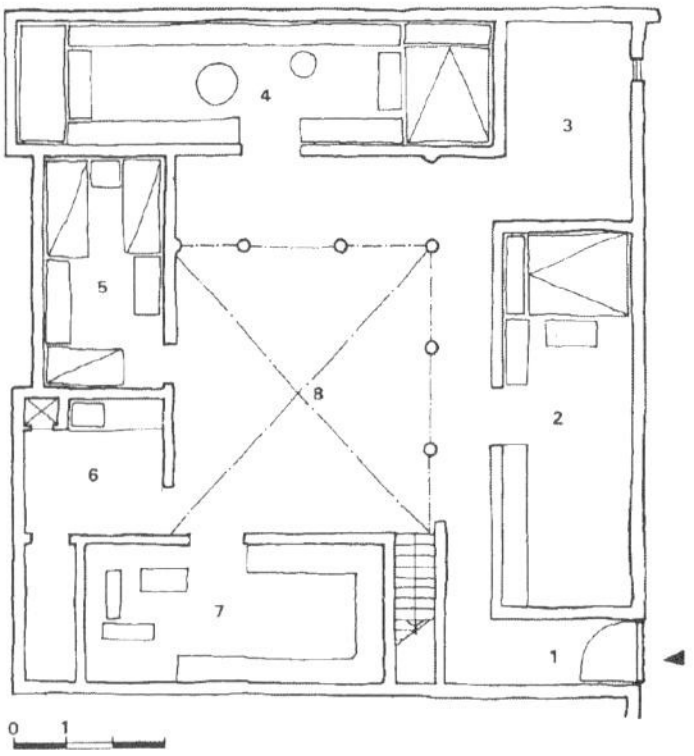

ラバトの住居 1階平面図

で応対され、中庭まで通されることはない。しかしいったん囲われた中庭に入ると、そこからはすべての部屋を見渡すことが可能である。中庭によって関係づけられた部屋と部屋との間に序列の差ははっきりとは表われにくい。庭は明らかに住居内であり、住居内の人々の接触の場であると同時に、その庭に媒介されることによって人びとは関係づけられている。中庭まで通される客は、すべて家族と同等の人間として無条件に彼らの集団に含まれることになる。

　たとえ住居の棟と棟が隙間なく並んでいるとしても、その閉ざされた扉と外壁はまさに住居の〈境界〉をつくりだし、家族の個別性と統一性を確保しようとしているように見える(16)。そして住居の接する道は住居にはまったく関与しないで、住居にとっては単なる外部でしかないようにみえる。メディナ型にとっての道が、彼らの生活を活性化するものとはならず、また人と人との接触を触発するものとはなり得ないのは、このような住居の個別性と統一性とが生活の隅々まで貫徹しているからにほかならない。それでは、外部に対して閉じていることが住居の本質であるとするなら、クエバス型やペトレス型における住居は、どう説明されるべきなのだろうか。

　クエバス型の住居に接する道は、決して外部ではない。それは彼らにとって明らかに内部であり、家族の日常的生活には、なくてはならない場所なのである。つまり、道に対して開いていることだけで、クエバス型の住居が、メディナ型の住居のちょうど正反対の住居であるという解釈をするのは少々短絡的にすぎるように思うのである。道に対して開いているか閉じているかという分類はもはやその道の性格が異なる以上、意味をなさないものである。クエバス型の住居は、数戸でクラスターを形成し、各住居は道でもありまた小さな広場とも呼べる場所に面して、その広場を共有している。そのような広場に対して、クエバス型住居の各戸は開かれているのであり、決してメディナ型と同じ性質の道に対して開かれているわけではない。そこは仕事場であり、食事をする場所であり、洗濯場や子供の養育場でもあり得る。彼らの日常的な生活の大部分は、この小さな広場において行なわれるのである。

そしてこの広場に面する各戸の姿勢はきわめて無防備である。入口の扉さえ持たない住居もある。数戸のクラスターによって囲まれた広場が生活の中心なのである。そこにはその広場を囲む各住居の個別性や閉鎖性あるいは統一性といったものが表出されていない。ひとつの〈領域〉に二つ以上の集団の統一性を仮定できないという話であった。つまり、広場を囲む住居で構成されるクラスター全体を、ひとつの〈領域〉と仮定せざるを得ないと思うのである。そして事実〈領域〉はそのように表われている。ときとしてクラスターの各戸に台所がなく、ただひとつの住居だけがそれを有することは暗示的でもある。クエバス型においては、数戸でひとつの〈領域〉をつくりあげる。そのとき各戸単一の持つ〈領域〉は、数戸でつくられる〈領域〉の中に包合され、各戸の個別性、統一性は解消される。

複数の家族が集まってひとつの〈領域〉をつくりあげるような例は決して珍しいことではない。いわゆる「大家族」と呼ばれる分類の仕方をするときにはさまざまな地域に見られる現象である。われわれは決して、このクエバス型の住居を大家族住居と呼ぼうとしているわけではないけれども、ただここで述べられることは、彼らの表出する〈領域〉は明らかに、クラスターのレベルでの〈領域〉であって各戸での〈領域〉はきわめて貧弱なものでしかないという事実だけである。ここではクラスター全体が一戸の住居であると言ってもいいような〈領域〉を表出している。

メディナの航空写真

小さな広場はクラスター内部での交流の場であると同時に、生活の共有の場でもある。小さな広場の共有性がなければ各戸の生活は成立しない。それはちょうどメディナ型住居の各室に対する中庭と同一の性質を有している。そのような場所をここでは〈コート（court）〉と呼んでおくことにする。つまりコートとは、閉じられた〈領域〉内部での交流のための装置と定義することができる。交流の契機はメディナ型の住居におけるコートが住居内での生活の共有性にあるように、クエバス型のクラスターにとってのコートも、クラスター内の生活の共有性に求めることができる(17)。

証明ぬきの単なる想定として語ることが許されるのなら、家族とその集合が共存する場合、家族の〈領域〉が明解に表出されるとき、家族の集合としての〈領域〉は、不明解になる。また逆に家族の集合としての〈領域〉が明解なら、家族の〈領域〉は不明解になるということができるかもしれない。またもしこのような想定が正しいとするなら、それは家族内の統一の秩序と家族の集合における統一の秩序とが同時に共存しないということである。それは先にあげた「ひとつの〈領域〉にはただひとつの支配の秩序あるいは〈行為の仕方〉の体系が対応する」という仮定とも矛盾しない。つまり「ひとつの〈領域〉の内にふたつ以上の支配体系あるいは〈行為の仕方〉の体系が並立することはない」もしくは一般論として述べれば「ふたつ以上の〈領域〉が互いに交わって(18)並立することはない」と言えるのではないだろうか。

一方、メディナ型においても、クエバス型においても、住居のあるいはクラスターの集合としての〈領域〉を見出すことはきわめてむずかしい。それらは複数の領域の単純和集合としてでなくてはとらえようがないように思う。つまり布置も境界も指示することができないのである。メディナのように城壁を何度築いても次々とその外に新しい住居が建ち並び、それは無限に四方へ広がるかのようでさえある。たとえそれが無限に広がらずなんらかの境界を有するものであったとしても、常にその境界をそれ自身の内に包み込むことはできそうにない。つまり、彼らのつくる街や集落は、物理的な障害にぶつかったときにはじめてそこから先へは延びることを止める。境界は自らの内にあるのではなく、外から与えられる境界でしかない。

数学の点集合論における、〈開集合〉がその境界を自らの内に包まないことによって定義されるように(19)、それらの集合は、まさに開かれた、境界を持たない集合と呼ばれても差し支えないと思われる。メディナにおける住居の集合は単に住居の総和として以外にとらえようがない。それは〈領域〉の成立しないことを意味している。

表出されていない領域、それを、支配関係および〈モード〉によってのみ考察しようとするなら、恐らくメディナ型住居の外にも、何らかの支配や〈モード〉の体系が成立しているはずである。しかしながらその領域は、メディナにおいてだけではなく、宗教の同一性や、人種、民族の同一性に帰着する領域なのではないだろうか。それがどうあれ、少なくとも空間的に表出されている〈領域〉だけを手がかりにしようとするわれわれの視座の中では、今のところ問題とはならない。

一方クエバス型の各クラスターの集合は、はっきりとした境界を持っているけれども、その集合は、カーサのつくる集落の手前で、そこから先へは延びようとしない。その境界は、カーサのつくり出す集落によって決定されている。とすれば、これもクエバス側の境界ではない。〈境界〉はカーサの側にある。クエバス型の集落もまた、クラスターの総和以外にあり得そうにない。

さしあたりここでわれわれが問題にすべき〈領域〉は、メディナ型における住居のレベル、クエバス型におけるクラスターのレベルに限定されて差し支えないと思われる。それらは共に視覚的に表出されたひとつの〈領域〉である。

c ペトレス型における〈閾〉の概念

もし「ふたつ以上の〈領域〉が互いに交わって並立することはない」という命題が正しければ、それはペトレス型においても成立するものではならないはずである。ところが、ペトレス型の集落では、ふたつの〈領域〉は互いに交わって共存しているのである。

ペトレス型における教会は、必ず集落全体の中心的な位置に置かれる。もちろん教会が、その地域を支配する者の住居にその位置を譲ることもあり得る。けれども、どちらにしてもそれは支配の中心であり、また〈領域〉の中心である。そのような中心的施設が常にその集落の物理的中心に位置するわけでは決してないが、なんらかのかたちでそれが中心であることが表現されていると言ってよい（中心の表現は決定的に地形に依拠している）。中心的施設を中心に集落全体はひとつの布置関係を有する。その布置は中心的施設の中心性を表出し、ひとつの領域を表出している。集落全体がひとつの〈領域〉を有することは、すでに述べるまでもないであろう。オリーブ畑や崖、城壁は領域の境界である。それらの境界は外側から与えられる境界ではなく、それ自体、自らの領域の表出なのである。この布置と境界が〈領域〉の存在を確認させる。ペトレス型の集落全体がひとつの〈領域〉である以上、そこにメディナ型における住居、クエバス型におけるクラスターと同じ意味でのひとつの領域を措定することが可能になるはずである。

住居の集合としての集落がひとつの〈領域〉であるなら、集落の中心的施設に向かう個々の住居の布置はその集落の領域の表出である。とすると、先に述べた住居の領域の固有性、個別性は、集落の領域の中に解消されてしまうことになるのであろうか。ところが、実際には彼らの生活はやはり家族の統一性、固有性を表出するように営まれていて、集落全体の領域に包含されて、その統一性、固有性が失われてしまっているわけでは決してない。つまり、ふたつの領域が併存しているのである。それでは先の命題を誤りとする以外にないのだろうか。

ここにこの種の住居が道に対して開かれていると述べるとき、その開かれた部屋をホワイエ的と呼んだことはきわめて重要と思われる。この道に接するホワイエ的な部屋までは、家族以外の人であってもかなり自由に入ることが許される。ただ単に行為に対応する名称をその部屋に与えるなら、それは客間あるいは接客室と呼べるような部屋である。しかしそこから奥へは入ることができない。その他人の入ることができない場所が、閉ざされた家族の〈領域〉にほかならない。このペトレス型においてもやはり閉ざされた家族の〈領域〉は存在し、家族の統一性、個別性も保存されているのである。家族の支配や〈行為の仕方〉による統一性、個別性を保存しながら、なお集落全体の中で中心的施設との関係性を保ち、また集落全体の布置の中に置かれるためにはどうしてもこのようなホワイエ的な部屋が必要なのである。このホワイエ的な部屋の役割を〈閾〉と呼ぶ。

〈閾〉とはふたつ以上の〈領域〉が同時に成立するとき、互いに干渉しないで、なお〈領域〉相互の接触を可能にするための装置なのである。空間的アナロジーとして、単純だけれども建物等の〈風除室〉、潜水艦や宇宙船等の〈気密室〉を思い浮かべてもらえばいい。それらは互いに相異なる性質の空間の間にあって（空調された部屋とその外、水と空気）その性質が相互に干渉せず、また人間がそのふたつの空間の間を往き来（接触）することが可能になるために設けられる装置である。それらは一方に開くとき必ず他の一方に対しては閉ざされている。そうでなければ、〈気密室〉においても〈風除室〉においてもその機能を果たすことができない。ここに定義される〈閾〉もそれとほぼ同じ性質を有していると考えられる。

ペトレス型における〈閾〉は住居が集落全体の布置の中に置かれ、集落全体の領域の統一性のもとに置かれると同時に、住居内での家族の統一性をも保存するための、すなわち二種の相異なる領域を同時に存在させ、それが互いに他を干渉しないで接触させるための装置なのである[20]。

ペトレス型のような集落における家族の永続的な私的土地占取は、明らかに内的な矛盾としてでなくてはとらえようがない。

「『家父長制的家族共同態』にとって基地ともいうべき『宅地』Hofとその周囲の『庭畑地』Wurt, Gartenlandが垣根やその他の形で囲い込まれ、父系制的に相続されて、その『家族』の永続的な私的占取にゆだねられるようになる（私的土地所有の端初的成立！）。……（中略）こうして、さきに指摘した共同体の『固有の二元性』はこの『ヘレディウム』[21]の出現とともに部族共同態による土地占取の様式のなかにいよいよ姿を現わし、いわば「部族共同態」とよばれる土地所有関係（＝生産関係）のうちに内在化されて、その内的矛盾として現象するようになるのである(22)」（傍点筆者）。つまりここに言う二元性とは、「土地の共同占取と労働要具の私的占取」にはじまり、「部族共同態」による土地の共同占取と「家父長制的家族共同態」による土地の私的占取の二元性のことであり、それは部族共同態による支配関係と家父長制的家族共同態による支配関係のふたつの支配関係の二元性でもあり得る(23)。それはふたつの〈領域〉の同時存在を意味している。

先の命題を顧みるまでもなく、このような〈領域〉の同時存在による二元性は内的な矛盾としてでなくてはとらえようがない(24)。この矛盾を揚棄し矛盾としてではなく、二つの〈領域〉を同時に存在させるための空間的装置を〈閾〉と呼んだのである。

「ふたつ以上の〈領域〉が互いに交わって並立することはない。」という先の命題は次のように補足されなくてはならない。

「ふたつ以上の〈領域〉が互いに交わって並立することはない。またはふたつ以上の〈領域〉が互いに交わって同時に存在するとき相互に干渉しないでその交流を可能にするための装置〈閾〉を持つ」（図2）。

ペトレス型の集落における住居は、〈閾〉という空間装置の役割によって集落全体の中での部分であると同時に、それ自身、自己完結的な全体でもあることが可能になったわけである。つまり〈閾〉とは、ひとつの領域とその領域を含むさらに上位の領域とが共存しようとするとき、そのふたつの領域を同時に可

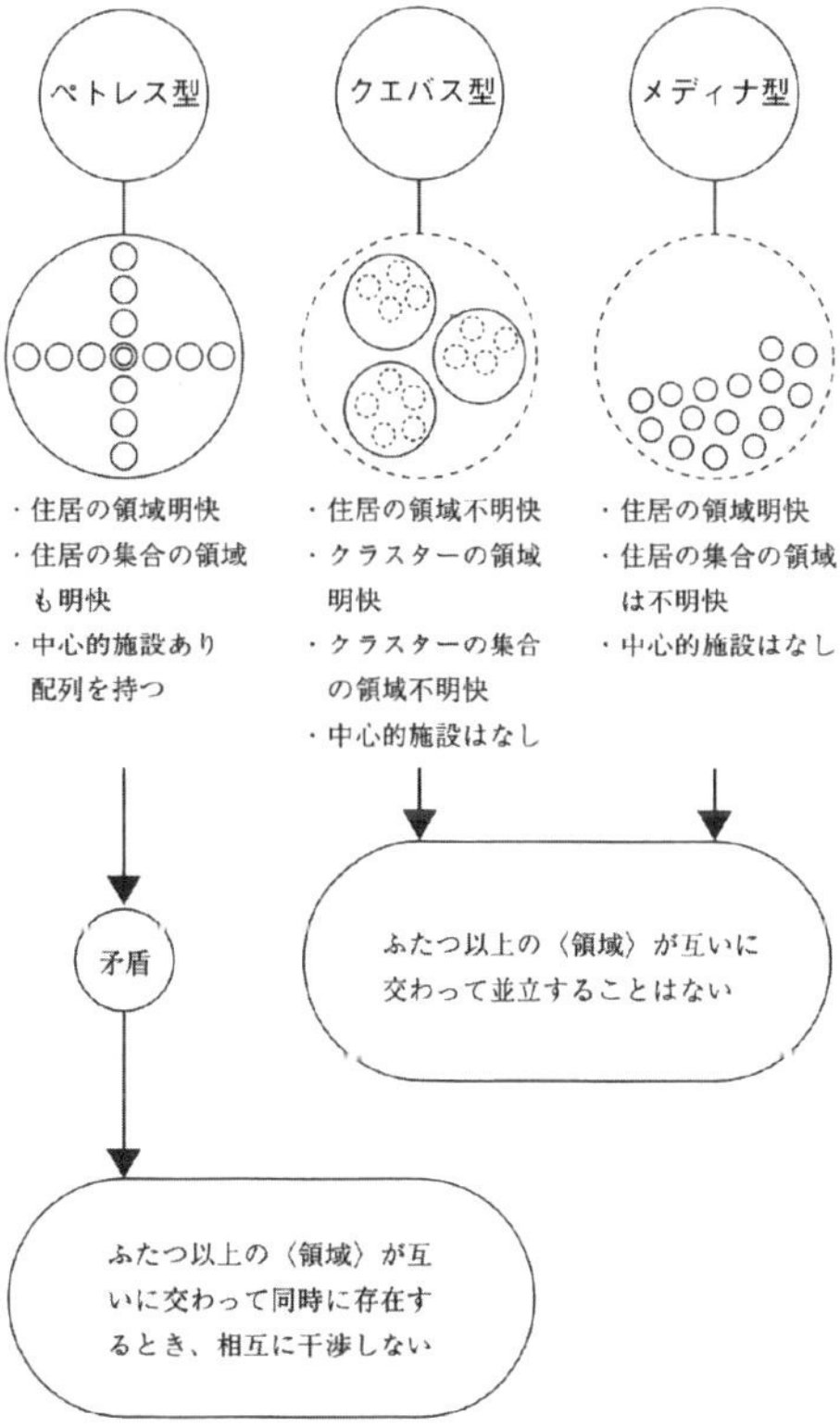

図2

能にするための空間的な装置である。住居という家族の領域は〈閾〉によって防御されている。その上位の領域に包含されて家族の領域の個別性が解消されないように防御されているのである。

〈閾〉は決して〈行為〉そのものに対応して名称づけられる空間ではなく〈モード〉に対応する空間の概念である。〈モード〉がすでに述べたように集団の中での個人の位置を示すものであるとしたら、それに対応する〈閾〉もまた集団の中での個人の位置を表出するものではなくてはならない、つまり〈閾〉はポテンシャル（結合因）そのものでもあり得る。特にペトレス型のような集落にあって、住居の〈閾〉はより上位の（この場合集落全体の）支配体系に結びつけられ、その人格を表出するものとなる。つまり家父長制的家族共同態の支配者、家父長は、同時にまた集落全体の支配体系のもとに支配される者でもあり、そして彼はより上位の支配者に支配されることによってのみ、集落内での自己の位置を定位することができる。彼の人格とは、集落全体の支配体系の中での彼の位置と同義である。すなわち家父長制的家族共同態の支配者、家父長は、その支配の権利を、集落全体の支配体系の中に置かれることによって逆に保証されるのである(25)。こうして、家族の家父長による私的所有は、集落全体の支配体系が存在することによって強固になりはしても、家族内支配体系が、集落全体の支配体系の内に埋没されつくして、その固有性や個別性が失われてしまうことなどは決してあり得ない。そして家族の他の構成員は、家父長に支配される者として定位される。〈閾〉はまさに、家父長の人格そのものである。

住居の外、つまり結合閾の外の道は、クエバス型やメディナ型の道とはその性格を異にし、住居の内部の一部でもなく、また単なる〝外〟なのでもない。住居に接する道は、リッジに結びつけられ、住居の布置を決定する。それはあきらかに集落全体の支配体系の表出であり、リッジと住居との支配関係をあらわしている。〈閾〉がこのような道に対して開いていることは、それがリッジに結びつけられていることを意味し、また逆に直に対して閉じられるとき、〈閾〉はその奥の部屋と結びつけられ、コートに類似したものとなる。つまり家族内部での交流の場所となる。

〈閾〉は決してペトレス型集落における住居においてのみ成立する概念ではない。トルコのセリメ（Selime）で出会った住居には、男の部屋と女の部屋とがはっきりと区分されていた。来客はすべて男の部屋で応待される。女の部屋へ入ることが許されるのは、その家族の構成員だけに限られている。この〈男の部屋〉は結合閾そのものである(26)。一般的に〈閾〉は、集落のレベルでの布置に関連すると同時に、住居内の各室の布置にも関連している。

また集落全体が〈領域〉を持つとしたら、それがひとつの全体として外と対峙することも考えられる(27)。そのときやはり集落全体のレベルで〈閾〉を持つ。例えば、城や教会、その前の広場は、〈閾〉でもある。だからこそ集落のリッジともなり、集落を支配するシンボルともなり得る。また、それらが外に対してではなく内部に向かっているときは逆にコートとなり、集落内部での交流の場となる。それらは集落を凝集させる能力を持ち、本来ならあのメディナの住居やクエバス型のクラスターのように、その集合は、住居あるいはクラスターの個別性や統一性のもとに、均質になるべきものを、力ずくで布置の中に置き、ひとつの〈領域〉を持った全体をつくりあげる。そのような意味では、教会や広場を含めたリッジは、極めて暴力的な装置であるということができるかもしれない。

　このように〈閾〉はスケールを捨象され、空間の意味の同一性においてのみ成立する概念なのである。

　典型としての三つの風景を抽出することからはじめられた考察は、結果的に集落と住居との関係が共通に有するひとつの構造を導き出すこととなった。

1．ひとつの〈領域〉はただひとつの支配あるいはモードの体系に対応している。
2．〈領域〉は閾によって閉ざされている。
3．〈領域〉はポテンシャルを内包している。
4．二つ以上の〈領域〉が互に交わって並立することはない。
5．二つ以上の、〈領域〉が互に交わって同時に存在するとき相互に干渉しないでその交渉を可能にするための装置、結合閾を持つ。

　この構造はわれわれの観察した集落においてだけではなく、おそらくあらゆる家族という共同体に共通する構造なのだと思われる。むろん、われわれの家族もまったく同じ構造をもっているはずなのである。ところがその構造がよく見えない。われわれの家族や共同体も、プリミティブな集落と基本的な部分ではまったく同一の仕組みを持っているはずなのに、その仕組みがどこかで巧みに見えにくくされているようにも思うのである。いまのわれわれの物の見方そのものを疑うべきなのである。プリミティブな集落が特殊なのではなく、その集落たちをわれわれの世界とは無縁なものとして見てしまう。こちらの視線を問題にすべきなのだと思うのである。私たちが手に入れたものは、集落の資料ではなく、彼らの世界と私たちの世界とが地続きなのだという貴重な体験そのものなのだと思う。

　当初三つのパターンに分類された風景は、それぞれ〈領域〉のあり方を端的に示すものであった。漠然とした〈領域〉の概念をわれわれがすでに持っていたとしても、風景は〈領域〉のさまざまな側面を自らの内に表出し、だからこそ風景の考察を通して、〈領域〉なる一般的構造を抽出することが可能であった。

　われわれの持つ世界にも〈領域〉は当然存在している。しかしそれは恐らく近代以降の均質なそして価値自由の空間、あるいは「行為の自由」の名目のもとに、われわれの目から隠蔽され、ただ用在的空間の組合せとしてでなくてはその姿をあらわさない。われわれはその秘められた〈領域〉を顕在化し、人間の集まって住み、共に生活することの〈意味〉を再び問うてゆかねばならない。

(1) 中心的な施設が必ずしも集落の物理的中心にあることだけを意味するものではない。集落からはずれた場所にあっても、むしろそれはより高い位置にあることで中心性を表出している。高さと中心性とは互に他を補完するように働いている。

(2) 〝メディナ〟とは、イスラム圏に見られる都市形態のひとつを指し、日本では一般的にカスパと呼ばれている。カスパはかつて都市が自立して外敵からの侵略を防ぐ重要な拠点であったときその守りの要でもあり、ちょうどヨーロッパの城塞都市における城の位置に相当する。メディナは、カスパと城壁によって守られるところの、カスパ以外の場所を指す。

(3) 3つのタイプの中にわれわれの観察したすべての集落を包含させることは決して不可能なことではない。例えばアルベロベロはペトレス型の典型だし、放浪するジプシーのテント村、あるいはギリシャの島々のいくつかはクエバス型の雰囲気を持ち、その他多くの都市は、メディナ型の一面を持ってはいる。しかし、すべての集落をこの三つのタイプの中に包含せしめるには、ペトレス型とクエバス型の中間、三者を同時に含みその中間でもあるというようなあいまいさと強引さを必要とする。

(4) 『建築芸術へ』ル・コルビュジエ著、宮崎謙三訳

(5) コルビュジエのいう〈標準〉とはまさにこのような空間を指し示している。

(6) インターナショナル・アーキテクチャーの基盤はここに成立する。このような考え方を認識論的に「世界は空虚（均質）な空間と原子とからなりたち、原子はたえず自己運動をしていて、いっさいの変化はその集合離散に帰着する。またいっさいの現象の背後には原子の機械的運動がある由、それらは必然的に生起したものである。偶然性なるものはこの世に存在しない。」という原子論の範疇に含ませようとすることは、むしろ当然のことだろう。個別行為あるいは原空間はまさに〈原子〉に対応している。

(7) モード（mode）とは、〝流行〟を示すと同時に、方法、様式、形式（服装、言語、風俗などの）流儀を示す言葉でもある。文法（mood）とその語源を同じくしている。モードは慣習であり、〝法〟として定式化されて行く。

(8) 「『意味』というコトバを使用する多くの具体的事態において——それを使用するすべての場合ではないにしても——人はこのコトバを次のように説明することができる。すなわち、語の意味とは、言語の中におけるその用法であると」（『論理哲学論考』藤本隆志、坂井秀寿訳）とヴィトゲンシュタインは述べる。同様に、行為の意味を考察できるとすれば、それはその用法つまり〈モード〉によって以外には、あり得ない。そして語の用法が体系を有すると同様、〈モード〉もまた、なんらかの集団の内にあって、ひとつの体系を持つと考えられる。

(9) 現代社会学体系1『ジンメル』

(10) 『形而上学』アリストテレス／出隆訳
「ペラスというは、まず（1）それぞれの事物の窮極の端、すなわち、そこより以外にはその事物のいかなる部分も見いだされない第1の（最後の）端であり、それのすべての部分はその端より以内に存在するようなその第1の（最後の）端である。つぎは（2）ある大きさの、あるいはある大きさを有するものの、なんらかの形相（エイドス）を意味する。さらに（3）それぞれの事物の終りをもペラスと言う。……（中略）さらにまた（4）個々の事物の実体、個々の事物の本質をも意味する」

(11) 「コミュニケーションは、社会の境界線で止まってしまうことはない。厳格な境界線というより、このばあい問題になるのはむしろ、コミュニケーションが弱まったり形が変わったりすることでしるしづけられる閾（しきい）のようなものである。この閾を、コミュニケーションは、消滅はしないが最低の水準で通過するのである」（『構造人類学』レヴィ・ストロース／荒川幾男訳）
「閾（seuil）は日常語としては「敷居」や「入口」を表わすが、学術用語としては、地理、地質学では、2つの山塊を分ける断層を意味する。が、学術用語としてもっとも重要な意味を帯びて使われているのは心理

学の領域で「刺激がある反応を呼び起すに必要最小限に達する点」をまず表わし、さらに、〈seuil absolu〉というとき「そこを越えると知覚が消滅する限界的価値」を表わす。」(『知の考古学』ミシェル・フーコー／中村雄二郎訳)

(12) ポテンシャルとは「座」という言葉に近いと思われる。「座」は、集団内での個人の位地(地位)を示すものでもある。

(13)『歴史の都市、明日の都市』ルイス・マンフォード／生田勉訳

(14) 布置はconstellationの訳語。constellationは本来天文学の用語で「星座」を意味する。
(「星座」の〝座〟をポテンシャルと理解すれば、布置の意味は明らかだろう。)また心理学用語では、感情、観念、刺激などの集合体を指す。

(15)『人間の学としての倫理学』和辻哲郎

(16) コーラン(24－31)
「それから女の信仰者にも言っておやり。慎み深く目を下げて、陰部は大事に守っておき、外部に出ている部分は仕方がないがそのほかの美しいところは人に見せぬよう。胸には蔽いをかぶせるよう。自分の夫、親、舅、自分の息子、夫の息子、自分の兄弟、兄弟の息子、自分の身の周りの女達、自分の右手の所有にかかるもの(奴隷)、性欲をもたぬ供廻りの男、女の恥部についてまだわけの分らぬ幼児、以上の者以外には決して自分の身の飾りを見せたりしないよう」

ここには、イスラム的な〝家族の範疇〟があらわされているとと同時に、家族内での〈モード〉と、外での〈モード〉の違いを厳密に守ることを要求している

(17) クエバス型クラスターにおける、最もポテンシャルの高い場所が台所を有する住居にあることは、むしろ当然のことだろう。われわれの経験では、その住居の主とも呼べる老人が、われわれを住戸の内に案内して、まさにクラスターの主とでも呼べるような存在でもあった。ただし、クエバス型においても、メディナ型においても、そのポテンシャルの差ははっきりとはあらわれていない。それは共に外に対する交流の契機をそれ自身が含んでいないことに起因している。住居のポテンシャルは、外に対するときに明解さを生み出すと言える。

(18)〝互に交わって〟とは次の二つの場合を想定する。
たとえば、Aなる〈領域〉とBなる〈領域〉が存在するとき、A∩Bなる部分は存在しない。

つまりこのようなかたちで交わる〈領域〉を想定してはならない。

(19) 閉集合
集合Aが閉集合であるための必要十分条件は
$A^d \subseteq A$
なおA^dは集合Aの導集合(Aのすべての集積点の集合)
また有限個の点からなる点集合は閉集合である。
逆にA^dを含まない集合が開集合と呼ばれる。また次の様な式によって表わすこともできる。
$A^a = A \cup A^d$
$= A^i \cup A^f$
$Aa = A$なら閉集合
$A^i = A$なら開集合
なお、A^aは集合Aのclosure
A^iは集合Aの内点集合
A^fは集合Aの界点集合

(20) イメージ的に図示すれば次のようになる。

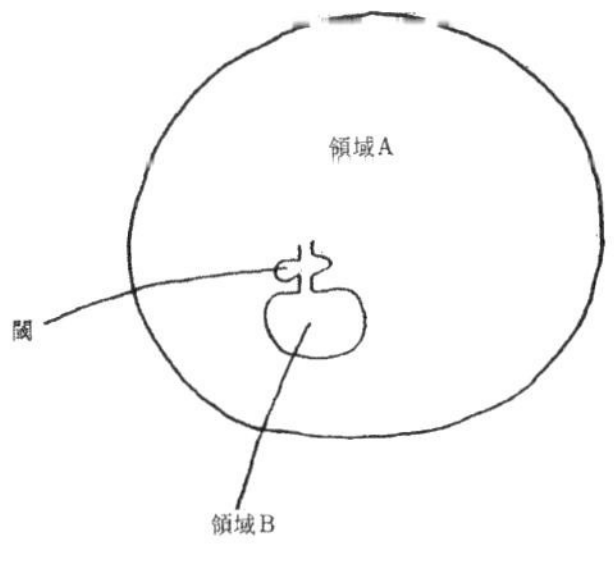

(21) Heredium
家父長制的家族共同態によって私的占取される囲い込み地。

(22)『共同体の基礎理論』大塚久雄

(23) このような関係を同時に含む共同組織が「農業共同体」と呼ばれる

(24) エスピナスの法則が動物社会にだけあてはまるものであり、そこに人間の社会が除外されるのは、このためでもある。

(25)『家族』清水盛光によれば、そのような権利を、「家父長権」と呼び、未開人の「父権」、未分家族における「家長権」と区別されている。
先のメディナ型、クエバス型の問題(17参照)と合わせて考えれば、結合閾を持たない〈領域〉の内にポテンシャルが表われにくく、逆に結合閾を有する〈領域〉の内にはポテンシャルは明解となる。つまりポテンシャルは外との交流によって明解になるということができる。

(26) 男の部屋と女の部屋とがはっきりと区別されるような例は決して珍らしいことでもない。一般的に「イスラーム社会の住居は〈男の部屋またはイエ〉と〈女の部屋またはイエ〉がはっきり区別されている」(『住まいの原型I』泉靖一編)し、恐らく、世界中のかなり多くの地方において観察される現象だろう。下の図は、ニューギニア、ウギンバのモニ族の住居。右が〈男の部屋〉ndiya、左が〈女の部屋〉mihai。「男の来客は〈男の部屋〉で応待される。〈女の部屋〉へは、家族の成員以外には入ることを許されない。」(上掲書)

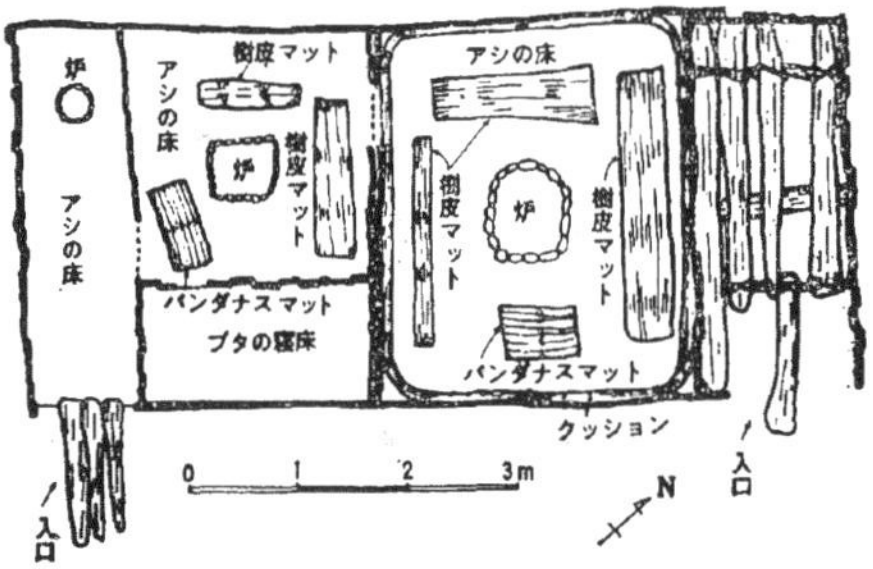

(27) 結合閾を通じないでの対峙は、2つあるいはそれ以上の〈領域〉の間での戦闘状態を意味している。それはどちらか一方の〈領域〉の内に他の〈領域〉を包含せしめようとする状態のことである。

参考文献
『知の考古学』ミシェル・フーコー　中村雄二郎/訳　河出書房新社
『現代自然科学と唯物弁証法』岩崎允胤・宮原将平　大月書店
『論理哲学論考』L.ヴィトゲンシュタイン　藤本隆志・坂井秀寿/訳　法政大学出版局
『世界の共同主観的存在構造』廣松渉　勁草書房
『セクシュアル・レボリューション』W.ライヒ　小野泰博・藤沢敏雄/訳　現代思潮社
『自由の論理―レイモン・アロン選集』R.アロン　増村保信/訳　荒地出版社
『意識』アンリ・エー　大橋博司/訳　みすず書房
『意味論』S.ウルマン　山口秀夫/訳　紀伊國屋書店
『意味論序説』アダム・シャフ　平林康之/訳　合同出版
『支配の社会学I・II』M.ウェーバー　世良晃志郎/訳　創文社
『共同体の基礎理論』大塚久雄　岩波書店
『家族』清水盛光　岩波書店
『政治学』アリストテレス　山本光雄/訳　岩波書店
『構造人類学』レヴィ・ストロース　荒川幾男・生松敬三・川田順造・佐々木明・田島節夫/共訳
『古代社会』L.H.モルガン　荒畑寒村/訳
『家父長権思想とホッブス(上・下)』小池正行
『思想』1971-9・10
『歴史の都市・明日の都市』ルイス・マンフォード　生田勉/訳　新潮社
『言語学序説』ソシュール　山内貴美夫/訳　勁草書房
『反デューリング論I・II』エンゲルス　岡崎次郎・近江谷左馬之介/訳　新潮社
『形而上学(上・下)』アリストテレス　出隆/訳　岩波書店

1980 新建築・月評

『新建築』1980年1〜9、11、12月号

1月号

月評そのものの是非はともかく、少なくとも、月評子、矢田洋の話はいい線をいっていた。照れ臭いためなのか、その語り口で多少の損はしているものの、切り口は鮮やかだった。なによりも設計者のまったく個人的な属性に深く関わらない態度は、好感の持てるものだったといっていい。

毎月、楽しみにしていたのに、今度はこちらに順番が回ってくるなんて、思ってもいなかった。やるからには確固とした揺ぎない視点を、あらかじめ提出しておくべきなのかもしれないが、そんなこと私にはできるはずもない。

とりあえず私の個人的な趣味に関わる問題には、なるべく触れないようにすること、そして雑誌を単なる媒体としてではなく、それ自体ひとつの完結した自立的な表現形式として認めること、このふたつだけを最低の前提としておこう。これだけでも、なんとか守り通せれば、それなりに月評の存続意義もあるというものだ。あとは私の筆力の問題でしかない。失敗したら私を選んだ編集者のせいにしてしまえばいい。

幸いというべきなのであろうか、巻頭文の「歪められた建築の時代」(林昌二)に今日的な問題のほとんどが書きつくされている。もし「実物大模型」をつくらない「厳しいトレーニング」を積んだ人の姿勢が、このようなものになるのだとしたら、私はそうした「厳しいトレーニング」に接する機会がなかったことを、むしろ幸運に思う。

「この時代の不幸は、その豊かさが生み出した社会の歪みが建築とその環境を大きく歪ませたことです」という林の危機感を理解しないというわけではないけれども、しかし「歪み」の原因は林のいう「豊かさ」を生み出してきた方法そのものの中にすでに潜在していたものでこそあれ、20年以降の個別的な出来事に帰すべき筋合いのものなどでは決してない。

まして三菱重工ビル爆破事件と「たとえば中央銀行や計算センターの類は、中世の城郭と見まごう堅固な壁に囲まれる

に至りました」という話とは何の関係もない。もともと中央銀行や計算センターの一体どこに、「市民社会にふさわしい開放性」などというものがあったというのか。話はまったく逆なのだ。「市民社会にふさわしい」ものでありたいと設計者たちが夢想した、「開放性」だとか「オープン・スペース」だとかが、実はほとんど無効であることが、この時代になって、ようやく明らかになってきたのではなかったか。

幅の広い通路でしかないものを広場と呼び、単なる空きを「オープン・スペース」などと思い入れを込めて呼び換え、そうしたものに「社会とのかかわり合い」を委ねようとした結果がどうなったか。もう答えはすでに出ている。「互いに際限なく権利を主張し合う」人びとに対して、「環境をトータルに考えれば、家の中よりもむしろ地表面にこそ日照を確保すべきだ」といえるような〝地表面《オープン・スペース》〟を、ただの一度でも提出し得たことはないのである。

なにも私は「社会暴力」や「ほしいままの権利主張」がすべて正しいといっている訳ではない。時には限りない既得権の主張をにがにがしく思うこともある。しかし少なくとも建築の社会性を云々するのだとしたら、問題のすべてを一方的にそうした人びとに帰してしまうのではなく、やはり私たちの〝建築の方法〟そのものを疑うことからまず始められるべきなのではないだろうか。

その作業が、きわめて厳しいものであることは、「芦屋浜高層住宅プロジェクト」がこんなにも膨大な技術の集約に成功していながら、その社会的な中心課題に関しては、クラレンス・ペリー以来のオーソドックスな手法に頼らざるを得なかったことを見るだけでもよくわかる。

林が切って捨てた一群の「実物大模型」製作者たち（具体的に誰を指しているのかは明らかでないが）にもおそらくそんなことは先刻承知のことであろう。重要なのは彼らに社会性があるかどうかではない。その社会性の内容であり、またそれに対立するのかどうかまだよくわかっていない、〝私性〟に対しての冷静な視線なのではないだろうか。

ひさびさに『建築文化』で大特集が組まれている原広司のいくつかの仕事も、そうしたものに対するひとつの試みとして捉えることができそうだ。

都市における〝広場〟と実はまったく同じ位相において曖昧なままにされている。住居における〝居間〟、それを力まかせに表におっぽりだしてしまったような痛快さがここにはある。

「都市のランド・マーク」を住居の中に「埋蔵」することによって、逆に〝居間〟を外部化された〝ホール〟に置き換えてゆこうとしているように私には思える。そしてそれを「内核」と呼ぶことによって、住居のさまざまな部分をこの「内核」との応答装置に変換させようとする。

もしこうした見方が正しいとすれば、これは単純に編集ミスなのかもしれないが、いくつかの平面図の脚注に書き込まれた〃居間〃という単語は誤解を招くのではないだろうか。特に一度反転したものを再び反転することによって完全に〃外〃にしてしまった「秋田邸」の〃庭〃と書き込まれている部分、これはやはり〃ホール〃と書き込まれるべき場所ではなかったのだろうか。「睨邸」のホール、「秋田邸」のホール、「松欅堂」のホール、それぞれが相同の「内核」であることが明らかになれば、「埋蔵」のイメージはより鮮明になったと思うのだが。

2月号

新春特大号、80年代第1号という訳なのか、『建築文化』は判型が小さくなって贅肉がとれ、なんとなく気持のいい雑誌になり、『SD』は丹下健三の特集、『新建築』をひろげると、ズラリ巨匠たちの名前が並んでいる。村野藤吾、前川國男、こうした人びとが体験的に勝ち取ってきた極めて具体的な事実について語ろうとするとき、私はそれを評価する基盤を何ひとつ持ちあわせていないことに気が付く。具体的な体験に対して、もしこちらにそれを抽象化するだけの能力がなければ、やはり具体的な体験で応答するしか方法はないにもかかわらず、それもない。今さら後悔しても遅いのだけれども、僭越な仕事を引き受けてしまったものだと、つくづく思う。

そして『a＋u』は創刊10周年記念で、「ピーター・アイゼンマン」の大特集。白抜きの活字のためと、翻訳にやたらと横文字が目立つせいなのか、極めて読みづらい。アイゼンマンはここで、「住宅第10号」と呼ぶ最新の住宅を、それ以前の彼の住宅と対置しながら、ディコンポジション（分解）という概念を提出する。「この言葉は伝統的な構成（コンポジション）の概念の逆転を意味しています」と彼はいうのだが、どうやら完全な逆転には成功していないようだ。

ディコンポジションのプロセスの中での「オブジェは断片化し、相対的になってしまう。そして、そのモダニズムのカウンターパートとらがって、レファレンス的になり、非主体的になってしまう。つまり再構築できる部分への断片化ということではなく、基本的なへだたりを示唆するものです」という言葉にも見られるように、単に「伝統的な構成」へのプロセスを、より尖鋭化しようとしているだけなのではないかと考えられるのである。

もともと、コンポジションという概念の中には、断片化された部分を再構築させる論理は包含されていない。それはその都度構成されるものでしかなかったはずだ。もちろんその都度構成されるためのその方法は、すでにさまざまな人が指摘しているように慣例化（様式化）されていたにしてもである。各断片の自立性のほうが〈構成〉においてもより重要であったと思われるのである。だからおそらくはディコンポジションの対概念であろうコンフィギュレーション（配置）という言葉も私にはコンポジションの同義語としか映らない。これには、彼の作業に有効性があるとすれば、それはこうした形式論理のレベルにあるのではなく、それを表現のレベルにまで引きずり下ろそうとする彼の方法そのものの中にあるといった反論も当然予想できるのだが、やはりそれにしても結果的には彼は彼の表現行為の恣意性の〃拠所〃を自ら指摘しようとしているにすぎないのではないかと思ってしまう。建築がそれ自体でなりたつ次元であるにしても、あるいはそうでないにしても、もしそれが表現行為であることを認めるなら、最終的にそれは個人の恣意としてでなくてはあらわれようがない。そしてその恣意性の〃拠所〃をどこに求めるかといった話は（他者の恣意性の〃拠所〃を指摘しようとする場合も含めて）単に思想の問題でしかないはずなのである（このあたりの問題に関しては多木浩二「アイゼンマンをめぐる対話」が明解に論述しているのでそちらを参照して下さい）。そして篠原一男と槇文彦の対談「１９７０年代から１９８０年代へ」でまたその話題の中心になっている「30代の若い作家たち」にとっても、やはり問題は同じようなことに遍在しているようだ。

近代主義建築は「機能の充足あるいは社会的要求に対する充足というものを、ひとつの重要な力点としてきた。それに対して反近代主義の建築は、機能を無視するのではないが、そこからは建築の問題は展開しない（中略）という態度を見せてきた（槇）」とすれば、彼らは基本的には反近代であり、「機能を切っちゃった世代（篠原）」である。そして一方では「そこまでうまく機能を切り落とした鮮やかさというか、表現の仕方、ものの考え方、それはそれで、うらやましいと思う（篠原）」反面、それが「社会意識の変革にゆさぶりをかけているかどうかはちょっと問題があるようだ（槇）」と、概ねふたりはこのように論ずるのだが、これはむしろ相当に好意的な見方なのではないだろうか。彼らは積極的に機能を切り落としたのではなく、おそらくはそうせざるを得なかったのだ。

確かに彼らの方法で「社会意識にゆさぶりをかける」ことは多分不可能だろう。かといって今までの機能概念による「近代主義」でそれができるのかというと、どうやらそこにもあまり大きな期待をかけられそうにない。だから、はじめからそうした問題意識を放棄している、というより特に住宅に関してはむしろ〃住み手〃の側からそのあたりの問題に対して、まったく期待されていないということを良く知っているのに違いない。「住宅の機能は、今や十分に考察して対応しなければならないような対象ではなくなっている」と篠原のいうように、その程度の機能概念だったら、もはや〝住み手〟のほうがよほど操作しやすいという訳である。あるいは、そこまではいわないにしても、少なくとも今や「近代主義」的意味での機能は追求すべき対象なのではなく、〝住み手〟と設計者の間に残った唯一の揺るぎない、固定化された共通基盤なのである。そしてそうした姿勢を甘んじて受け入れてしまった人びと（私が〝彼ら〟と呼ぶのは、そうした人びとのことを指している）にとって、残されているのは、ただ自己の恣意性の〝拠所〟を自ら指示し、そこにたどり着くための方法を執拗に解説することぐらいのものだということができる。これなら〝住み手〟との間の共通基盤にまったく抵触しないで済む訳なのだから。

　今、早急に要請されているのは、こんな「近代主義」的意味での機能概念でもなく、あるいは恣意性の〝拠所〟を指示しようとすることでもない。おそらくはまったく新たなレベルでの、〝機能〟を抽出しようとする作業なのではないだろうか。槇文彦のいう〝奥〟、そして篠原一男の〝機械〟のイメージは、そうしたものへのひとつの試みともとらえることができそうだ。

3月号

「和室」、「居間」、「家族室」、「厨房」、「食堂」、「寝室」、「夫婦寝室」、「納戸」、「書斎」、「子供室」、「個室」、「ホール」、「玄関」、「広間」、「サンルーム」、「ギャラリー」、「便所」、「ゲストルーム」、「洋室」、「アトリエ」、「浴室」、「洗面所」。2月号に掲載されている、いくつかの住宅の平面図に書き込まれた室名を無作為に拾い出してみる。特にこの号に限ったことでもなく、もうすっかり慣例化してしまっていることでもあるらしいのだが、それにしても、あまりに無神経すぎるとは思わないか。末梢的なことがらに、いちいち神経など配っていられるかといわれてしまえばそれまでだが、こちらにしてみれば、各室の性格がどう設定され、それぞれがどのような布置関係の中にあるのかといった話は、やはり設計者の意図を読み取ろうとするときのもっとも重要な手がかりのひとつなのである。

　なんとかならないものだろうか。各室名の意味を支えている背景のレベル、あるいはそうした室名が指示する空間の質のレベルが、まったく統一を欠いていると思われるのである。前記した室名だけに限っても、おそらくは、いくつかのレベルが同時に混在している。さして厳密ではないけれども、思いつくままに整理してみる。

①機能によって性格づけられているもの：厨房、食堂、寝室、浴室、洗面所、書斎、玄関、サンルーム、便所、アトリエ

②集団あるいは個人の属性によって性格づけられているもの：子供室、夫婦寝

室、家族室、ゲストルーム
③様式によって性格づけられているもの：和室、洋室
④空間そのものの属性によって性格づけられているらしいもの：ホール、広間、ギャラリー

「居間」というのをどこに入れたらいいものか、良く分からないのだが、大雑把にこの4つぐらいに分類できるのではないだろうか。それぞれの間にどのような関係が成立しているかさえ確認できないまま、こんなにも多様なレベルが無前提に混在している。室名がなにものかを説明しようとするために記入されているのだとしたら、この大混乱によって説明されるものは一体何なのだろう。「モダンリビングが普及し、その考えが浸透した現在、一般的な次なる明確なテーマを持ち得ないでいる」（編集後記）などという話以前の問題なのである。

どれかひとつのレベルに統一しろなどといっても、それも容易なことではなさそうだ。どうやらこの混乱は、私たちの現在持っている住宅の形式＝「モダンリビング」を成立させるための、むしろ前提にこそなっているのではないかとさえ思えるのである。これは単に用語に関わるだけの問題ではなさそうなのだ。たとえば「モダンリビング」の形式を説明するのにもっとも都合の良い言葉は、①のレベルに内包されるものであるはずなのだけれども、「居間」にあたる場所を一体機能に関わるどんな用語で説明できるのか。それが不可能なことはもう誰でもが実感として知っているのではないだろうか。かといって②のレベルに統一しようとすれば、今度は「モダンリビング」の形式そのものを問題にしない限り貫徹するのは難しくなるはずだし、④のレベルへの傾斜は、単にこうした混乱を無視するものでしかない。

今のところこうした問題に対するうまい解答はまだ見つかっていない、というよりも、何が最良の解答かという話は、最終的には設計者自身の姿勢に関わる問題であるようだ。少なくとも、ただ広いだけの室にもっともらしく「居間」と書込んでそれでよしとするような姿勢が、今やまったく無効であることぐらいは、すでにはっきりしているのではないだろうか。2月号の住宅特集の中では、ふたつの住宅に対する安藤忠雄の姿勢を支持する。子供室が増築されたときの「上田邸」と「松谷邸」とのプランニング上の考え方の違いがどのあたりに起因しているのか明らかにされていない点が気になるのだけれども、もしこのふたつの住宅がシャープなものに写るとすれば、「まず厳しい生活の中から、どういう新しい生活を引き出していけるのかを問うていきたい」という安藤の姿勢そのものに多くを負っているはずなのである。

4月号

私たちの事務所は、代官山ヒルサイド・テラス（代官山集合住居計画）の中にある。本来ならひとつのテナントに貸すべき場所をふたつに仕切り、その中をまた分割使用しているものだから、居住性は決して良好とはいえないが、それでも木立の間からこぼれ込む陽射しや、ゆったりした天井高に私たちは十分満足している。向かいの棟の相当部分を今流行のファッション・メーカーが専有し、そこに出入りするお姉さんがたのいでたちも、平素流行などにとんと馴染まない私たちには、なにやら恐ろしげには見えるのだけれども、それはそれでここの道具だてとしては、なんとか様になっているようだ。

駐車場には、キャデラックやロールスロイスが無造作に置いてある。それを横目でながめながら、ついでに「R」という有名なフランス料理店も横目でながめながら、私たちは1期計画の棟の半地下にあるスナックに昼定食を食べに行く。

ところで1期計画はA棟とB棟の2棟で構成されていて、その間のちょうどスナックに面したあたりに、どう使ったらよいものかよく分からない妙なあきがある。雑誌の平面図には「サンクン・ガーデン」と書き込まれている場所である。当時の雑誌には「A棟とB棟の間は、外部の騒音から比較的開離された広場になっていて、敷地のコーナーの外広場と透明なホールを介して斜めに連結されている」（『建築文化』№.278槇文彦）とある。広場だといわれればそんなものかとも思えるのだが、どうしてもただのあきとしか映らないのは、そこが決して設計者の当初のもくろみどおりには活性化しようとしないからでもあるようだ。原因はいくつか考えられるが、ひとつには設計者自身もいっているように（『新建築』7801）、この広場と連続したもっとも重要な場所であろうB棟のファサード側のデッキがひとつのテナントに独占されてしまって、「ときに歩道と交わり、ときには一段と高くなり、またテラスにもなる、暑いときには日よけのキャンバスもとりつけられる」（前出『建築文化』）はずだったものが結果的にすっかり閉鎖的なものになってしまったためでもあるのだろう。あるいはレストランの増築でサンクン・ガーデンの一部がなくなってしまったためであるのかも知れない。いずれにしても設計者の当初のもくろみと、それが実際に稼動していく方向とのずれはこの場合に限らず、どのような計画においても当然起こり得ることだとは思う。別段問題にすべきことがらでもないのかも知れないが、しかし槇文彦自身にとっては、このずれの確認は決して小さくない意味を持つように思われてならないのである。1期計画、2期計画、3期計画、そして今度の「在日デンマーク大使館」へと続く一連の計画のなかでの槇の方法論的姿勢の変貌が、このずれの確認に起因するとするのは、あるいは即断に過ぎるかも知れないが、かまわず手前勝手に図式にあてはめてみる。

『新建築』3月号154〜155頁の図面だけでは判然としないけれども、1期計画は明らかに自立的な部分としての単位空間の構成によって成立している。あらかじめ性格づけられているのは単位空間（個々の住居や貸店舗や事務室のことを指している）の側であって、その総和の側にあるわけではない。部分系が支配しているというべきなのであろうか。そしてその部分系によってはすべてを埋めつくせないこと、それを逆に表現のための主要な武器に変換していったのだということができる。その典型のひとつがつまりはあきである。そこは計画者がまったく関与しない場所なのであり、不特定の使用者によってこそ性格づけられるべき〝自由〟な場所なのである。あきは、だからいかにも偶然にできたように表現され、〝自由〟に使用する使用者の側へ引き渡される。そしてその結果、予期しないさまざまな生き生きとした出来事によってそのあきが満たされるはずだと計画者は願望する。そうした願望とあきが重なり合うと、あきは〝広場〟という言葉に置換される。ところがいくら〝広場〟だと叫んだところであきはいつまでたってもあきのままで、なんにも起こりはしない。もともと計画者にとってすら性格づけられなかったからどんな出来事が触発されるというのか。これがおそらく槇の確認したずれであったのではないだろうか。1期計画の「街角の広場を起点にしてねじれ込む『すき間』が凹凸の壁にそって内庭に貫通していく構成は、巧みな視覚変化の体験をもとに媒体、露地、路といった言葉の氾濫を生み、（ひとつの）視覚言語として定着していく先がけをなすものだったといっていい。」（『新建築』7804曽根幸一）そしてそんなプロジェクトが蔓延していく中で、しかし槇はその限界を確実に感じとっていたに違いない。その後の2期計画では、そうした思い入れを込めた〝広場〟は姿を消し「車の騒音を避け、特に1階における店舗の透光性を増すため」（前出『新建築』）のものとしてのあきというふうに、まったく限定的なものとして計画されていく。そこでの出来事があらかじめ期待されているのではなく、単に通過して行く者のためのあきなのである。そして3期計画になるとこうしたあきすら姿を消して、その方法そのものがまったく逆転したものとしてあらわれてくるのである。〈部分より全体が先にあるのが必然〉という中世的リアリズムを、あらゆる場面で否定しようとしてきた近代の、いってみればロマンティシズムに対して、今ようやく引導がわたせそうだという予感、そうした「季節の風」（前出『新建築』）をこの建物は確実に反映しているといっていい。それは大袈裟ないい方をすれば〈完結した全体〉への希求とでも呼べるものであるのかも知れない。

しかしそれもいまのところ予感であり期待であるにすぎない。まだ私たちは引導をわたしきるだけの強固な武器を手にしてはいないのである。

3月号にもいくつか掲載されているゲーブル屋根のシルエットでそれが可能だとは恐らく誰も思ってはいないだろう。1期計画のように部分系に頼るのでもなく、かといって3期計画の建物ほど「モニュメンタル」（前出『新建築』）でもない在日デンマーク大使館が設計者によって、どのあたりに位置づけされようとしているのかはまだ判然としない。しかし少なくとも恐らくそうした武器を手に入れようとする槇文彦の道程が確実に縮まりつつあることだけは明らかなようだ。

5月号

先月号の月評の原稿、締切に間に合わなくて新建築まで持参したおかげで、編集長の石堂さんからちょっと面白い話を聞くことができた。沖縄の島々とそこにある集落との位置関係についての話である。今度の特集で取材に行ったときにたまたま誰か（名前を聞いたが失念した）から聞いたという話なのだが、大きな島と小さな島では集落の位置する場所がまったく正反対になるのだそうだ。小さな島では島の中央付近に、そして大きな島になると海岸線付近に集落が位置するということなのである。これは島にある集落の数などには関係しない。ただひたすら島の大きさだけに関連しているという話なのである。実際に私が確認したことではないので恐縮なのだか、あり得そうな話ではある。沖縄の地図を広げると、確かにもちろん例外はあるにしても、竹富島、波照間島、小浜島、粟国島、多良間島、瀬底島などの小さな島では中央付近に集落がある。たまたま珊瑚礁でできた小さな島の中央付近がフラットだからというだけで別段大した理由はないのかも知れないのだが、どうやらそれだけでもなさそうなのである。小さな島とは、おそらく島の中心を誰もが実感として指示できる、その程度の広さしかないという意味であろう。それを越えると中心は抽象的な思考の結果としてでなくては指示できないということなのではないだろうか、中心を、たとえば特異点というふうに考えれば、話はもっと分かり易くなるのかも知れない。

集落調査の体験に即していわせてもらえれば、集落は多くの場合、自然のつくりだすさまざまな特異点に依拠することによって、その性格をより鮮明に写し出してくれるもののようである。そしてそのために逆に特異点をより際立たせ、だからこそときには自然そのものですらわがものとしているようにさえ見えるのである。特異点は必ずしも物理的な中心だけを意味するものではないが、小高い丘の上に教会があれば、それだけでその丘がそこに住む人びとにとって特異な場所であり、意識の中心であろうことを知ることができるように、自然の起伏や切断面は何らかのかたちで、中心に向かう指向性を、ときには人為的に補完されることによって指示するものだということができる。そしてなにをいったい特異なものとして見るのかといった視点は、そこに住む人びとの自己了解の仕方と深く関わっているように思えるのである。誰にでも実感として特別な場所を指摘できるような沖縄の小さな島から、もっとずっと抽象的な過程を経なくてはその特異点を指摘できないようなものまで、地形や気候などその自然環境によっても関わり方はさまざまであろうが、その基本的な構図はおそらく変わることはない。自然環境がつくる特異点もそれを特異として見るまなざしの中でしか語れない、というごく単純なことを私はいおうとしている。そして中心とは、そうしたまなざしを共有する人びとにとっての中心という意味なのである。

原広司と香山壽夫のもうひとつ噛み合わない対談で、「直接的な自然条件は、たとえば儀式性に一度変換されて、その儀式性を通して、自然条件があらわれてくるのが一般的だと思う」と原がいうのも、おそらく同様の図式を下敷にしてのことだろう。儀式性に変換された条件とは、言葉を変えれば、〃同じまなざしを共有する人びとにとってのみ体験される自然条件（自然環境）〃という意味なのではないだろうか。

そしてそうした自然条件を〈風土〉と呼ぶとすれば、〈風土〉とは（まなざしを共有する人びとによって）形式化された自然条件のことなのだということができそうだ。だから〈風土〉を視座の中心に置こうとする立場は、既に観察の結果としての、あるいはそこに住む人びとの外側にアプリオリにあるものとしての風速だとか降雨量だとか陽射しや湿度などの個々の現象だけをとりあげようとする立場とは何ら関係しない。概してそうした個々の現象と具体的な建築との直接的な関係などという話は〈風土〉とはまったく無関係なのである。「気候風土（個々の現象）が建築を規定している様相は、具体的に考察すればするほど、それが直接絶対的なものでないことがはっきりしてくる」（香山）のはむしろ当然の話で、そんな気候風土は私たちの側で、そこに住む人びととは無関係に概念付けられたものなのである。もし〈風土〉と建築との関わりを問うのだとしたら、まず自然条件を同じひとつの形式として見るまなざしを持った人びとと建築との関係を問いかけることから始められるべきなのではないだろうか。原と香山の話が噛み合わないのも、こうした位相の異なるそれぞれの立場（風土をひとつの形式として見る立場と単なる個々の現象として見る立場）が鮮明にされないまま進行されているあたりにも起因しているようだし、あるいはただ日本の北と南に位置する建物を併置して、それを風土という言葉でくくろうとした編集方針によるためであるのかも知れない。

6月号

「月評の月評」とやら、月評批評の2編の投書に対して清家清と、そしてたまたま『建築文化』の「建築眼」というコーナーでは、宮脇檀が回答になるような文章を寄せている。

2編の投書の批判は主として月評が実物を見ないで建築批評をしていることに対して向けられているのだが、しかし清家は「今の状態では、この方法しかとれない」し、「批評というものは、歴史の各時点、春夏秋冬、朝昼晩、あるいは工事中や廃墟など、いろいろの場合のいろいろの姿、あるいは情報量、その採集方法、評者などによって違ってよい」はずだと反論する。そうだと思う。

情報源をどこに求めようと、そしてそれをどう読み込もうと、その所在と属性あるいは限界さえ確認されていれば、それ自体としては別段、問題にされるべき筋合いのものでもなんでもないはずなのである。問題は、どこに情報源を求めるかといった話ではなく、その情報源の持っている属性や限界を逸脱して批評が成立しているのかどうか。そして一方では情報提供者がその情報の有効性についてどこまで保証する用意があるか、といったあたりにあるのではないだろうか。

つまりこれは一方的に読者の側だけの問題なのではなく、情報提供者の側の姿勢の問題であるともいえる訳なのである。情報提供者とはこの場合、設計者であり写真家であり編集者である。

そして、たとえばもし当の情報提供者である設計者が、その情報の有効性の一切を否定して、雑誌を単に実物へと至る媒体であるにすぎないとするなら、確かにどんな批評も、あるいは単なる感想ですら、それが実物に接しないものであるならり設計者にとって容認し難いものになるのはむしろ当然といってもいいし、そんな気持も分からないではないのだが、それなら一体彼にとって作品を雑誌に掲載するということが、果たして、どれほどの意味を持つものなのかと逆に疑わざるを得ないのである。雑誌を読み込もうとする者の努力をあまり過小評価しないほうがいい。あらゆるいい訳を、別にしたってかまわないけれども、許す結果になりはしないか。

実物を見なければ、住んでみなくては、実際に設計した当事者でなければ……。実物と雑誌に掲載されたものとが、時にはまったく別物だということ、それは体験的にも良く理解できる。

だからといってそれがそのまま実物を見なくてはなにもいえないなどということを必ずしも意味するものではないはずだ。別物は別物として、それをひとつの完結したプレゼンテーションの結果として認めるという姿勢も当然一方にはあり得ると思うのである。

野沢正光のいうように、雑誌に掲載されたものが「編集者、写真家の世界に委ねられたものとして完結している」とする立場である。そしてそうした立場に立つ限り、その完結性については当の設計者自身が本来責任を負うべきものなのではないだろうか。

どちらの立場が設計者としてより良心的なのかといった話ではおそらくない。設計者の設計の方法にまで本質的に関わる問題なのであろう。

実物から以外のすべての情報を虚像として避ける態度が悪いとはいわないけれども、私としてはやはりたった一葉の写真を通じてでも、それを読むものと設計したものとの間に十分なコミュニケーションが成立することを前提にしたいと思う。もし読みとる側が「どんな小さなたとえば道ばたの小石や町工場からだってデザインの芽を見つけ出す（宮脇檀）」だけの鋭い感受性を身につけているなら、一葉の写真や図面からでも設計者の意図を読みとることは十分に可能だと思うのである。もちろん、設計者にとってもその意図を正確に伝達し得るだけの準備がされて然るべきであろう。そしてその伝達されるものが結果的に実物によるものとかけ離れたものになったとしても一向にかまわない。読む側としては設計者の意図をこそ知りたいのである。

もし部屋の中に家具など一切置かないほうが、あるいは工事中の写真のほうが、よりクリアーに意図を伝達できるのであれば、むしろそうした写真や図面のほうが読む側にとってはありがたい。そのかわり、そこに表現されているものについては、一切の責任を設計者が負ってほしいということである。

とはいえ、このあたりになると今度は編集者や写真家と設計者、つまり情報伝達者側内部の問題にも関わってくる。設計者の意図は編集者の持っているスタイルの中でしか表現し得ないと同時に、そうしたスタイルに頼ることによって、時にはやすやすと責任を回避することも可能になる。設計者だけではない。スタイルだけが確立していてその意図が不鮮明な編集者や写真家にも同様のことがいえるのではないだろうか。私たちが知りたいのは、なぜその作品が編集者によって掲載の対象にされたのかということであり、その作品の意図がどこにあるのかということなのである。

7月号

「もうちょっと作品評もしていただけるとありがたいのですが」との編集部からの要請、写真を見ただけで作品評をしたって一向にかまわないではないかといってしまった手前、確かにそのとおりだとは思っているのだが、おそらくこちらのイマジネーション不足も手伝って、もうひとつ焦点がうまく定まらない。

作者の意図がどのあたりにあるのかを的確につかみ取れないため、そしてそれができても、こちら手持ちの座標軸からあまりに遠くかけ離れ過ぎて、単なる印象記に終ることを恐れるためである。

別になぜそれを「あえてここに記述しなければならないかの内的必然を、証明しようとする」（『建築文化』黒沢隆）ほど、意気込んではいないつもりだし、印象記は印象記で一向にかまわないとは思うのだけれど、それで様になるほどの腕力も残念ながら持ち合わせてはいない。おまけにこちらの座標はけっして広いとはいい難いものだから、なかなか思いどおりにひっかかってくれないという、月評子としてはまるでだらしのない結果にならざるを得ないわけなのである。

たとえば藤井博巳の「宮田邸」、「具体的には外部と内部の反転と、それによる〈断片〉化といったことの中に見られる」ように「建築上のコード」の〈変形〉を企んだのだといわれても、私にはただ「偽りのスイッチプレートや、偽りの辷り出し窓用クレセント」（『建築文化』）が、外壁に取り付けられているだけのようにしか見えなくて、どうしても「内壁が外部空間に現われた」（上掲誌）ようには見えてこないのである。

それにもし外部、内部といった言葉〈概念〉それ自体が、そうした形相性を成立させる、ひとつの〈コード〉を前提とした上での話であるとすれば、そんな程度のこと（壁仕上げ材質、偽りのスイッチプレートやクレセント）で外部と内部が反転するはずもないといった話以上に、本質的に〝全体〟を指示する〈コード〉によって規定された〝役割〟としての諸部分の反転が、なぜ〈コード〉の変形に直接的に結びつくのかと、きわめて素朴に考え込んでしまうのである。

藤井が参照せよという「変形に向けて」の論文が手許にないのでなんともいえないのだが、もしこうした方法に有効性があるとすれば、〈コード〉の強固な固定性を藤井の言とは逆に、むしろ確認し得ることにあるのではないかとも思うし、そんなことなら今世紀の歴史の中で苦汁と共に十分思い知らされてきたことではないかとも思う。要するに私の判断の座標とは別のところに、この作品はあるらしいのである。

「物理的に什空間の可能性」にまったく抵触しない、藤井の中で完結された「一連の形態操作上の規則に従ったゲーム」（『建築文化』「エディプスの機械」八束はじめ）であるなら、もはやこちらとしては何もいうべきことはないといった具合である。だから今回もまた伊東豊雄と坂本一成の（伊東の語り口が原広司のそれにきわめて良く似ている点を別にすれば）一方が一方の解説なのではないかと思えるほどに酷似したふたつの論文に目が奪われる。

坂本は、〈記憶の家〉＝〈人の住まうところ〉の心像＝元型＝建築の固有性という図式を下敷にしながら、そこから逸脱することが〈今日を刻む家〉＝〈生きて住まう〉ことの場＝建築の現在を形成することであるとする。そしてそれを「建築の外形」に注目することで展開しようとするのだが、〈人の住まうところ〉の心像＝元型、を表徴する〈家型〉という言葉（四角形の上に三角形を載せたかたち）の抽象度がどの程度確保されているのかが鮮明にされていないためなのか、必ずしも完結した筋書きとしては伝わってこないようだ。

「けっして図像を結ぶことのない」「元型」が〈家型〉であるなら、〈家型〉として表徴される〈人の住まうところ〉とは、一体何なのだろう。「まったく無関係な〈人の住まう空間〉と〈覆いの外形〉という異なるふたつの内容を結びつけ、一致させる」のは私たちの心の内にある「習性」によるためというより、あらかじめ一致させるためのからくり（伊東のいう〈仕かけ〉）がそこに仕組まれているからであり、だからそうしたからくりを理解する眼がなければ、「異なるふたつの内容」はけっして結びつきはしないはずなのではないかと私なら考える。つまり「家型」と「元型」とは必ずしもひとつの一般解として結びついてはいないのではないかということである。「開口」が「窓であり、出入口」であるように、「覆い」は「家型」なのであり、それらは既にからくりを理解した結果としての言葉なのではないだろうか。

坂本の今までのいきがかり上、なかなか納得してはもらえないかも知れないのだが、〈人の住まうところ〉とは一体何なのか、そのあたりのコメントがやはり欲しいと思う。伊東の論文についてもおそらく同様のことがいえると思うのだが、話全体がその周囲を巡りながらけっしてそこへ近づこうとしないような、ある種のもどかしさを感じるのはおそらく私だけではないと思えるのである。

8月号

吉村順三、菊竹清訓、日建設計、佐藤秀工務店、西原清之、藤本昌也、都市環境開発センターから葉祥栄、そして篠原一男、ロラン・バルト。『建築文化』のほうは後半にいくつかの住宅作品まで掲載されていて、それが総合建築雑誌の宿命なのかどうかは良く知らないのだけれども、こんなふうに並置されると一体どこにどう取り付いたらいいものなのか。今月はパス、とはいまさらいい出せるはずもないし、かといってこちらの焦点も絞れない。とりあえず、とりとめのないいくつかの断片的な感想を羅列して、それではお茶を濁すこともできないのは承知の上で、この際許してもらうことにしてしまおう。

■「もう手おくれたという気がしないでもない」（『建築文化』「時の尖端を奔る凶相」）と珍しく状況的な発言。確か、ほんの10年ほど前には、あれだけ政治的に雄弁であった人たちが、いまやすっかり文化人になってしまって、だけどそんな連中に歴史を主導する気概も思想もあるものかとタカをくくってはいけない。露払いぐらいならできるのだからと宮内嘉久が警告している。まじめな顔で本当のことをいうと、なんとなくしらけそうな雰囲気であることだけは確かなのだ。

■特権的な何ものかを共同に所有している（あるいは所有していない）という錯覚がコミュニティとかと深く関わっているのだとしたら「従来の番号や数字による識別化といった安易な手段」（「大地性の復権」藤本昌也）に対して「コミュニティグループにグループのシンボルとしての7つの文字を与え」（同）ることがどれだけ安易でないかといった話は、こうした仕事を対象化することのできない部外者のたわごとにしか過ぎないのだろう。

■唐突に「屋根だ」「瓦だ」「藍倉だ」といっていた人たちを思い出す。なぜ、そんな形でしか〈地方〉に媚びることができないのか。この菊竹清訓の作品がそうだというつもりは毛頭ないのだけれども、それにしてもどこか遠慮がちなのはやはり「地方文化の発展に寄与することを目的とした」（菊竹）建物であるからなのだろうか。

■「例えば生活の捉え方にしても、ヨーロッパやアメリカの住宅というのは、もう生活様式というものが完成されてしまっている。（中略）うっかりすると近代建築運動は何をやったのかと思えてくるんです。（中略）少なくとも我々が戦後に経験した、例えばタタミをどうするかというようなひどい断絶感は、なかったのではないだろうか。まったく地続きの近代というものが彼らの背後にはあるわけです」というのは10年以上も前の篠原一男の話（『都市住宅』6805）、当然この10年間も大きな変化はない。彼らの住宅が、ときには、バリケード風にいくら装ってきてくれても（『a+u』8007「アメリカ現代住宅」）断固揺るぎないものに見え、そして楽天的に見えるのは、こうした彼ら自身が自らつくりあげてきた生活様式に対する確固とした自信故なのではないだろうか。フランク・ゲーリーの作品の背後にさえ、建売住宅のプラン（『a+u』P41、P43）が透けて見えるのである。

　ある人は臆面もなく、ある人はとまどいながらも、しかし結局はほとんど誰もが〝近代〟をその対象とせざるを得ない私たちの深刻さに比べて、彼らが〝ポスト・モダン〟といって平然としていられるのも、こんな幸福な背景をかかえているからなのだろう。

■だから、「近代建築の優勢はもはや過ぎ去った、否、それ以上に建築は死んだ」（「いまはネオ、非創造性の時代」）といわれても篠原にとってはただちに首肯できるはずもないのは当然だろう。彼らの一方的な都合で勝手に死なせてしまったらしいものと〝近代建築〟とが、どこでどうつながっているのか。

■「大きな構造壁だけの住宅――それが理想なのだ」（加藤秀俊）「文化をまず人間の営みの中心に求め、建物はそれを補助する役割にある」（俵萠子、「ナショナル住宅設計競技審査員」）この程度が一般的な建築に対する認識なのだということを、私たちは知っておいた方が良さそうだ。

■先月の月評など読んでみると、われながら息切れしているのが良くわかる。伊東のいう「ごく日常的に生きる都市の人びとの内に潜在している憧れとしての〈家〉」、坂本のいう「記憶の家」、「近代建築」の「安定した秩序」（伊東）の外側にあるそうしたものを見つめること自体が、いまは重要であるのかも知れない。

9月号

　どうやら問題の所在は端的になりつつあるらしい。さまざまな側面が複雑に交差して、現象としてはそれがどんなに多様に見えたとしても、そうしたものの背後にひとつの共通の背景が見え隠れしているようなのである。70人の建築家へのアンケートの質問内容、毛綱毅曠の大舞台、六角鬼丈の「親木」、伊東豊雄の「ステロタイプ化したエレメント」、石井和紘の「ほのぼの住宅」あるいは6月号の伊東豊雄と坂本一成のふたつの論文も含めて、その背景に対する認識の構図はおそらく同一の平面上に画き得るものなのではないかと思えるのである。

　乱暴は承知の上で、またそれを図式的に述べ得ると仮定すれば〝背景〟は、おそらくふたつの軸線によって構成されている。軸線のひとつは特定の歴史的な視野の中で、はじめてひとつの形式として認識し得ると思われる。伊東のいう「容器」、石井のいう「建築家の設計する真白いスクウェアな異物」（『建築文化』）、そしてアンケートの質問にある「住む機械」としてのいわゆる〝近代住居〟であり、他のひとつは現実的、具体的にそして「日常的に生きる都市の人びとの内に潜在している憧れとしての〈家〉」（『新建築』８００６伊東）であり、また坂本のいう「記憶の家」（『新建築』８００６）あるいは「ほのぼの住宅」（石井）、そして「プレファブや建売りなどの商品化住宅」（アンケート）に典型的にあらわれる〝現実としての家〟である。

　特定の歴史的な視野の中でと敢えて注釈するのは、それがある種のユートピア的な世界観を前提としていると思われるからである。そしてさらに、その端緒をどこに求めるかは別にして、少なくとも戦後の日本の、たとえば「最小限住居」の方法に端的に見られるように、それは集団としての家族が不可避的に個人に課すであろう拘束性を方法論的に払拭したことによって切り開かれた世界観ではなく、単に自由であるべき個人の主体性を倫理的な原則とすることによって開示された世界観（だからそれをユートピア的と私は呼んだのだが）であるに過ぎなかったのではないかと思えるからなのである。

　極めて具体的に述べるとすれば、（倫理的に）主体は常に個人の側にあるべきであって、家族という集団の側にあるわけではないということである。浮び上がらせるべきなのは家族によって拘束された個人なのではない。そうした人びとが集まることによって結果的には当然生じるであろう拘束性については意識的に見えないものにされているのである。それは単に主体性を持った自由な個人の総和にしか過ぎないものでこそあるべきなのだ。かつてのたとえば家父長制的なモラルに対する建築家の精一杯の抵抗でもあったのだろう。たとえそれが論理的な手続きを欠くものであったとしても、家族という集団を保存しながら、なおかつ各個人の主体性を最大限に発揮できるための、それはギリギリの選択であったに違いないのである。見方によっては健康的なこうした〝家族像〟とでも呼べるものが〝近代住居〟の背後には前提されている。


だからこそ、いかなる意味においても、そこに住まう者を拘束しない。ただ一方的に主体的な個人によって操作の対象とされる〝透明な容器〟としての〝近代住居〟が、建築家にとってはひとつのモラルとして成立する訳なのである。

　そうした意味では〝透明な容器〟とその照射する〝家族像〟との関係は見事に整合性を持っていたといっていい。しかしその〝家族像〟そのものが、いってみれば建築家の願望としてのそれであり、その倫理性においてのみ保証されたユートピア的な世界観の中での話であるなら、一体〝透明な容器〟は今を具体的に生きる人びとにとって、一体どれ程のリアリティを持ったものとしてあったのかと疑わざるを得ないのである。建築家にとってはそれがいかに整合したものであり、ひとつの形式として確立したものであったとしても、そんな倫理性とは無縁な今を生きる人びとにとっては、ただ新しいスタイル、あるいはファッションでしかなかったのではないかとも思えるのである。

　おそらく大雑把にいえばこのあたりが第一番目の軸線に対する私たちの了解点なのではないだろうか。

　そして第1の軸線の反対側に、ちょうどその軸線が色褪せていく程度に比例して、もうひとつの軸線が輝きを増して見えてきているようなのである。それは第1の軸線の持つ倫理性や、あるいはリアリティのなさとは、まさに正反対の性格を持った軸線である。この第2の軸線が、ときにはファッションとしての第1の軸線の都合の良い断片だけを巧みにつなぎ合わせながら、現実の〈家〉として生きつづけてきた迫力に対する畏敬にも似た心情を、伊東や石井の文章に読み取ることができる。と同時に特に戯言のように装った石井の語り口には、第1の軸線の虚構性と第2の軸線の現実性の間にあって、そのどちらにも、どっぷりと浸りきることのできない、なにやら屈折した建築家の心情をすら見てとれるのである。

多かれ少なかれ私たちは、このあたりに居て、自らの身の処し方を決定し、あるいは決定できないでいる。たとえば毛綱は私的な虚構を築くことで〝透明な容器〟の虚構性に対峙しようとし、六角は〝現実としての家〟が保ちつづけてきたのであろう、そして第1の軸線の中ではすっかり洗い落されてしまっていた「〈家〉のイコン」（『新建築』8006伊東）を再び掘り起こすことで、そこに住む者にとってのリアリティを獲得しようとしているようだ。そして伊東は第2の軸線が、第1の軸線からファッションとして盗みとった断片のステロタイプをコラージュすることで〝現実としての家〟をより鮮明に浮び上がらせようとしているのではないだろうか。

今、私たちはおそらく共通の背景を背負っている。その背景からどんな手法を導き出し、どこへ向かって行くかはそれぞれの人の勝手というものだけれども、ただ重要なのは今のところ私たちにとっても〝現実としての家〟は単なる断片としてでなくては見えてきていないということなのではないだろうか。その全体をひとつの〈形式〉として見る眼が要請されている。そして今やそれは決して困難なことではないように思えるのである。

11月号

エバンス・プリチャードが監修している平凡社の「世界の民族」というシリーズの中に『東南アジア島嶼部』という1冊がある。たまたまその本で見たスールー諸島の写真に魅せられて、そしてもうひとつには、以前に見たマクレブ（西の端）のイスラム集落に対して東の端のそれがどんな様子なのかが知りたくて、（もちろん日本からもっとも安く行ける外国だというのも理由のひとつなのだが）、どうせ仕事もないのだからと、事務所の仲間と一緒にフィリピンのミンダナオ島まで行ってきた。というわけで、先月は突然の代役を引き受けていただいた越後島さんには大変にご迷惑をお掛けした次第なのだが、それにしても「マニラへご旅行ですか」と意味ありげにニヤリとされるのも確かに納得できるほど、そしてほんの短期間滞在した私たちにとってすら膚で感じられるほどに、この国というのはあまり楽ではなさそうな環境に囲まれているようだ。ジープニーと呼ばれる小型乗合バスの洪水の間を右往左往している乗用車にしても、あるいは2輪車にしても、工業製品の多くは日本の独壇場だし、夜のマニラのメインストリートには、明らかに日本人観光客のためのものと思われる観光バスが並んでいる。そしてそのあたりを歩けば何人かの女性が親しげに声をかけてくる。それも日本語で。30数年も前に挫折したはずの〝ジャパン・インペリアリズム〟が見事に開花したといった風景なのである。

などといったところで、所詮は視野に入った表層的ないくつかの場面を適当につなぎ合わせて、そういっているにすぎないわけで、違う場面やセットを組み合わせれば、あたりまえの話だけれども、また異なる風景を描き出すこともできる。つまりひとつの風景を描き出すためにどんな場面やセットを用意されているかといった話は、その風景全体の構図が明らかにされていない限り、実はまったく効力を持たないということができるのだと思う。

「重要なのは、歴史の中の出来事を考える上では、それが属す集合体の定義づけなしにはありえないことである」（『a＋u』「エテロトピーと空間の歴史」）とジョルジュ・ティソーがフーコーを引用しているように、それは歴史の中だけではなく、ひとつの風景、あるいは都市や建築について語る場合にもまったく同様のことがいえるのではないだろうか。

たとえば集落の調査をしているときによく体験するのだけれども、その集落の全体をどこに措定するかによってその見えがかりはまったく変わってくる。モスクがあり小広場があり住居の配列が見事に整っていても、それが必ずしもつねに完結した全体として見えてくるわけではない。ときにはすぐ近くにある都市との関わりの中で、その都市の側から忌避され隔離され遠ざけられた状況だけが人びとを結びつける唯一の絆であるように、つまりスラムのように見えることすらあるのである。見え方はいくらでもある。だから、あらかじめその対象の全体の構図を手に入れる手続きを確保しておかないと、その対象に対するあらゆる叙述を無限に書き連ねたところで決してその対象の全体に近づくことはできないといえる。そして全体の構図を手に入れる手続きというのが、おそらくフーコーのいう「台《ターブル》」という言葉なのだろう、「影をむさぼり食うガラスの太陽のしたできらめく、純白に塗られた弾力あるニッケル・メッキの台《ターブル》」（『言葉と物』）、これさえあればそれこそ永遠に、こうもり傘とミシンですら、ひとつの全体を構築する道具だてとして出会うことができるのである。そして「台《ターブル》」とは「秩序づけ、分類、それぞれの相似と相違とを指示する名による区分け、諸存在に対するこのような操作を思考にゆるす表《タブロー》」（上掲書）である。

ところが、もはやこうした「台《ターブル》」を指示しない限りあらゆる言説はまったく稼動しないということが自明になりながら、一方ではそれを指示する有効な言葉を持ち得る可能性がほとんどないといったあたりが、どうやら問題の焦点になっているらしいのである。たとえば「言葉と空間のブリコラージュ」で（『建築文化』8、9月号）と名づけられた鼎談の話の内容の多くも、そのあたりに的が絞られている。だからもしそれが不可能だとすれば、鼎談で指摘されているように、今のところまったく個人的な固有名詞つきの「台《テーブル》」をそれが虚構であることを承知しながら（あるいは虚構であるがゆえに）指示するか、あるいは無限に続くであろう言説の一断片を、それを止むを得ずと思うかどうかは別にしても、ただ書き連ねるしか方法はないということになるらしい。

しかしそれにしてもと思うのだが、少なくともそうした虚構を築くことを許してくれる（放っておいてくれる）世界が一方にあるということも、やはり重要なことなのではないだろうか。彼ら3人の虚構についての語り口の裏側にも、いつかは固有名詞なしの「台《テーブル》」を築き上げようとする野望が垣間見えるような気がするのである。

12月号

きっと、面白い作品群を書くというのは、それほど難しいことではないのではないかと、不遜にも思うことがある。たとえば酒でも酌しながら、そこに居合わせない人の陰口をきくように批評できたら、それが批評に値する類のものになるかどうかは別にしても、話が弾むことは請け合いだ。ただし酒の覚めた後の、卒直でなまなましい自分の声に気付いて愕然とする、あの背中の寒さを別にすればの話である。こっちだって脛にいくつも傷を持つ身だ。できることなら、そんななまなましいところなどには近づかないに越したことはない。

それに雑誌の中に表現された作品は、優しくオブラートに包まれていて、作者のなまなましい声を聞くことなどほとんどないといってもいい。こっちの脛の傷を晒してまでオブラートを引きちぎることはない。おそらくこのあたりが実物を見ないでする批評の限界なのだ、と初めから諦めていて、だからこそ面白くもないのは百も承知で、作品そのものよりも作者の姿勢だとか視点だとか、うすっぺらなオブラートに包んでこっちも防禦的にならざるを得ないというのが正直なところなのである。そんなものは実際の作品の、人に与える感動とは縁もゆかりもないはずのものだということもよく知っている。おそらく読む側としては、そんな退屈きわまりない語り口に辟易したことだろうと思う。読む方こそいい面の皮なのかも知れない。

だからといって、私の個人的な趣味に関わる問題にはなるべく触れないようにしようなどといったことを別に後悔している訳では毛頭ない。それがいくら退屈でも、現象の中からそのものがいっている特殊性をできるだけ排除しようとする見方も一方にはあり得ると思うからだ。重要なのは、ただ雑誌を見るだけで作品を批評しようとするその限界を逸脱しないことだと思っている。

気になる作品はいくつもあった。それでもそうした作品に則して多くを語れなかったのは、単にこちらの怠慢故である。最後になって今さらという感じもしないではないのだが、この際気になりながら触れることのできなかったいくつかの作品に対する多少のコメントを補捉しておきたいと思う。

たとえば去年12月号に掲載された、白沢宏規の「銀舎」。白沢さんに案内してもらったそれは、写真で見たアルミ貼り合板の圧倒的なハレーションの印象よりも遥かにずっと控えめで整合的な印象を与えるものであった。整合的という意味は、白沢のいう〃等質的な構法〃にすべての部分が収斂しているという意味である。銀ペンキの塗られた構造部材もそれとゾロに収められたアルミ貼り合板も、あるいは構造部材の外側に持ち出して取り付けられたアルミサッシュもすべては等質な架構体をより鮮明にさせるためにこそあるようだ。そのテクニックは見事だったといっていい。ただし、必要に応じて付加された畳や障子、そして必要に応じて消去された構造部材をのぞいての話である。白沢はこうした畳や障子のような「習慣的」に「感覚作用」を呼び起すものを「身体としての物性」と呼んで積極的に、この〃等質的な構法〃に向き合わせようとするのだが、このあたりは相当にきわどい。もしそれを「身体としての物性」、と呼ぶのだとしたら、構造部材を消去することによって成立している（そしてその場所を性格づけられている）。さらにいうならあらかじめ消去されることが前提されている部分、つまり〃居室〃、〃寝室〃、と平面図に書き込まれている部分もまた身体的な部分として理解されるべきなのだろうか。それとも「消去された部材の力学的補完はその関係部材に付加されている」のだから、やはり「理性あるいは概念としての構法」の結果なのだろうか。こうした疑問に白沢の短い文章は答えていない。もしそれに答えようとするのだとしたら「基準寸法（1・84ｍ）による立体格子の架構体」の「仮設」が作者のまったく個人的な恣意の結果でないことを実証的に述べる以外にはないのではないかと思えるのだが、どうだろうか。

その見えがかりはまったく異なっていても、実はこの白沢の作品ときわめて近い位置にあると思われる「生闘学舎」（高須賀晋　本誌7008）にも同様のことがいえるのではないだろうか。

しかし高須賀は既存のまくら木を構造部材に選ぶことによって、そのあたりの困難さを巧みにくぐり抜けている。この作品の成功はその構法が、そこでの特殊な生活様式ときわめて相似的なポーズを獲得することに成功しているからだといっていいと思う。それを有無をいわさぬ高須賀の強引さだと解してもいい。あるいは生活に対応する優しさだと解してもいい。どっちだって同じことだ。

そして「飯塚邸」（黒川雅之　本誌8004）、この2階部分に隣家からまる見えのパーティールームを持ったプランニングが、どのように稼動できるかは知らないけれども、それでも、強制されたモダンリビングのプランニングに甘んじているよりはるかに良心的だ。いつの間にかすっかり類型化されてしまったと思われている私たちの生活様式に対する抵抗なら、それがたとえどんなにささやかなものであったとしても評価しなくてはいけないのではないか、と私は今思っている。

1984

『都市住宅』1984年4月号　特集—平面をめぐるディスクール・1

プランニングにこだわるというのは、厳密に部屋と部屋との関係が見えるようにしたいという意識があった。

山本理顕
竹山聖

住む人とこちらの対応関係は、平面図で十分に説明可能だと思いますね。

竹山聖——今、平面というのは、非常にテーマとしにくいような状況にあるという感じがします。粗っぽい言い方で言うと、平面というのは、人間の水平的な動きが最も見やすい図面だと思うし、それは建築の計画の機能的な連関をいちばん捉えやすい形式だと思うんですけれども、現在はそれがテーマになりにくいというか、そういった意味での敵が見えにくい時代であって、たとえば様式というようなことは、やはり粗っぽい言い方ですが、水平的なものに対して、ある意味で垂直的なものじゃないかと思うんですね。誰もが、そういう垂直的なものに関心を抱いて、そこで、さしあたりの建築的な解決をあるいはテーマを詰めていってみようというふうな動きがある。そんな感じがするんです。それがいいとか悪いとか言うのではなくて。

翻って、今、平面に何が可能なのか。今お話しした位相でもいいし、あるいは、ある家族像なり生活像ということに関わってでもいい、何か問題意識を提出していただければと思うんです。

山本理顕——今の話は、よくわかるんだけれども、たとえばプランニングというのがはっきり問題になったというのか、特別の意味を持ちだしたのは確実に今世紀に入ってからだと思うんですね。モダニズムというものの持っているその思想を、建築家として担っていこうとしたときに、確実に課題になったのは、平面というか、プランニングだったと思います。たぶん、近代に固有の思考様式を手にすることができて、それと建築家としての職能意識みたいなものに対する意気込みと言ったらいいんですか、そうしたものが交差するようなところにあったんだと思うんです、プランというのは。ある理想的な生活像というようなものを確実に共有したという幻想があったと思います。その実現過程というのは、平面図というものを通じてしか表現できなかったと思うんです。啓蒙運動だったと思うんですね、平面図に固執したというのは。住み手に直接コミットするという意味でですけど。これは確実に功を奏したと思うわけですよ。

竹山さんなんかだってそうじゃないですか。施主と話しているときに、平面図の話は確実に通じますよね、施主に対して。それは確実に、今までの建築家の努力の結果だと思います。その間取りを見れば、だいたい自分の生活の形式というか様式がわかるという感じがあるでしょう。平面図を見ればだいたい納得する。

竹山——今、クライアントとの対応で、平面図というのが通じるというふうにおっしゃったんですが、山本さんの設計された住宅の中で、たとえばクライアントが間取りを描いてもってくるというような場合も……。

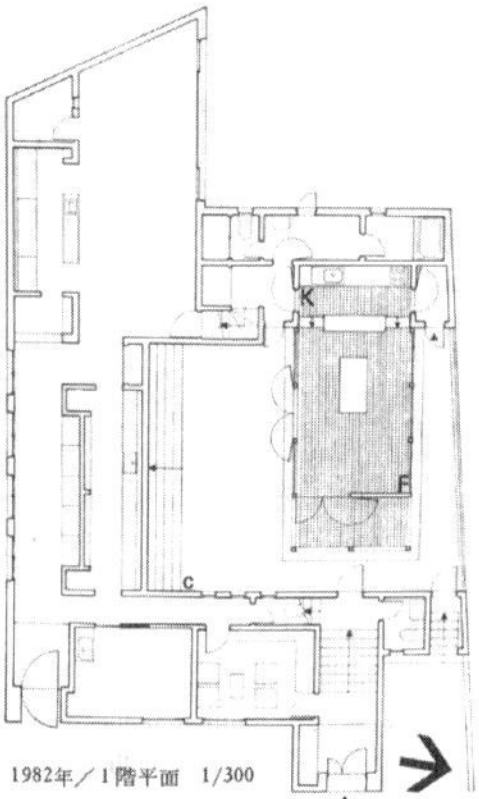

藤井邸，1982年／1階平面　1/300

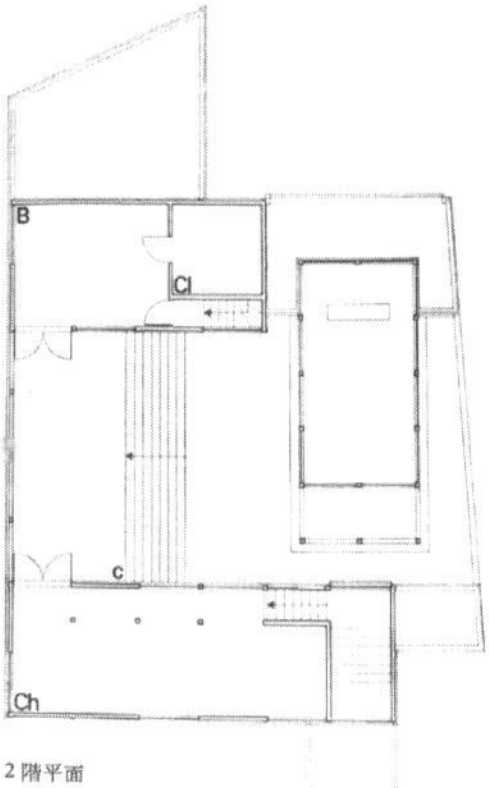

2階平面

山本——ありますね。《藤井邸》なんてそう。最初こんなふうにしたいと。ただ、自分の考えを伝えるために持って来ましたという感じで、それに固執する感じで持って来る人はあまりないと思います。

竹山——山本さんが描いている、たとえば生活像なり住居像というのかな、そういうものがあるとした場合に、そういうものと、たとえば施主の描いてくる間取りみたいなもの、それを自分の表現の問題としてどういうふうに扱っているというか、その最中でどういうストラグルが行なわれているのか、ということをお聞きしたいんですけれども。

山本——施主というか、住む人とこちらとの対応関係というのは、平面図で十分に説明可能だと思いますね。どこまでもいけるという感じです。施主が描いてくる平面図と、ぼくが描く平面図というのは、一直線に連続していくわけですよ。そこを連続させていって、ある平面図をつくり上げていくというときに、平面図

プランニングにこだわるというのは、厳密に部屋と部屋との関係が見えるようにしたいという意識があった。

に対する説明に関しては、そこに住む人に全部説明できる。つまり、住む人とものとの関係を記述するという意味での、平面図が基本的に持っている役割みたいなものは変わっていないと思うわけです。今世紀の初頭の建築家たちと僕らと、まず変わるところはないと思うわけですよ。つまり生活にコミットせざるを得ないという部分で、それは確実に平面図に関わらざるを得ないと思います。こちら側がどうしても操作的につくらざるを得ないというか。そこに関して平面図が持っている有効性というのは、今でも健在だと思うわけです。だから、もう全然だめになってきたというのではなくて、確かに今でも有効なんだけども、その有効であるということ自体に新しさがないということだけじゃないですか。

近代家族像というか、そういうものを実現していこうとする過程だと思うんですね、近代建築というのは。特に住宅だけの話をしますけれども。その、近代家族というふうにイメージしたもの自体が虚像だったというのは、はっきりしてきたわけでしょう。ですから、モダンリビングというのが虚像の反映でしかないというのも、はっきりしているわけですよね。だからと言って、プランに可能性がないとは、僕は思わない。それなりに、ある家族像というのは、こちらは常にイメージすべきだと思うんですよ。そのイメージを平面図というのはどうしたって付着させるわけです。それはどうしようもない。というより、だったら、今でもやはり、徹底的に付着させるべきだと思うんです。ただ、当然のことなんだけれども、それがそのままひとつの表現として凝結するわけじゃない。そこがたぶん、決定的な違いなんじゃないですか、今世紀の初頭に平面が担っていたものと。つまり、表現の核になり得るものとしての平面図の地位といったようなものは、今世紀の初めにようやく獲得されたものだと言えると思いますし、それが表現の核になり得るというのは大発見だったんだと言っていいんじゃないですか。平面というのは、今世紀になって発見されたものなんだ、という言い方すらできると思うんですよね。もちろん、表現の核として、という意味ですよ。こういうことだと思うんですけどね。たとえば、19世紀以前にあった建築論というんですか、表現論みたいなものが全部取り込まれちゃったんじゃないのかと思うんですよ。そこに生活する者と、その容器との関係の中に。つまり、生活する者に直接コミットすることがそのまま表現行為として自立するというんですか、住み手の生活像を描くこと、そして、それを容器の側からリアルなものにしていこうとすること、それこそが表現なんだと、そこを語ることが建築論なんだと、そんなふうに確信したんじゃないですか。ですから、生活像を描いて、それをリアルなものにするなんてことを表現しようとしたら、それはもう、平面図しかないわけですよね。平面図が表現のすべてを担ったと言っていいと思うんです。だけども、平面が表現の核として自立するなんて幻想は、僕らには全くないわけですよ。

その矛盾を止揚するものが〈住宅〉なんだということじゃないですか。

竹山——山本さんの作品をずっと通して見ていると、比較的、平面が語っているところが大きいような感じがするんですよ。特に平面図の詰め方に、今までの通常の生活の延長上ではないような新しさを感じるんです。少なくともそれは山本さんが言われる近代家族像の崩壊という現状の認識とも関わってくると思うんですけどね。そういう観点から、具体的に設計の実作に関わって、たとえば、《佐藤邸》では、各個室に外部から直接の出入口をつくったということですが……。

山本——最初の計画ではそうだったんだけれども、今ちょっとそれが曖昧になっています。一応、玄関から靴を脱がないで子供部屋まで行けるという計画をしていたんだけれども、そこは最終的に曖昧になりました。書斎までは行けます。

施主の方から平面図を持って来られるというのは、それだけ平面に関してはヴォキャブラリーが一定してきたというか、施主の側の使う言葉と、こちらの使う言葉が、全く同じ基準にあるような言葉になってきたと思う。そこは、ちょっと大事にしておいた方が、僕はいいと思うわけです。

そういうのは、今までは僕ら設計屋が獲得してきたレベルが、せいぜいそこまでだから、そのへんはしょうがないなという感じも、ちょっとあるわけです。そこまでしかきていないわけだから。たとえば色なり屋根の形なりに関しても、確実に説明可能な言葉というのは、僕らにはまだないわけでしょう。

だから、確実に説明できるなら、説明できるぎりぎりまでいけるまでは、ぎりぎりのところまでは、言葉は有効だというところを保存しておきたいと僕は思うわけです。それが平面図の役割だと思うんですね、今のところ。

それで、今、話したみたいな、ぎりぎり平面計画というのでどこまでいけるのか、その限界まではいきたいという感じがある。もう全然それに可能性がないと放棄しちゃうのじゃなくて、限界までは、いっておいた方がいいだろうと。ただ、いったからといって、どれだけ可能性があるかという疑問ももちろんあるんですよ。そのへんは、僕はいつも誤解されるんだけれども、平面計画でいけるところまでいけば、それは結果的にある表現にまでたどりつけるというふうには思っていないわけです。それは、いけるところまでいったって、せいぜいそのぐらいだろうと。

たとえば山川山荘の場合には、平面計画を詰めていった結果、ある表現のレベルまで達してるかもしれないけれども、常にそういうふうになるとは限らないわけでしょう。

　さっき竹山さんは、僕の設計した住宅に新しい生活像が読み取れるというようなことを言ったけれど、住んでいる人たちというのは、特殊な家に住んでいるという意識は全然ないと思うんですよ。住んでいる人たちは全くノーマルな家だと思っているはずです。

竹山――装いがノーマルなんじゃないですか。平面計画は、僕はかなりラディカルじゃないかと思っているんですよ。

山本――ただね、ラディカルと言うけれども、平面計画自体で、本当にラディカルに見えるまでいけているかどうかは、ちょっと疑問だと思いますね。まだ、もっといけるかもしれないという感じはいつでもしています。

　これはまだ、普通の生活像にそのままフィットしている形にしかすぎないと思います。施主をだまくらかしてつくっていったという感じはあまりなくて。ある論理があれば、家族はこういうものだというのは見えるわけでしょう。それには則っていると思いますよね、確実に。それがしゃべっていけば全部わかるというか、お互いにわかり合える言葉でしゃべれる範囲だと思うんですね。

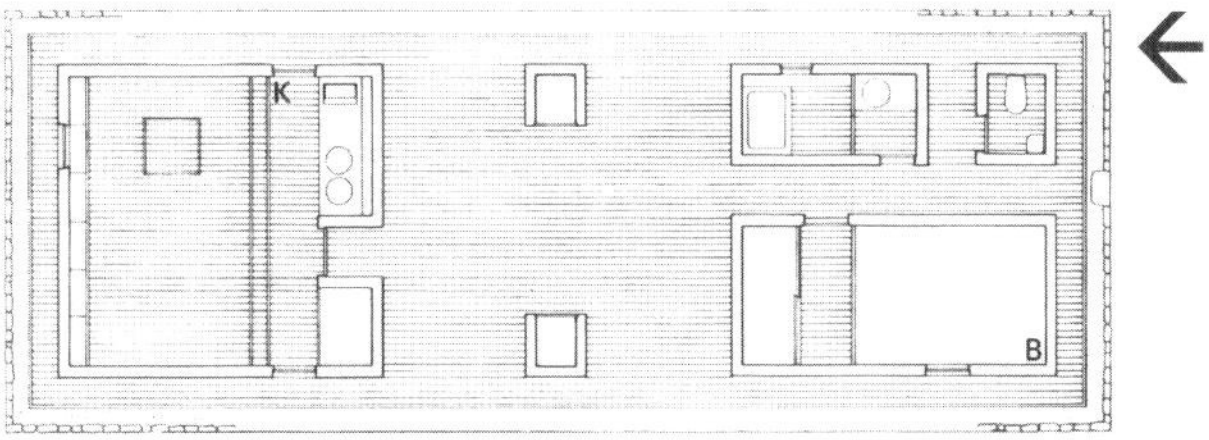

山川山荘，1977年／平面　1/200

　要するに施工との闘いみたいなものなわけでしょう、プランニングをしているときなんていうのは。闘いが、ある言葉できちんとできるということなんですよね。基本的に言えば、施主というのは敵なんだと思っているわけです（笑）。だから、その敵ときちんと渡り合えるのが、プランニングのレベルだと思うわけなんです。

竹山――山本さんには、今の生活像なり、現状の社会と家族との対応なり、家族と個人との関係なりの仮説というか自分なりの考え方があるわけですよね。それについては全面的な自信を持たれているんでしょうか。

山本――多少は持っていますね、そこに関しては。

竹山――おそらくいちばん最初の作品だと思うんですけれども、《Mさんのゲストハウス》、あの発表に際して書かれていたことは、これはゲストハウスである、母屋がモダンリビングで、こういうふうなゲストハウスを持つことによって、初めてモダンリビングという住形式は成立するんだ、と。これは言い換えてみると、ゲストハウスというか、そういう対外的な場所さえあればモダンリビングで十分だ、そういうことでしょうか。

山本――対外的な場所というのをどういうふうにつくるかは別として、そうですね。モダンリビングというのは、対外的に本当にあり得べき場所を切り取られちゃったというような感じがあるでしょう。家族というような集団の持っている、ある生活の様式とは全く縁のない、ある生活の仕方があるというのは、たぶん事実だと思うわけです。その縁のない場所というのが、どういう関係にあるかということは知りたいと思うわけですね。つまり家族なら家族という集団も、確実にひとつの社会の中に置かれているわけだから、何でこんなに縁がないんだという話がひとつあると思う。そのときに、縁がないのに家族があるというときに、あらしめているのが、僕は〈住宅〉だと思っているわけですよ。

　つまり、僕なら僕という個人にとって、家族という関係と、社会的な関係とは、基本的に矛盾する関係としてあるんだということですね。その矛盾を止揚するものが〈住宅〉なんだ、ということじゃないですか。だから、もし〈住宅〉というものがないとしたら、家族自体が成り立たないというくらい、〈住宅〉というのは装置として重要なんだということを言いたいわけです。

竹山――2つお聞きしたいことがあります。外の社会に対している部屋のことについて今まで語ってこられたので、そういった部屋の今日的な意義づけも、今までと変わりない認識でつくっていけると思っておられるのか。それと、今度はいったん〈ひょうたん〉がすぼまった、反対側の内的な構造。この内的な構造に関しては、僕はお話を聞いていると、山本さん個人としては非常に不信感を持たれているような感じがするんですよね。不信感というか、どうでもいいじゃないかという感じ。モダンリビングでいいじゃないか、それじゃいっそのこと建売でいいじゃないか、と。

山本――建売にそれが表現されているということは、ちょっと書いたことがあると思いますけどね。

　たとえば対外的に確立するような場所を誰もが持ったとするよね。ひとつの家族の中で、お母さんもそうだし、お父さんも。それでも、内側の場所というのは必ずあるんだということは言えると思う。つまり、家族のための部屋というのは、確実になくなったりはしなくて、保存されるというのは確かなことだと思う。だから、それだけのことだと言えば、別にプランニングに関しては、僕はほかに何も言うことはないという感じはあるね。だから、性というか、セクシュ

プランニングにこだわるというのは、厳密に部屋と部屋との関係が見えるようにしたいという意識があった。

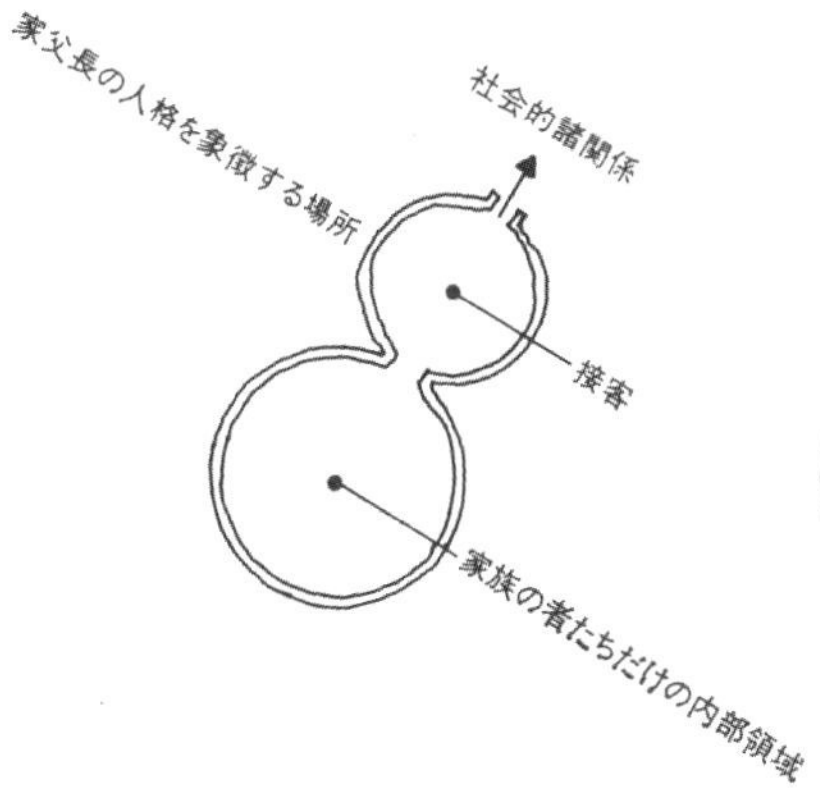

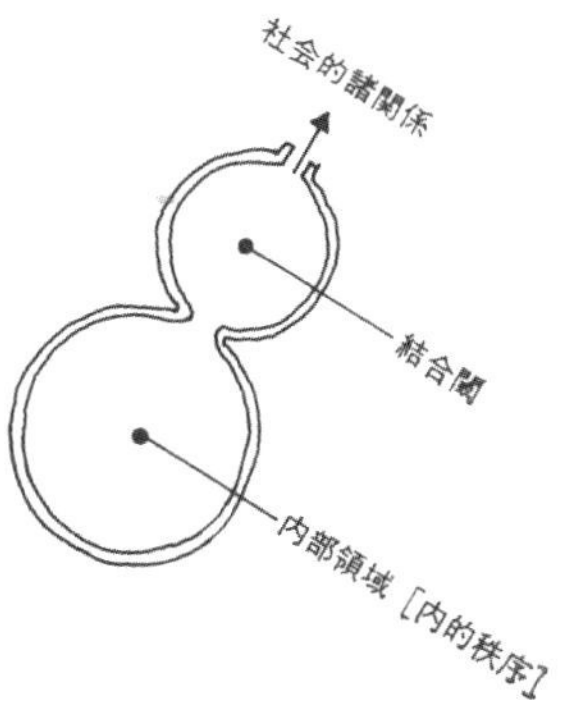

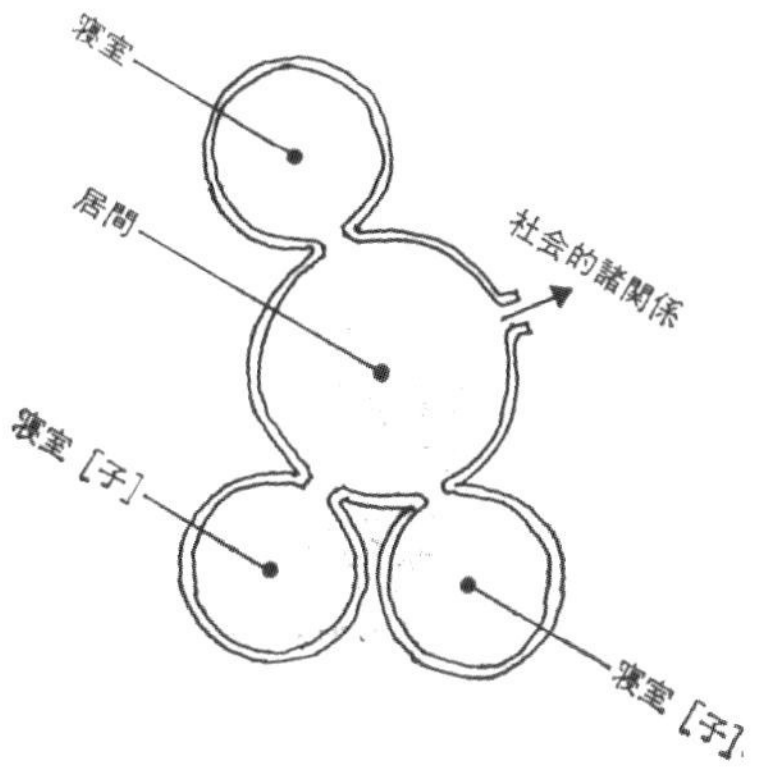

アルな関わりが実現する場所というのが、家族室だという感じがどうしてもするわけですね。そこは保存されるように保存していけばいいじゃないか。僕は、それをこちらが意図的に保存させるとか、解消させるというところを超えていると思いますね、その話は。

竹山――そうですよね。たとえどんな状況になっても内的なごくごくプライヴェートな部分はおそらく保存されて、それはどうしようもないんだ、アンタッチャブルだというふうに言われたのは、全くそのとおりだと思います。というのも、どうしようもないのが、きっと、子供を育てるというような、ある意味で反社会的というか、社会とは完全に切れているというか、そういう行為が営まれる場所が家庭でもあるわけで……。

山本――そうですね。今、セクシュアルと言ったのは、そういうものを含めて僕は言っているつもりですけどね。それは確実に社会的な諸関係とは縁が切れて、切らない限り成立しないと思う、そういう関係というのは。それは住居の持っているかなり大きな役割のひとつだと思うし。

竹山――最近の山本さんの住宅、たとえば《佐藤邸》では、今までの、内的な部分は片一方に閉じ込めて、あと、大きなハレの空間みたいな感じで対外的な部分を取るという構成とは、ずいぶん違って見えるんですけど。

山本――違って見えるかもしれません。

《新倉邸》なんかもそうなんだけれども、たとえば入口のスペースから、こう左右に入るプランってあるでしょう（A）。これは不動産屋さんの話では、〈振り分け〉と言うんだそうですね。つまり、部屋へ入るのに他の部屋を通過しない。廊下を通って入るというプランと同じなわけです。一方、直列型（B）というのは廊下がなくて、ある部屋を通過して次の部屋へ入るというスタイルですよね。これは必然的に部屋と部屋の関係がはっきりしちゃう、部屋の持っているポテンシャルが明瞭になると言うんですか。部屋と部屋との関係がどうなっているかというのは、Bのプランだと全部見えちゃうわけですよね。それぞれ何に使うかも決定的になっちゃうでしょう。しかし、Aではフリーなわけですね。どこが台所であってもいいわけでしょう。

住居プランの2つの形式

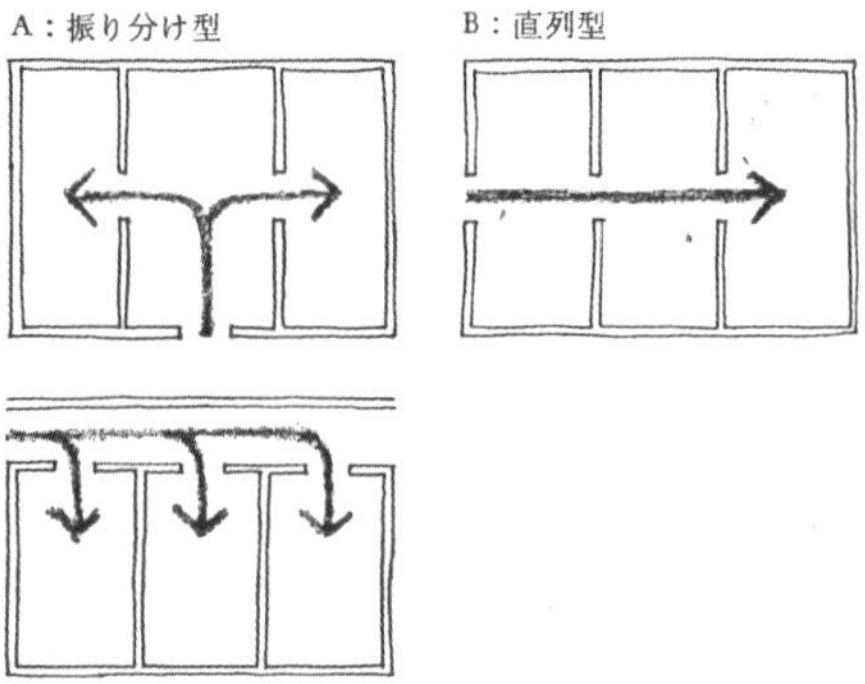

　こうしたスタイルが確定的になったのは、わりに最近になってからだと思うんだけれども。それまでは、日本の住宅だってそうだけれども、みんなBのように、廊下を介さないでプランニングしていく。集落調査に行くとわかるんですけれども、プリミティヴな住宅というのは、だいたいそうです。廊下なんか絶対にない。それで、Aのようにやるということは、曖昧さを許すというような気がするわけです。だから、プランニングにこだわるというのは、なるべくこれをやらないで、厳密に部屋と部屋の関係が見えるようにやっていきたいという意識があったわけですよ。

　それで、今の竹山さんの話は、Aのようなプランのつくり方が見えちゃっているということだと思うんです、どっちかと言うと。《新倉邸》も同じで、ときにはそうつくらざるを得なくなっているというところがある。でも最近、これはこれでいいんじゃないかという感じもしているわけ。つまり、Bのように絶対つくらなきゃいけないという強迫観念も、僕にはないわけですよ。Bの方がプランニングははっきりするし、その方が住みやすいはずだと思っている。だけど別に、どんな場合にも固執する必要はない、というふうなことも思っている。

竹山——住みやすいというのは、機能が明確になるということですか。

山本——明確になるということでしょうね、曖昧な部分が全然なくなるという意

プランニングにこだわるというのは、厳密に部屋と部屋との関係が見えるようにしたいという意識があった。

味では。小住宅なんか必ずBになるでしょう、現実にやっていくと。

本当に、どの部屋を寝室にすべきかというのは、大問題になるわけですよね。そういう大問題をきちんと解決しておいた方がいいという感じはあるけど。

竹山――おそらくそこが、住居の形式ということに山本さんがこだわっている部分だと思うんです。つまり、かなりの機能が部屋の配列によって決定されてしまうというか、そういう意味での厳密さというのかな。

山本――それはありますね。だけども、それが僕の表現のレベルまで上昇していくものかどうか、それはちょっと別だな、という感じもしているんですよね。

これは確実に厳密なものにしておかなくてはいけないと思いますし、論理のレベルとしては、こういう言い方は確実にあって、これは、僕はあまり曖昧にしない方がいいと思っているわけですよ。こういう課題を担うという、担い方が終わったんだということも、言えないと思います。まだ確実にそういうものを担っていくべきだとは思うんですよ。ただ、これがそのままひとつの表現になったという時代では少なくともない。そういう時代は確実に終わったと思っています。

１９４０年なり１９５０年代ぐらいにあった、そういう話というのはたぶん確実に終わって、誰もが普通にやっていくべき問題になったと思う。住み手にとっても、それはいとも簡単にやれるようになったという感じもします。さっき言った、同じ言葉をしゃべれるというのは、そういうことなんだけどね。

ある論理について語るときは、僕が表現者であるということからできるだけ離れたい。

竹山――ある意味で、状況に対する批評みたいな意識はすごくあるわけですか、現代の住居とかそういうものに対して、

山本――意識としては、そんなにないですね。結果的にそういうのがあるんだというか、優れた作品というのは確実にそういう批評性というのは持つはずですからね、どんなものだって。それはつくり手が意識するしないに拘わらず。だから、それはいつも願望として僕だってあるけれども、アイロニーなり批評性というのが、全面的に住宅に反映すべきだという意気込みでつくっているわけじゃありません。そういうふうにしなくてもつくれるだけの武装はしておきたい、というのはあると思いますけど。

竹山――今回のインタヴューにあたって、山本さんの書かれたものを、昔の『都市住宅』から最近までずっと並べて読んでみたわけですよ。若き25歳ぐらいの山本さんが出ているわけですけれども(笑)。たとえば黒沢隆さんあたりと一緒の勉強会ですか、ああいったところで芽生えた問題意識、それとも、もともと山本さんが持っていらした考え方なのかもしれないけれども、そういうのが連綿と

続いているような感じがするんですが。

山本――それはありますよね。

ただね、僕らの学生の頃というと、1968年が大学を出た年ですよね。僕らを育てたというのはプランニングです、大学院に入ってもまだプランニング。

プランというのがどういうものか、ということに全然無自覚で、プランニングが住宅の表現のすべてだというふうに思い込んでいたわけですよね。たとえば建築史の本を見たって、プランが出ているでしょう、今だって。僕らが集落に行ったって、プランを採るわけですね。

プランニングの持っている呪縛というか、すさまじいものだと思うわけですね、僕らが持ち込んじゃったものというのは。本当はプランで語れないものまでもプランで語っている。語り過ぎたと思うわけですね。

それを僕なんかは、ずっと引きずってきちゃったという感じがあるわけ。それはきちんとケリをつけたいという感じが、僕はあるんですよ。こんなに引きずってきちゃったわけだから。

竹山――さっきの形式の問題にも関わるんですけれども、山本さんの場合、ある家族像を図式として込めながらも、少なくともグラフィカルにきれいなというか、抽象度の高い形式を求めようとしている。モダニズムがかつて達成したはずのプランニングから、ここんとこずっと遠ざかってきたけれども、もういっぺん、なにがしかの形式を厳密にプランで詰めなきゃいけないという感じがあるんじゃないか。そういうところで山本さんの作業が位置づけられるんじゃないか、という感じがするんです。

山本――そう言ってもらえるのは、とてもうれしいんだけれども。

ただ、僕はいつも二元論的に分けて考えるんだけれども、僕の表現なら表現ということでいうと、僕がある論理というものを獲得していくということと表現とは、全く違うと思っているわけです。それは分けて考えた方がいいと思っている。つまり、僕がものをしゃべったり、ある論理について語るというときには、僕がある表現者であるということからできるだけ離れたいという感じはあるわけですよ。そこのいちばん離れた部分で確実に語れるというものがあるはずで、それが僕はプランニングのことをしゃべっているという感じがするわけ、その部分で。

それは確実に違いますよ、形式というものと表現されたものは。

竹山――表現とは全く切れて。

山本――そうです。

それは、僕が表現しようという意気込みからいちばん遠い部分でしゃべっているという感じですね、プランニングについてしゃべっているときに。

そこはいちばん誤解されていて、つまり、僕はプランニングだけやっていればいいじゃないかというような、そういうふうに言われることがありますね。要するに生活派とか(笑)。

竹山——山本さんの文章の中に、〈制度自体を突き崩すような力を住宅なら住宅、建築なら建築が持てるかどうか、というような問題意識を持ちながらも、それがはっきりしないし、建築というもの自体が、制度とか秩序というものを固定化するものである〉という認識がでてくるわけですね。結局、制度や秩序にプロテストするなんてことが簡単にできるとは思えない、というふうな……。

山本——簡単にできるとは思わないですね。思わないけれども、全然やらないのかというと、プロテストというか、つまりどうしたって建築というのは受身でつくらざるを得ないところがあって、これは住み手というのが先にあるわけでしょう。住み手より先に建物をつくるわけにはいかないというところがあるね。そういう意味では、ある部分では受身的にならざるを得ないということ、順番で言えば。そのときに、住み手なら住み手がある可能性を持っていたら、その可能性に対して、それをつぶしてしまうようなことは少なくともすまい、その可能性のぎりぎりまで引張り上げた方がやはりいいと思うんですね。それが制度をどこまで突き崩せるかどうかはわからないけれども、それが制度の中にあったとしても、ぎりぎりまで引張り上がってもらいたいわけですよ。そこはなるべく足を引張らないようにしたい。

竹山——施主との対話のうちにしか、建築というのは成立しないのかしら。

山本——建築家の持っている論理なりテーマと、施主の持っている可能性のどっちが先でどっちが後といったって、僕だって、先にそういう論理があるんだと言っちゃっているわけですから、具体的な施主に、いろいろな可能性があることとは無関係に、ある抽象化された論理というのは持っているわけです。だから、そっちの方が先だと言えば、言えるかもしれませんけどね。ただ、現実に建ち上がるときには、その人を目の前にせざるを得ないというのもありますよね。

竹山——論理というのは、基本的には図式だということですか。

山本——形式。

竹山——形式というのが、たとえば表現までストレートに結びつくようなものではないですね。

山本——ではないです。それは確実に違いますよ、形式というものと表現されたものは。

竹山——だから、一作一作、表現としてはヴァリエーションがあるんだということですか。

山本——それともまた別の話です。今後のことはわからないし、また同じことをやることがあるのかもしれないし、そのへんはわからないけれども、あまりこだわっていないですね、一作一作違った方がいいとか同じ方がいいということに関しては。

——山本理顕氏は東大原研究室の出身である。つまり、僕にとって先輩にあたるわけだ。ここでも、気取りまくって話し合ってはいるが、そこは旧知の間柄、ついついなれ合いになりがちな気配を抑え込むのに苦労している。山本氏のオフィスは、代官山ヒルサイドテラスの第3期部分、中でも、いちばん地中深く降りて行った一画にある。ファッショナブルなさざめきを見せる街並から、3層分の距離を取った崖下の別世界には穏やかな熱気が満ちていて、《フィールドショップ》と名づけられた事務所連合体には、山本氏のほかに、元倉真琴氏、藤江和子氏らが同じく事務所を構えている。隣には、大沢良二氏の《エステック》がある。つまり、気のおけない仲間たちが集まって、何やら怪し気な熱気を醸し出しているのである。インタヴューは、こうした空気のたち込める、そのまた片隅で、しめやかに行なわれた。山本氏の作業は、だから、僕としてはつぶさに迫って来たつもりがあって、このインタヴューの内に、仮に両者に共有された気配のようなものが漂ったとしたら、それは、近しい水脈に身を置く者同士の方言の共有といったあたりに端を発していようし、違和感が漂ったとしたら、世代の違いからくる感性の差というより、それは、インタヴュアーの、なれ合いを恐れるが故の勇み足と意欲の空回りと判断していただいてよい。

〈生活派〉というレッテルを不本意とする山本氏であるが、氏の唱える〈形式〉というものが決して形態の論理でなく、生活のモードに対応した領域相互の連関に基を置いているという意味で、やはり〈生活〉からの方法論ではある。すなわち山本氏の造形の洗練は、新しい酒を酌まんがための新しい革袋の洗練なのであってこころえ美酒を求む心延にひけめを覚えるいわれは毛頭あるまい。新たな革袋の表現をめざして新たな酒の在り処を求めるのが山本氏の領域論であり、とりもなおさず平面なのであって、少なくとも氏の平面には、美酒の芳しさが薫っているとみる。（竹山聖）

1986

『都市住宅』1986年3月号 特集―メタルワーク――その多様な展開

素材について考えるということは、表現一般について考えることと実は同義なのだ

トビリシの古い民家のバルコニー、バグダッド旧市街の家のテラス、あるいはVittelのつくったカジノのテラス、競馬場の観覧席、そしてベルベデーレやガゼボ。何ものかを眺めようとする場所の形は、どこか共通したところがある。いかにも軽々としているのだ。

〈鉄〉――浅い記憶

この〈小俣邸〉の3階部分、望楼と呼んでいる場所も海を眺めるための場所である。やはり軽々としていたい。細い鉄の線材で構成したのはそのためでもある。結果的には、複葉機の翼みたいに、重いんだか軽いんだかよくわからないようなものになったけれども。

〈素材〉というのは、なんだか長い間奇妙な位置を与えられ続けてきたように思えて仕方がないのだ。長い間といっても、たぶんせいぜいこの100年ほどのことに違いないのだが、いつだって性能だったんじゃないかと。あるいは製法や加工法との関係でしかなかったんじゃないか。どう転んだところで構法との対応関係止まりで、それ以上に素材それ自体が問題にされるなんて一度だってなかったんじゃないか。そう思えて仕方がないのである。

たとえば耐候性、引張強度、熱膨張率、そして圧延性、可塑性、何だっていい。ある素材を表記しようとする時、ある一定の製法や加工法からの必然とも言える性能、それも計測可能な性能の総和以外に、どんな表記法を私たちは今持っているだろうか。私たちが素材を問題にしようとする時には、木とか石とか土とかいった自然物それ自体というよりも、

あのヴィオレ・ル・デュクの、ほとんど石なんじゃないかと思えるような鉄の扱われ方。別に真似しようとしたわけではないのだが、奇妙な説得力がある。鉄の原形質といったような。そして、ヒラヒラとレースのような手摺。
©田中宏明

その性能の方に重さがある。素材とは性能の計測値の総和であると、私たちは思っているらしいのである。

だから、ある素材を選べば、必然的にそれに適合する構法が定められる。もちろんその逆も含めてだけども、そう私たちは表記しようと努めてきたと思う。適合性の根拠はその素材の性能である。

素材というものを説明する手口としては、たぶんこれで過不足ないようにも思える。けれども、私たちの現実的な作業の中に、この図式を丸ごと当てはめてみればすぐわかるように、ある素材を選んだからといってそれだけで一定の構法を必然として選択できるわけではない。素材の性能は、それほど厳密に私たちの選択を拘束しているわけではないはずなのである。

素材というものを考えようとする時に、いつも私が奇妙だと思うのは、この部分なのである。頭の中では、素材は性能の総和として過不足のない位置を占めている。にもかかわらず実際の作業の中では、素材はもう少し別のなにものか、性能の総和だけでは説明のつかないもう少し別のなにものかとして私自身、扱っているように思えてならないからなのである。

たとえば、木という素材を選んでみようか。構法はいくつか思い浮かべることができる。柱梁構造、あるいは校倉のような組積造、そしてパネルによる壁構造。他にもまだあるかもしれないが、こうしたさまざまな構法を木という素材が持っている性能に則って特に比較してみたわけでもないのに、この中でも柱梁による構法が特別な位置を占めていると考えるのは私だけではないと思う。木造と柱梁構造とは、どこかストレートに結びつくようなところがあるように思えるのである。これは決して木という素材の性能によるわけではない。

なにものかというのは、たぶんこのあ

たりの話なのだ。そして、木造が柱梁とストレートに結びつくのは、木の性能にではなく、木というものが担ってきた歴史性によっていると、私としては言いたいのである。歴史性といっても、柱梁構造が歴史的に選択されてきたということだけを言いたいわけではな木なら木という素材に対する感覚、素材感のようなものが柱梁構造を特別な構法として選ばせているのである。つまり木という素材に対する、歴史的に積み重ねてきたひとつの解釈の結果が柱梁構造なのである。

い。

　近代風の計測値に基づく素材解釈などではなく、もう少し別の何か、木そのものを荘厳とさせると言うと大袈裟だけれども、木を表現するとでも言うのだろうか、最も荘厳とさせるような表現の方法が柱梁という構造にまでたどり着いたはずなのである。性能とは別の、これもひとつの素材解釈なのではないだろうか。だから私たちが、木という素材を対象化

しようとする時、性能と同時にこの歴史性をも木に付着したいわば素材感として引き受けざるを得ないはずなのである。

　木だけに限らない。石だって同じことだ。あるいはブロックにしてもレンガにしても、そしてコンクリートにしても。そうした素材たちを解釈してきた歴史性とともに、素材感覚とかいったものはつくり上げられてきたと思うのである。木ならたとえば和風を、石やレンガなら西

ヨーロッパの長い歴史を。私たちの共有している記憶のようなものに、どこかでけりをつけておかなければ、そうした素材そのものを対象化することすらできないはずなのである。

　ところが、最近作の〈小俣邸〉、あるいは〈GAZEBO〉で鉄を使ってみて、初めて体験的に理解したのだが、鉄には記憶がないのだ。ないと言って語弊があるなら、記憶の奥行が浅いとでも言うの

か。付着している歴史・時間のようなものが、極めて希薄に思えるのである。その分だけ、それを扱おうとするこちらの気分は軽々としている。イメージが他の材料よりも比較的自由に浮遊できるような気分なのである。19世紀のあの鉄の重さ、製品化されたH鋼、あるいは針金細工から軍艦の艦橋、宇宙船、何か時間の、歴史の拘束を全く受けないといった感じなのである。

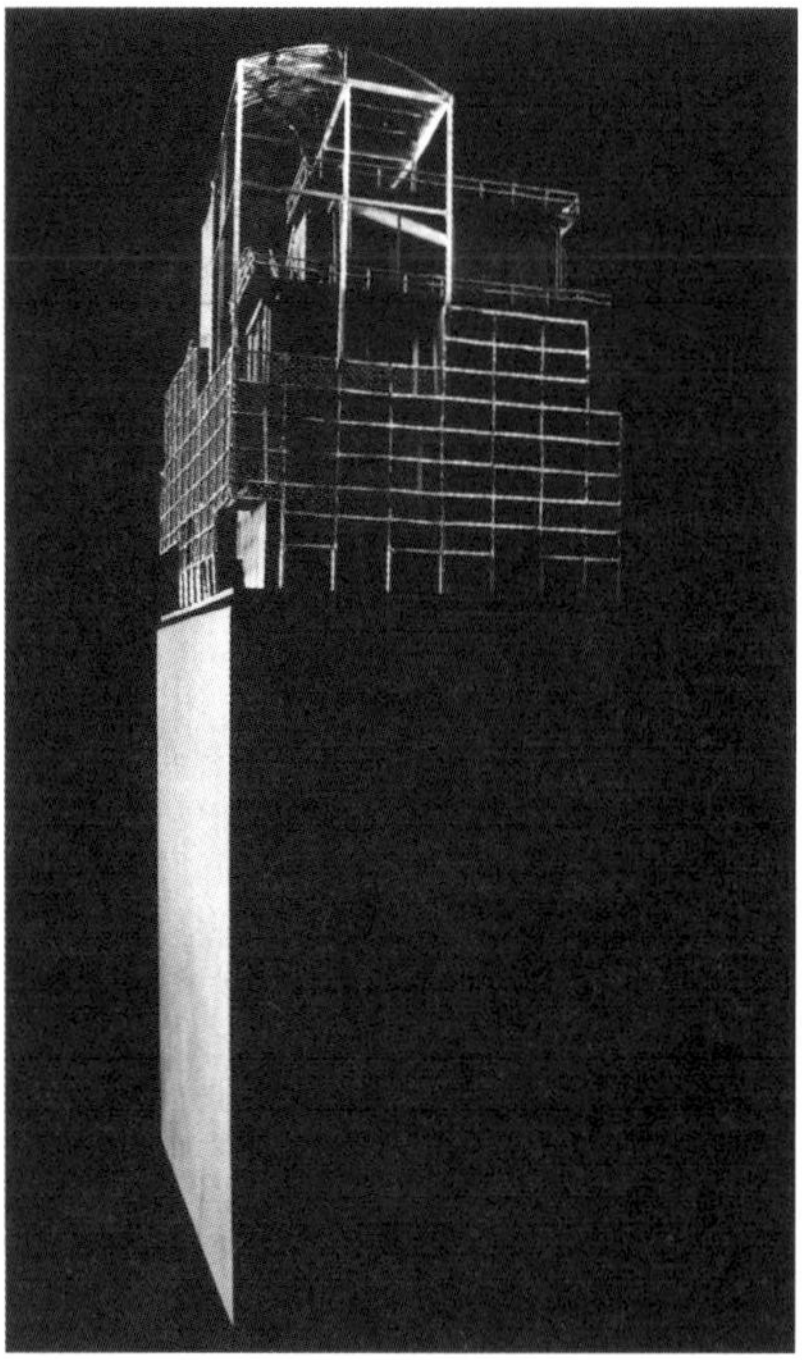

1階が店舗、2階が貸事務所、3階はアパート、そして4階がオーナーの住宅である。無性格な、幅の広い道路に面した典型的な雑居ビルである。
それぞれ機能の異なる各フロアの性格が、まともに漏出しないための、いわば防禦ネットの役割を担ったステンレスメッシュ、細いパイプで組み上げられた、4階、R階のデッキ、H鋼で支えられた軽いヴォールト屋根。
〈浅い記憶〉に委ねられた鉄の重さ、そして軽さ、強さと脆弱さ。

これはたぶん、鉄という素材の性能にもよっているとは思う。可能性の幅が実に広いのである。でもそれだけじゃなくて、この素材の歴史の浅さにもよっているはずである。歴史に強迫されない素材なのである。鉄というのは。

このあたりの話になると、私の思い入れだけの話なのか、あるいは多少でもどこかで共感を得ることができるような話なのか、実のところさだかではない。ただ少なくとも、こうした素材について何かを語ろうとする時、その素材の担ってきた歴史性のようなものを、棚上げにしたままで話すことなんて、どうやったってできないことなんだとは思う。それをむりやりやろうとしたのが性能の計測値に基づく素材という概念であり、そして歴史性を不可避的に担わざるを得ないのが素材に対する視角だとすれば、それはほとんど歴史解釈そのものであり、歴史的に育まれてきた素材感覚そのものを、それをどう対象化するかは別として、担うことである。素材論は、表現論に最も近いところにあるような気がしてならないのである。

1988

『建築文化』1988年8月号 特集―山本理顕的建築計画学77／88

日常的風景の覚醒に向けて――クリストVS山本理顕

山本理顕――気軽に対談を引き受けて下さって、どうもありがとうございます。クリストさんに会うのは、僕にとってはちょっとした念願だったものですから、今日は遠慮なく、率直な話をさせて戴きたいと思っています。

早速ですが、去年、西武美術館でクリストさんの仕事を拝見しました。そこでバリー・カーテンのビデオを映したんですが、ちょっと驚いたんです。何に驚いたかと言いますと、まず全体のプロセスです。クリストさんは、プロセスをいろいろと説明します。多くの障害を乗り越えて、このプロジェクトが実現していった、そのプロセスですね。それと、実際にこのカーテンを取り付けるときに、ちょっとしたトラブルがありましたよね。途中でカーテンが止まってしまった。多分クリストさんは、サーッときれいに谷を塞いでいくカーテンを見せたかったんだろうと思うのですが、どうもうまくいかなかった。それを見て、むしろ僕は大変好感をもったんですね。ああいう障害を乗り越えていくのは、建築の行為とまったく同じだと思ったんです。

ですから、僕はクリストさんを大変優れた〝建築家〟じゃないかと思っているんです。ご自分で、〝建築家〟だというふうに思うことはありませんか。

クリスト――たしかに、私のプロジェクトには、建築と共通する要素がたくさんあるかもしれません。例えば、ハイウエーや橋や超高層ビルをつくるときと、まったく同じような要素が考えられます。

しかし、一番大切なのは、すべて何かつくり出していくときには、それぞれにきちんと目的があるということですね。

建築と一番大きく違う点は、建築物というのは人びとに役立つための何かしらの目的をもっている。もうちょっと快適な生活をするためにとか、効率よく動くためにとか、社会的な目的があるわけです。ところが私のつくるものは、芸術という目的ひとつであって、人のために具体的に何か役立つというものではないわけですね。

山本——それはよく判ります。

たったひとつ、共通点だけ言いますと、建築は建てる前に説明しなきゃならないんですね。ですから、鮮やかに説明した人が良い建築をつくる。鮮やかな説明の手口の歴史なんですね、建築の歴史は。

クリスト——しかし、20世紀に入ってから、クライアントに向けたいろいろな建築がありますが、そのなかでも裕福な建築家は、例えばフィリップ・ジョンソンのように自分のための家を建てたり、山本さんのようにアートをなさっている方もおられる。しかし、基本的には建築は、やはりクライアントのために建てられるわけで、そのときの権力や政治状態に動かされるものだと思うんです。事実、もっとも優れた都市計画者、あるいは建築家はプロフェッショナルな建築家ではなくて、彼らを操る政治家であると言ったほうがよいかもしれません。なぜなら、彼らこそ社会生活がこれからどう

Christo and Jeanne-Claude
Valley Curtain, Rifle, Colorado, 1970–72
Photo: Wolfgang Volz
© 1972 Christo and Jeanne-Claude Foundation

変わっていくかの鍵を握っているわけですから。

空間が建築家以外の人間によって支配され形成された、素晴らしい例の一つにマンハッタンがあります。マンハッタンは、今はもう亡くなりましたが、40年にわたってニューヨーク市のコミッショナーを務めたロバート・モーゼズという人によって、すべて形を整えられたものなのです。モーゼズ氏の途方もない権力こそが、今日あるマンハッタン島の姿をつくり出していったのです。

私の芸術の場合は、クライアントのためではなく、自らの意志でつくっているわけで、あえて言えば、自分自身がクライアントなんです。

山本——そのとおりだと思います。

まさにいま、クリストさんがおっしゃったとおりのことが建築でも起きていて、建築の20世紀に入ってからの語り口、説明の仕方というのはすべて「効率」によって保証される。「効率」によってうまく説明してきたから、今みたいな建築になっちゃっているんですね。

それで質問なんですが……、クリストさんのフィルムを見て、この前の講演も聞いたんですが、クリストさんの説明は大変執拗で具体的なんですが、どうやって作品をつくるかということに、ずっと時間を費やしている。実現するのはこんなに大変だ、いろいろ障害を乗り越えてこういうふうに乗り越えてきたということをずっと話されている。そこが一番中心の説明になっているわけですね。でも、クリストさんの本当に言いたいことを避けているような気がしたわけです。核心部分を。それが、建築とちょっと似ているんですね。「効率」だけを説明したことと。

クリスト——しかしながら、説明するということが共通だと言われましたが、建築家の場合、例えば家を建てる場合、橋を架ける場合、ハイウエーをつくる場合にね、公聴会を開いてそれを説明するわけですね。私も昨日、水戸でいろいろな方たち、市長や県庁の方に説明しました。建築の場合には、これまでに自分たちが建てた家とか橋とかハイウエーはこうで、今度はこうなりますと説明するのに対して、私の場合には、同じことは絶対にしないので、もう一回橋を包むこともなければ、もう一回カーテンを架けることもありません。それぞれ一個一個がユニークで、一回性のものであるということが重要なのです。私が、レクチャーでプロセスにあそこまで重点を置いたのも、そのためです。もちろん私としては説明はしますが、私が実際にそれを実現するまでは、その複雑性とか、スケールとか、そういうものは誰にも判らない、そこがとても大きな違いではないでしょうか。

そしてまた、申し遅れましたが、あのフィルム自体は私が制作したものではありません。私のインスタレーションはたくさんの出版物や映画が紹介していますが、私たちはいろいろなオリジナルの記録や資料、写真などを完璧に揃えています。あの映画は、私の仲のよいメーソスさんが、何カ月間とか何年間とかかけて撮影したものを、1時間にまとめたもので、私の編集とか制作ではないわけです。

山本——もちろん、それは理解できます。

クリスト——もう一つ大切なことは、私自身の考え方として、芸術の自由というえで政府とか産業、企業、財団などが拘束条件をもち出すようなことは、避けたいんですね。つまり、私自身が自由に、誰の必要に応ずるのではなく、自分自身の芸術をつくり出すことを、私は自分の芸術だと考えています。建築家でしたら、やはり何かつくることを説得するためには、社会的な、何らかのベネフィットがなければいけないわけですね。その社会的なベネフィットを説明して、皆さんの生活がよくなるから、これをしますという説明をしますが、私の芸術は誰も必要としないものなんです。

山本——今、あえて同じところを僕は指摘したんですが、クリストさんの作品が、いかに建築と違うかということは、誰だって気づいてもいるわけです。その一つは、建築をつくるときの説明の仕方は、環境にどう合わせるか、あるいはどういう風景のなかに建築をつくって、どう風景に合うように計画するかということだと思います。でも、クリストさんの仕事は、逆だと思うんです。

例えば、ランニング・フェンス。あれは、もしあのフェンスがなければ、何でもない、見過ごしてしまうような風景だと思うんです。そこにクリストさんの仕事が加えられることによって、風景は特異なものに一変しますね。重要なのは、クリストさんのランニング・フェンスが風景を解釈しているということだと思うんです。特異な風景として解釈しているわけですね。それがクリストさんの仕事の特徴だし、いまの時点では建築とまったく違うように見えるわけです。

ただ、僕にとっては、建築も本当はそうあるべきだと思うんです。

クリスト——グッド。

山本——これは、僕のクリストさんに対するコメントです。クリストさんが、風景を解釈しているというふうに本当は申し上げたいんですが、その辺りに関しては、僕の意見は正しいですか。

クリスト——私のプロジェクトは、すべて屋外で行なわれている。例えばフロリダのサラウンディッド・アイランド、あれには何千㎡ものピンクの布が使われたんです。でも、あのピンクの布は、このプロジェクトでは単に一つの要素であっても、このピンクの布があるために、幾つかの別々の島が全部一つの芸術品として統合されるわけです。

私の芸術の場合には、普通、芸術対象の空間として使われているような3次元のいろいろなものは使わずに、いつもどこかから借りてくるわけです。そして、その借景の自然のスペースと自分のつくり出す人工のスペースとを統合することによって、そこに政治的な意味合いも出

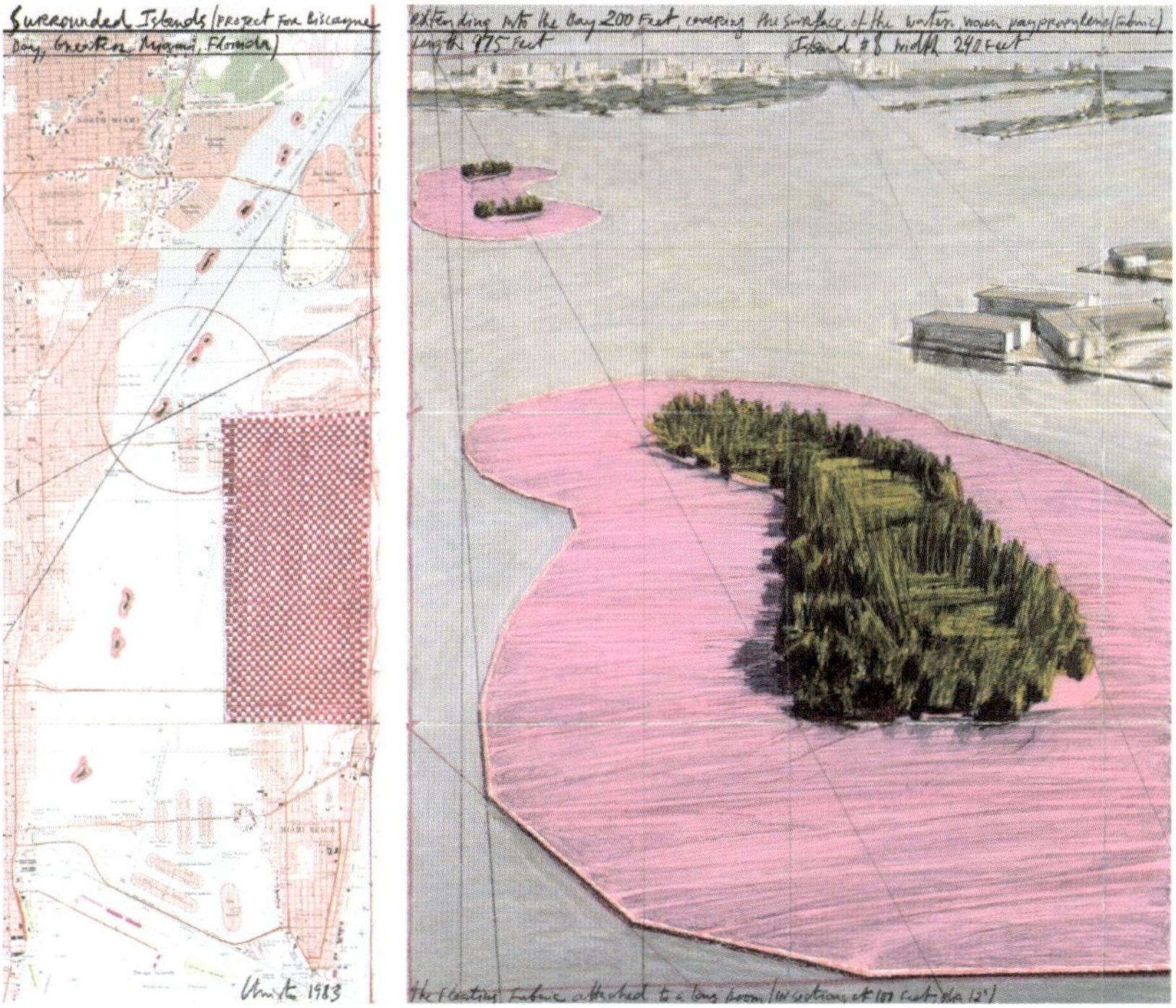

Christo
Surrounded Islands (Project for Biscayne Bay, Greater Miami, Florida)
Collage 1983 in two parts
Pencil, charcoal, pastel, wax crayon, enamel paint, fabric, map, and fabric sample
71 x 28 cm and 71 x 56 cm (28 x 11 in and 28 x 22 in)
Private collection
Photo: Wolfgang Volz

てくるでしょうし、また環境的な、いろいろな生態系的な要素も出てくるでしょう。人工と自然のものを統合するところに、自分の芸術が出来ると思っています。

山本——そう思います。ですから、僕のほうから見ますと、確かに自然の景観の中にランニング・フェンスとかバリー・カーテンとか、あるいはサラウンディッド・アイランドがある。でもそれは、クリストさんが解釈する自然です。

それとまったく同じように、歴史的な建造物をラップするでしょう。例えば、ベルリンのプロジェクト。まだ実現していませんけれども、昨日あの説明を拝聴しまして、写真がありましたよね。ソビエト・ユニオンだったかな、例の旗が建物の上に翻っている。あの建物の周辺で、大変な戦いがあったわけでしょう。ですから、ベルリンの人たちはたくさんの記憶を、あの建物と一緒にもっていると思うんですね。だから、自然の景観との関係と同じように、歴史との関係、歴史の梱包でもあるわけですね。ということは、つまり歴史に対する覚醒、いままで忘れていた歴史に対する覚醒でもある。つまり、無自覚な日常性に対する覚醒と言ったらいいんでしょうか。風景に対しても、歴史に対しても。それが多分、クリストさんの意図なんじゃないかと思うんですが。

クリスト——私の作品はどれも、決して風景そのもの、あるいはライヒスタークのような建築そのもの、あるいは実物の「ポンヌフ」そのものをテーマとしているのではありません。こうした芸術作品を体験するうえでは、生態系、政治、都市、歴史など、さまざまな問題が主要な要素とならざるをえません。私の作品はすべて環境とか生態系といった、かなり強力な要素を取り込んでいますし、作品となる「場」の本質的な要素と取り組んでいるのです。

　私がこのライヒスターク・プロジェクトを考えたときには、このプロジェクト

Christo
The Umbrellas (Joint Project for Japan and USA)
Collage 1988 in two parts
Pencil, fabric, charcoal, pastel, wax crayon, enamel paint, and topographic map
66.7 x 77.5 cm and 66.7 x 30.5 cm (26¼ x 30½ in and 26¼ x 12 in)
Property of the Christo and Jeanne-Claude Foundation
Photo: Christian Baur

が実現したとき、大きな政治的インパクト、歴史的インパクトを与えるだろうということは考えました。この建物は現在、ソ連軍のために使われているものですが、共産圏生まれで、共産圏から自由主義を選んできた私としては、とても意味深い建物なんです。私はどのプロジェクトも、それが展開される場の現実に特別な関係性、特別な問いかけを引き起こし、明示し、発展させるのであり、また、それが他のプロジェクトで二度と繰り返されることはないのです。いままでのランニング・フェンスも、サラウンデイッド・アイランドも、すべて一回性のもので、それぞれまったく異なる性格をもつものでした。

山本——本当は建築家としても、建築をつくるということは、そういうことなんですね。

また、バリー・カーテンに戻るのですが、ビデオを見ていましたら、最初にゴルファーがゴルフをしている。小さいショットで、だんだんカメラが下がっていく。そうすると、ゴルファーはこうやっているんだけれど、その後ろにオレンジのものすごい大きいカーテンが見える。その関係がすごく奇妙なんです。こちらには、ただプレーだけに熱中しているゴルファーがいる。だけど後ろには、いままで見たこともないような……。

ミセス・クリスト——そこを見て笑いましたか？

山本——笑った、笑った（笑）。

つまり、日常の生活が、特異な風景の中で実現されることのおかしさ。今回のアンブレラでも、同じことが言えると思うんですね。たくさん傘があって、多分そんな変てこなものはないわけだけれど、だけど、農民たちは普通に耕すだろうし、車も普通に走るだろうし、多分彼らは平気で生活すると思うんです。生活というものはそれほど強固だ、というのが一つあると思うんですね、日常性というのは。だけども、彼らはその日常をいつも気にしながらやらなきゃならない。日常の行動を全部自覚しながらやらざるをえないわけで、それは、僕がさっき言ったことと同じことで、生活、日常性の覚醒だと思うんですね。

ミセス・クリスト——すごくよい表現の仕方をしてくださったと思います。

山本——僕がクリストさんに一番興味があったのは、その部分なんですね。つまり、建築家たちが長い間かかってやろうとしてきたことがあるんです。それは生活の覚醒だし、風景に対する覚醒だし、歴史に対する覚醒だったと思うんです。それをクリストさんは、あるときには建築をラッピングして、むしろ否定することによって、それを実現してきている。だから僕らにとっては、あまり嬉しいことではないんですけどね（笑）。

クリスト——そこはやはり、私の芸術が、ある種のはかなさゆえに、逆にエネルギーをもつことになっているからではないでしょうか。私の芸術の一番大きな要素の一つとして、それが間もなくなくなり、限られた期間しか存在しないといった、時間の制限があるわけです。作品がどれほどの時間、そこに存在するかは、その作品に対する美学的な判断に大きな影響を及ぼします。いま見ておかなければ見られなくなるという、ある種の切迫性とか、はかなさ。なくなってしまうからかえって美しいといった、そういう要素が強く働くわけで、人びとはハイウエーや橋や建物のように、ずっとそのまま残っているものに対するのとは違った反応を示すのです。

そしてこのダイナミックスは、プロジェクトの準備期間から完成に至るまで維持されます。

私の芸術のもつ一時性とか一過性といったものが、果たして、そのために費やさなければならないエネルギーがあまりにも大きいということに対して、異議を差し挟んでもいるのです。私のプロジェクトを批判し、資源の浪費だと非難する人びとは大勢います。でも本当に、そうでしょうか。本当の資源の浪費とはなんでしょうか。私は私の作品を通してこのことを問い続けるでしょう。私の作品の本質が読み取れない人びとは、私の作品に危機を感じ、批判します。しかし今日のような物質社会では、私の作品が存続することは不可能なんです。

山本――多分建築は、これから、クリストさんがやっているようになっていくと思うんです。ですから、ますます〈あらかじめ説明すること〉が不可能になっていくようなことに、きっとなると思うんですね。クリストさんが直面している困難と同じ困難に出会うはずです。ですから、クリストさんは違うと言うけれども、僕はやはりクリストさんを、そういう意味で、建築の最先端をいく人、というふうに位置づけるつもりです。

クリスト――サンキュー。

ミセス・クリスト――本当に美しく、明確に言い表してくださったと思います。

（翻訳：太田佳代子）

日常の習慣化された風景のなかの異形
クリストとの対談に関しての多少のコメント

山本理顕

日常の習慣化された風景の中の異形というと、どうも異文化という言葉といっしょになってしまいそうなのだが、微妙に違う。

視点の違いと言ったらいいのだろうか、見る枠組みの違いと言うべきなのか、うまく言えないのだが、対談にも出てきた、‘VALLEYCURTAIN’の例が端的に示しているように思う。

‘VALLEYCURTAIN’というのは幅４００ｍ、高さ１１０ｍの巨大なオレンジ色のカーテンが、谷を真っ二つに分断しているプロジェクトである。谷に並行して走っている道路の通行の邪魔にならないように、トンネル状の穴が開いている。とにかく大きい。自然の渓谷の中に、突然、オレンジ色の柔らかい壁が立ち上がって、ここに渓谷がある！と叫んでいるようにさえ見える。オレンジ色のカーテンが、自然の意志のように見えるのである。

対談で、クリストのプロジェクトが自然というものを、風景というものを、解釈していると言ったのは、そうした意味においてである。

クリストが、その自然を特異なものとして認定したのである。ところが、その特異性は日常の慣習化された視線では、決して見ることができない特異性である。

もし、‘VALLEYCURTAIN’がなかったら、誰もその谷を見ないだろう。気がつきもしない。つまり‘VALLEYCURTAIN’が特異なのではなく、‘VALLEYCURTAIN’を見る視線が特異なのだ。特異な視線を強要されるところがあるように思うのである。だから、自然も含んだ風景全体が特異に見える。特異な視線と言うのは、実は〈視る〉〈凝視する〉という視線である。

ゴルファーが手前にいて、向こうに‘VALLEYCURTAIN’が見える風景の話が話題になった。これが、なんで笑える話なのか、ちょっと判りにくいのではないかと思うので訳を言うと、多分、視線の違いにあるのではないかと思う。

〈ゴルファーが手前にいて、向こうに‘VALLEYCURTAIN’が見える風景〉というのは、それを凝視する眼によって眺められている。でも、そこに登場しているゴルファーは、そうした風景に無頓着に見える。ただ、ゴルフに熱中していて、周囲の風景は単に漠然とした環境であるにすぎない。ゴルファーの側には、風景を凝視するという視線が全く欠落しているのである。それが、多分、日常性の視線なのだと思う。日常的な視線には、風景を眺める、凝視するという視線は、恐らくないのである。

〈ゴルファーが手前にいて、向こうに‘VALLEYCURTAIN’が見える風景〉を眺める眼は、そうしたことも含めて見ている。ゴルファーの日常的な視線、周辺の景観に無頓着な視線も含めて見ているのである。だから、ほら、ちょっと眼を上げて振り返ってみなさい。向こうに凄いものが見えるんだぜ、と、パターをもって下ばっかり見ているゴルファーたちに声をかけたくなってくる。つまり、風景を眺める視線というのは、言わば、日常の意識そのものを自覚する視線、覗き込むような視線でもあるわけである。

日常の視線と、それを超越した風景を眺める視線、‘VALLEYCURTAIN’の場合は、その落差が極めて大きいのである。この極限に近いまでの巨大な落差に意表をつかれて、それでおかしいんじゃないかと思う。とにかく奇妙な、笑える風景なのである。

この日常の中の異形という手法は、確かにクリストに固有のものである。でも、他にないかと言われると、ある。沢山ある。建築というのはもともと、そういうものだったのではないかと思うのだ。

例えば、アクロポリスの丘がアテネの都市の中にそびえたつ風景から、ミースの「フリードリッヒ通りのスカイスクレーパー」のコラージュまで、このクリスト的異形の風景を数え上げていったら、幾つも例を挙げることができるように思う。多分、優れた建築はすべてそうした側面をもっていたように思うのである。

原広司の〈ヤマト・インターナショナル〉の写真を見た。森があって、その森の向こうに朝日をあびて銀色に輝くギザギザの壁がある。森の手前の公園では、近所の若い母親たちが乳母車に乗せた子供を脇に置いて、話に夢中になっている。この構図はクリスト的異形の風景と、寸分違わない構図である。〈凝視する風景〉を建築がつくり出している。周辺のすべての風景を巻き込んで、ひとつの物語を見るような気分で眺めるのである。風景が意識を覚醒させているのだ。〈視る〉という意識である。

あるいは、篠原一男の〈東工大百年記念館〉の半円の筒が、木造の家が並ぶ商店街の向こうにぽっかりと浮かんでいるのを見たときも、同じように、物語を眺めているような気分を味わった。

こうした例は、建築を視る、風景を視る、という視線がいかに特異な視線かということを、逆に教えてくれている。日常の眼差しは風景を視ない。まして、建築なんて金輪際、視ない。

〝風景を切り取る〟と言ったことがある。建築には、風景を切り取る力があるのである。完結的な物語の一場面として、風景を切り取るのである。一つの建築が、周辺の見慣れた、既に見る対象にすらなっていない、つまり慣習化された環境を一瞬にして〈凝視する風景〉に変えるのである。周辺の風景を巻き添えにして、枠取りされた物語のある風景を構築する。その風景を視る。異形が風景をつくり上げるのである。

これは、コンテクスチュアリズムとは違う。建築に先だってその建築を誘導するような風景が、つまりコンテクストがあらかじめある、と考えるのは全くの錯覚である。建築が出来ることで、その建築を含むコンテクストの総体が決定的になるのであって、その逆ではない。建築が風景の枠組みを決めるのである。

日常的な風景の中の異形が、日常的な意識をねじ曲げて、〈視る〉〈凝視する〉という特異な視線を誘導する。風景というよりもただの環境として、ほとんど無自覚になっている意識を、攪乱し、覚醒させるのである。

だから、この覚醒した意識は、当然、無自覚な意識をもその裾野に入れている。風景を視る、凝視するということは、そういうことなのだと思うのである。あのゴルファーや乳母車の母親の意識だけではなく、その風景を視ている私自身の、無自覚な意識をも覗き込んでいるはずなのである。

1988

設計作業日誌77／88──私的建築計画学として

『建築文化』1988年8月号　特集─山本理顕的建築計画学77／88

「山川山荘」という小さな週末住宅と、ほかに三つほどの小住宅を『新建築』に発表したのが'78年の8月だから、今回発表する「HAMLET」までぴったり10年間ということになる。私としては、うん10年間か、うん、と少しは感慨深くなったり、納得したりしてみてもいいのだけれども、他の人にはなんの関係もない。知らないよ、という話だとは思う。ただ、私の方法というのは、方法というほど綿密なものじゃないけれども、いや、綿密じゃない分だけ、時代の枠組みのようなものに、割に素直に収まってしまうところがあるように思っている。何を考えてその計画をやっていたかというと、その考え方が、私にだけ固有のものと言うより、その時代だけがもっている固有の枠組みの中にぴったり収まっているといった感じなのである。今改めて見ると、そう思う。だとしたら、この10年間、私の頭の中を整理してみるのも、少しは意味があるというものである。そんなに大したものじゃない。大したものじゃないけど、あきれるほどの馬鹿でもないと思うから、この時代の水準のようなものが、逆に、浮かび出てくるんじゃないかと思っている。つまり、〈私小説的建築計画学〉なのである。

この特集号は、「山川山荘」から始まっている。が、実は、その前にもう一つ、洋服屋さんの小さいアトリエをつくった。とにかく、初めてのことばっかりで、何にも知らないままつくっちゃった建物である。だいたい、私は大学院を出たあと、すぐ原研究室に行って、そのまま、事務所だあ、と勝手に1人で始めてしまったものだから、実務経験が何にもない。恐ろしいことに、それで設計しちゃったのである。だから、このアトリエには断熱材が入っていない。知らなかったのである。壁とか屋根とかに、断熱材を入れるということすら知らなかった。他はおして知るべしで、幸い、このアトリエは取り壊されて今はない。断熱材が入っていないなんてことは論外だが、これだけでも、当時の私の建築観のようなものが判ろうというものである。実務経験なんて、と思っていた。そんなものいくら積んだところで、所詮、行き着くところは知れている。建築の中心的課題とは、無関係なものじゃないかという気分だった。建築は具体的なものとしてある以前に、まず、思考の対象としてあった。ちょうど原研究室の第1回目の集落調査から帰ってきたばっかり、ということもあって、平面図に表われるような空間の配列だと思っていたのである。どうも、私の頭の中では、徹底的に抽象化されていたらしいのである。

ちょっと自慢話をすると、プリミティブな住居の平面図を見れば、その住居がどんな集合の仕方をしているか、私はかなりの精度で当てることができる。どんな集落で、それがどんな秩序で出来上がっているかが判るのである。それほど、プリミティブな住居が厳密に出来ているということでもあるのだが、実は、その厳密さを計るにはちょっとしたテクニックが必要なのである。私たちの側の見方だけで見ようとすると、あるところから先、住居も集落も支離滅裂に見える。どんな秩序で出来ているのか、訳が判らなくなるのである。あるところ、というのは、私たちの住居との単純比較で理解できるところ、といった程度の意味である。ところが、これがなかなか抜けられない。どうしても用途で見る。空間の配列は用途によって決められる、という私たちの先入観を、なかなか超えられないのである。

それを超えたような気がしたのだ。

空間の配列を決めているのは、用途ではない。そういう、人びとの行為に単純に対応するような〈用途〉などといった概念では、決してない。それはすぐ判る。行ってみれば誰でも判る。だって、便所がない、風呂はもちろんない、時には台所もない。それは住居なのか、それとも、住居によく似た別の何ものかなのか。もし、住居だとしたらどこまでが1軒の家なのか。きっと誰だって混乱する。用途に応じた部屋の配列という見方で見るかぎり、住居は例外だらけなのである。

行為に対応した用途ではない。行為ではなく、行為の仕方のようなものなんじゃないかと考えたのである。行為の仕方というのは、つまり、立ち居振舞のことである。作法のようなものと言ってもいい。建築的空間というのは何よりもまず、この立ち居振舞のための道具立てとしてある、というわけである。

こう考えると、とたんに、プリミティブな住居や集落が判りやすくなる。あれほど例外だらけだったものが、あっという間に整理されちゃったのである。厳密さを見たと思った。用途の配列などではなく、振舞い方に応じ、振舞い方を指示するように配列されているのだ。空間の配列というのは、そういうことなのだ。私は、もう確信したのである。

そう考えると、いろいろと見えてくるものがある。戦後の日本の住居に対する考え方というのも、そうした振舞い方や作法という、制度が様式化して固着してしまったようなものを、一挙にかなぐり捨てた結果なのだなあ。でも、理念としては判るけど、論理としてはいかにも大雑肥だなあ、などということも判ってきた。つまり、用途によってではなく、制度によって空間が配列されているということを認めることなのだと思う。振舞い方は、配列された空間によって決定的に拘束されている。そういう意味での空間の配列なのである。だから、その空間の配列には徹底的にこだわった。プリミティブな住居だって、昔の住居だって、今の時代の住居だって基本的な図式はどこも変わらない。そして、その配列は平面図によって確認できるはずなのだ。それこそ、中心的な課題だと思い込んでいたのである。そこさえ表現できればいい。実務経験なんて、何だそんなものはって感じだった。

それと、もう一つ理由がある。当時の、というのは、'70年代の、私が雑誌で見ていいなと思う住宅はどれも、どこか不思議にあっけらかんとしたところがあった。図式を見るような感じなのである。図式というよりイメージの像を見る、と言ったほうが当たっているような気もするが、実際にその建築を体験するんじゃなくて、頭の中でイメージを組み立て、その組み立てられたものを見ているといった感じなのである。

例えば、ただの真っ白な空間だったり、斜めの壁が切断していたり、スリットだけで構成されていたり、階段だけが広々とした部屋にポンと置かれていたり、列柱だったり、シンメトリーだったりというように、像というのかゲシュタルトとして実に判りやすいのである。抽象的なのである。その抽象性を貫徹するためだったと思うのだが、白い壁はなんの見切材もなく天井と繋がっていたし、巾木もつけたくない気分だったんじゃないかと思う。全体として、ディテールが全くないのである。素材感もゼロ。スチレンペーパーでつくる模型みたいだった。

林昌二がさすがに、実務経験のない実物大模型製作者め、と罵倒していたから、実務経験があったって、考え方の訓練を積んでいなかったら同じことじゃないかと、蟻が象に噛みつくみたいに噛みつき返したりした。平面図という図、ゲシュタルトのような像、建築は何よりも抽象的な思考の対象であり、その結果だと思っていたものだから、実務経験のないことなど何とも思っていなかったのである。最初の経験ですっかり懲りたとは言っても、ひるむどころか、徹底して空間の配列だけに私は入れ込んでいった。

「山川山荘」は別荘である。つまり、初めから隔離された住居である。

空間の配列が制度とか集団の秩序とかいったものによって決定されるなら、あるいは逆でもいい、住居という空間の配列が、制度の再生産装置であるなら、その配列は恐らく二つの要因によって決定されている。家族という集団のその内側の秩序と、その外側にある秩序とは多分、別ものなのである。その二つの秩序の相互隔離装置が住居なのである。だとすれば、相互隔離装置が、うまく稼働するように空間の配列は決められているはずである。猛烈に単純化して言うと、そんなことになる。そう考えた。だから、はなから隔離された別荘のような建物は、既に住居として、つまり異なる秩序の相互隔離装置として働く必要が全くないように思えるのである。空間の配列の根拠がない。だから、どんなふうに並んでいてもいい。ただ、用途に応じた部屋だけがあればいいというわけである。

たまたま、施主の山川さんからは、広いテラスが欲しいという注文があったものだから、その広いテラスの上に、用途に応じた部屋をバランバランにぶん撒いちゃったのである。それを、大きな切妻屋根が覆っている。それもディテールを全部くるんじゃったような、何とも厚ぼったい不愛想な屋根で、である。平面図に対するこだわりだといい、不愛想なディテールといい、建築は具体的なものとしてあるまえに、やはり抽象的な思考対象としてあったんだと、今思っても、そう思う。

だいたい、この頃つくっていた建築はみんなそんな感じだった。「新藤邸」も「窪田邸」も「石井邸」も、空間の配列とゲシュタルトとしての像だけが重要だった。そのちょっと後につくった「山本邸」あたりまで、一気呵成に同じ方法でやり通してきた。ただ私自身としては、そうした方法が決定的な欠陥をもっていることを、どこかぼんやりとだけど自覚していた。形に関しては、全く無防備なのである。空間の配列に関しては、厳密さを多少は保ってきたような気もするし、平面図の読み方に関してもぐちゃぐちゃと駄文を書いてきた。でも、ゲシュタルト的な像に関しては、突然にやってくる感じなのである。何か手続きがあって像に近づいて行くというのではなく、ああでもないこうでもないと、ぐずぐず

山川山荘 1977

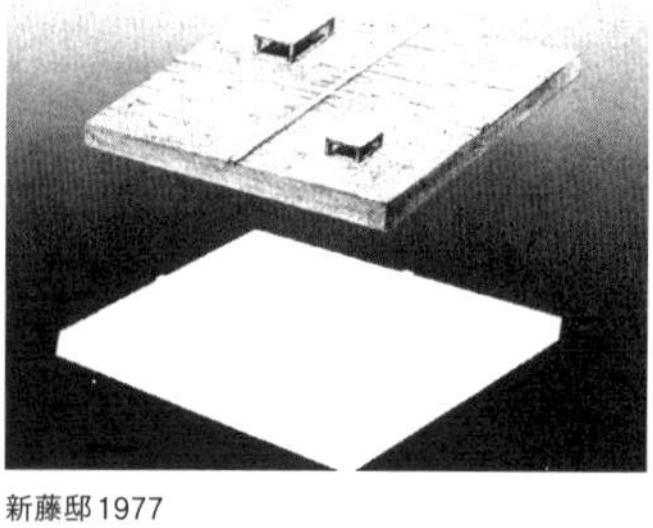

新藤邸 1977

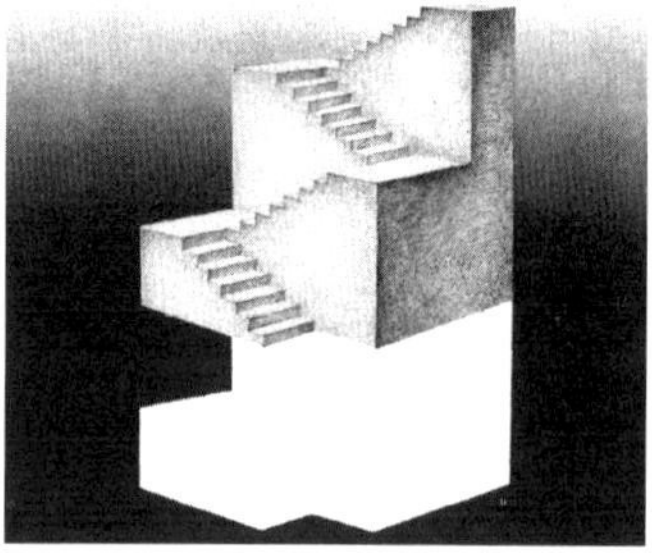

窪田邸 1978

やってるうちに、ある日突然、像を結ぶ感じなのである。

考えてみれば当たり前の話だ。制度に拘束された空間の配列などと言ってみたところで、それは、単に観察のための視点として有効であるにすぎない。考え方を整理するためにも、あるいは状況認識のためにも、私にとってはどんなに強力な武器であったとしても、像に近づく論理とは無縁であった。だから、形はいつもアドリブ的に決まった。

作品ごとに、素材も形もころころ変わった。あまりの一貫性のなさに呆れ返った渡辺豊和からは、精神分裂と罵られたり、あるいは、三宅理一からは、何で形の話から遠く隔たった話ばっかりするんだと問い詰められたり、こいつはまずいなあと、実のところ思っていたのである。

「表現の論理」と「観察の論理」とは全く別ものなのだと言いはっていたのだけれども、そうした言い訳がすでに手の施しようもないほど破綻しているのが、実感として判っていたからである。

「勢能邸」という2世代住居をつくった。竣工したのが'81年だから、7年ほど前の作品である。一気呵成の「山本邸」までのちょっと後で、これほどの規模の建築は初めてだったから、張りきった。2世代住居の空間構成に関しても、自信があった。うまくいくはずだった。事実、途中まではうまくいっていたのだ。いいぞいいぞと、思っていた。空間の配列も、これはぴったり理論どうり、形に関しても、まあ結構判りやすい像を結んでいるじゃないか。真ん中の鉄砲階段が切妻屋根の中心を通って、建物全体を真っ二つに切断しているような形だった。うまく出来た。完成するまで、私は疑いもしなかった。

ところがなのである。『新建築』で撮って貰った写真を見て、愕然とした。

模型でも確認した。スケッチも書いた。それでも、どうしても読みきれなかったのである。素材感覚がまるでなってない。真ん中の鉄砲階段も、模型のスケールでは確かに判りやすくて、それなりに様になっているように思えたのだが、実際に出来てみると、全面道路の引きがないためもあって、壁に挟まれたただの階段なのである。少なくとも写真で見るとそう見える。せっかく撮った写真を編集長の石堂さんに頼み込んで、ボツにしてもらった。

一つだけ判ったことがあった。イメージとしての像はアドリブでいい。思い着きでもいい。自由自在に飛べばいい。ただ、その像がどんなにリアルに見えたって、所詮は頭の中で構築する像なのだ。模型になっても、スケッチをいくら書いたって、それが、頭の中の像を補完する強力な武器ではあっても、ただそれだけのものでしかないのである。そんな、誰でもはなから判っているだろうことがようやく判った。

イメージとしての像が現実の建築になるためには、とんでもない距離を飛び越えなくてはならないらしいのである。ずるずる地続きではないらしいのだ。当たり前じゃないか馬鹿、と言われそうなのだが、でも、当時の気分のようなものを思い出してみると、私だけじゃなくてみんながそれぞれのやり方で気がついたんじゃないだろうか。多分、その頃である。微妙に変わってきたと思う。誰ももう素材感のかけらもない抽象的なイメージとしての像を、ストレートに現実の建築に移行させるような真似はしなくなっていたようなのだ。抽象的な像、ゲシュタルトではなく、素材や架構や工法が少しずつだけれども、よく見えるようになってきたのである。'80年から'82年頃にかけての話だと思う。

参ったなあ、と思っていた。「勢能邸」で多少は自覚したとは言え、すべてが明瞭になったわけでもない。ただ、直感的に架構が重要だと考えていたと思う。理由は単純で、今までちゃんと考えていなかったんじゃないかということこの頃の全体の気分のようなものもあったと思う。「藤井邸」では、とにかく架構のことばっかり思い詰めていた。最もシンプルな架構法を、図式化された空間の配列の上に被せる、それだけ考えた。

「藤井邸」は歯科医院との兼用住居である。その歯科医院部分をRCでつくって、その上に鉄骨造の軽い架構を載せる。結局、鉄骨造はお金の都合で木造に変わってしまったけれども、素材に関しては、まあその程度の認識しかなかった。どっちだってよかったのである。軽い架構だけにこだわった。いや、それすら怪しい。軽さにこだわったかどうか、今はちょっと記憶がおぼろげではっきりしないのだが、RC部分とその上の架構の関係は、むしろアクロポリスの丘とその上のパルテノン神殿の関係、たかが住宅に大げさなって感じだけれども、像について考える場合は自由自在でいいのだ。つ

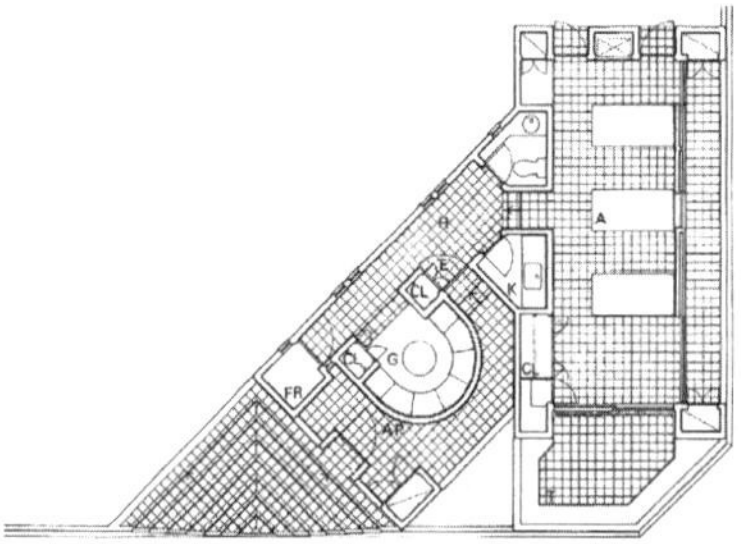

洋服屋さんの小さいアトリエ1975
（Mさんのゲスト・ハウス）

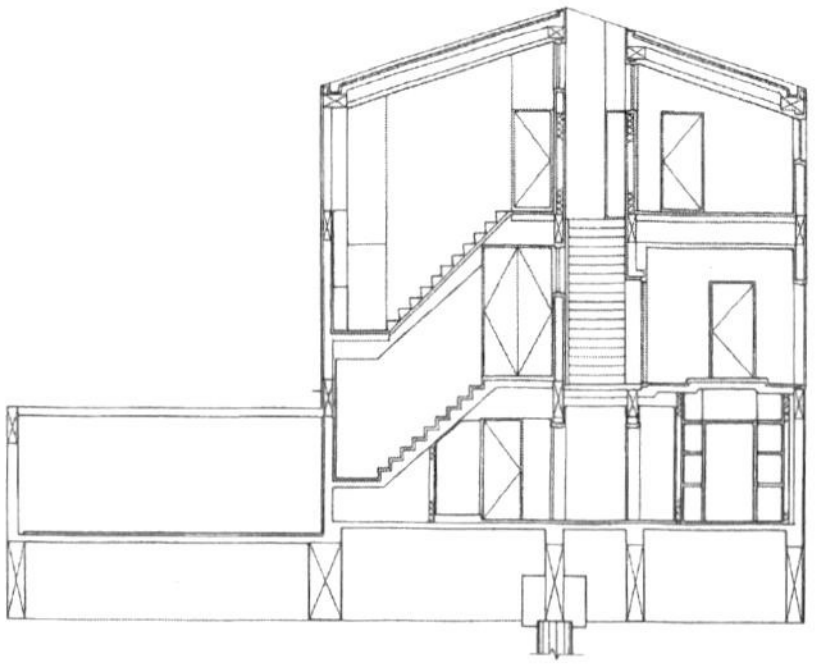

勢能邸1981

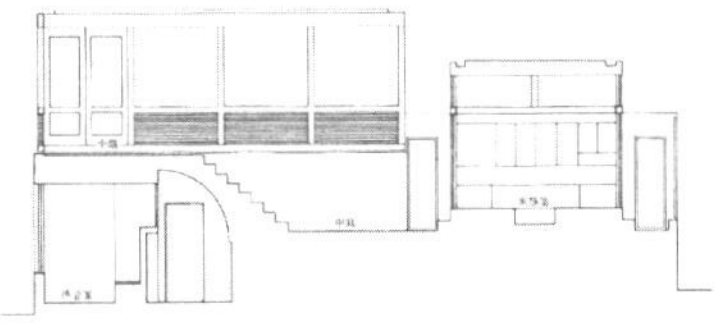

藤井邸1982

石井邸1978

まり、自然の地形の上に載った人工的な架構のイメージだったように思う。

　途中経過はどうでもいい。実は、この藤井邸が出来上がって、一つだけ、あれ、と思ったことがあった。考えられるかぎり単純な架構を、と思ってつくったものが、どういうわけか和風に見えるのである。別に瓦屋根があるわけでもないし、障子があるわけでもない。それでも和風に見える。単純な木造のフレームだけで和風に見えるのである。何か、今までのわだかまりのようなものが、一気に解けたような気がしたのである。

　そのときの気分を、次のように書いたことがある。「和風に見えるのは、ただ、この木造フレームだけによっているはずである。木造の柱梁構造、ただそれだけで和風の喩になっているらしいのである。

　もっと言ってしまえば、木という素材によっているのだと思うのである。

　例えば、木という素材による架構法をちょっと思い浮かべてみる。なにも柱梁構造に限らない。校倉のような組積造もあれば、トラス構造もある。あるいはパネルによる壁構造だって考えられる。こうしたさまざまな構法の中でも、柱梁構造だけが特別な位置を占めていると考えるのは、私だけではないと思う。木造と柱梁構造とは、どこかストレートに結びつくところがあるように思えるのである。これは決して、木という素材の力学的な特性によっているわけではない。

木造がストレートに柱梁構造に結びつくのは、木の性能によるのではなく、私たちの〈記憶〉によっているのではないかと、私としては言いたいのである。木という素材が担ってきた歴史性によっているのではないかということである。

　木という素材に埋め込まれた〈記憶〉がある。それを歴史性と呼んだのだが、その歴史性が、柱梁構造を特別な架構法として選ばせているのである。つまり、木という素材に対する、歴史的に積み重ねてきた解釈の結果が、柱梁構造なのである。私たちが長い時間をかけて育んできた、木という素材に対する解釈、それが、いわば素材感覚というものなのである。

　だから、「藤井邸」の架構が、全く抽象的な木造のフレームでありたいと思っても、木造と柱梁構造との組合せそのものが、ほとんど直喩のように〝和風〟を思い起こさせるのである。木造に埋め込まれた私たちの〈記憶〉を、柱梁という架構法が強く刺激するからである。素材には技術という記憶が埋め込まれているのである。」（『現代建築―空間と方法』）

何だか、当たり前の話をしていて気が引けるのだが、ただ私にとっては、これは重要なことだった。今までの、どこか繋がらないでいた糸が、ぴったり繋がったような感じだったのである。

何が繋がったかというと、観察することと表現すること、これはどうしようもないほど無関係じゃないかと思っていたものが、どこかで繋げられそうな気がしてきたのである。「表現の論理」と「観察の論理」とは全く別ものなのだ、などと逃げまくらないで、どこかに接点を見つけられるんじゃないか。素材というものの解釈が、「表現」に接近するための切り口になりそうに思えたのである。

だいたい、表現について何か語ることを躊躇するのは、それが単に私個人の思い入れの羅列とどう違うのか、違うという保証はどこにあるのか、それがよく判らなかったからなのである。ただ、その1点によっている。

私の表現に対する思い入れは、どんなかたちで〃私〃を超えることができるのか。多少でも普遍性を獲得しえる可能性があるものなのか、あるいは〃私〃の内部だけに封じ込められるものなのか。表現に対する語り口は〃私〃にのみ固有の思い入れつまり〃私〃の固有性をどう超えることができるのか。その部分を突破しないかぎり、どんな表現に対する語り口も〃私〃以外の人びとには、全く効力をもたないと思えるからなのである。つまり、私の表現はどう共感されるのか。その仕組みは、どうなっているのか。

そこを明瞭にしないかぎり、表現については何も語りえないはずなのである。

その手掛かりが、素材であるような気がしたのである。力学的な性能をもった単なる手段としての素材でなく、〃技術という記憶が埋め込まれた素材〃である。

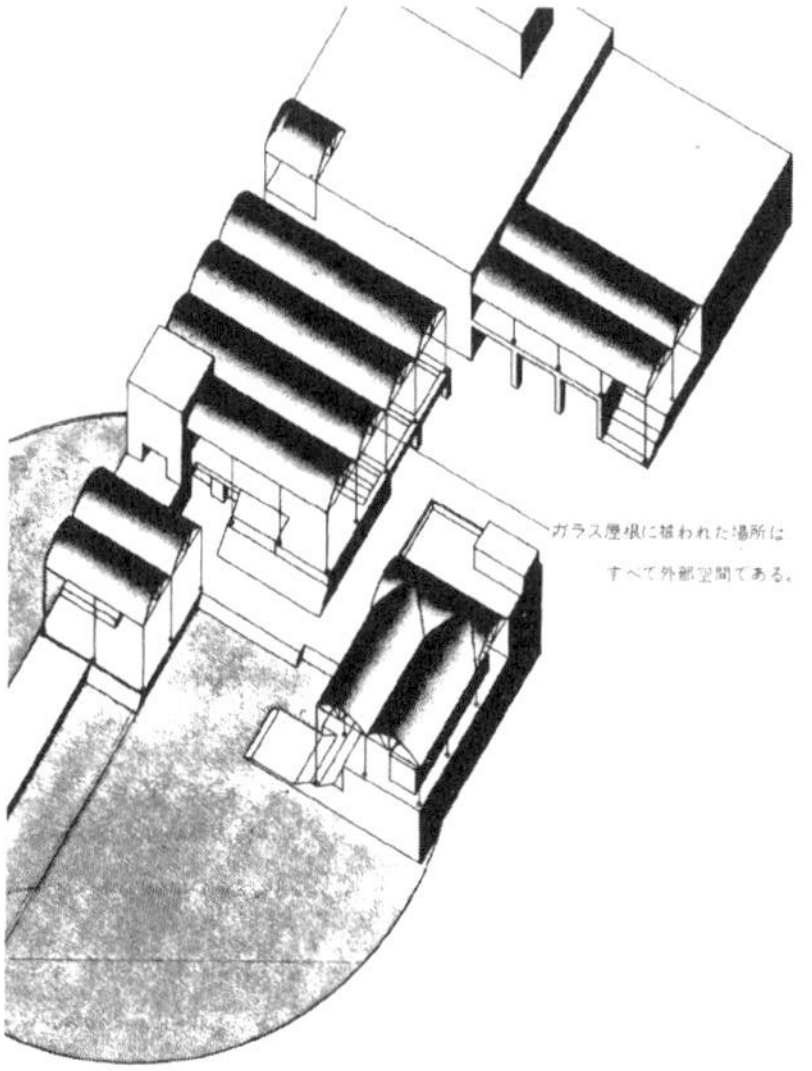

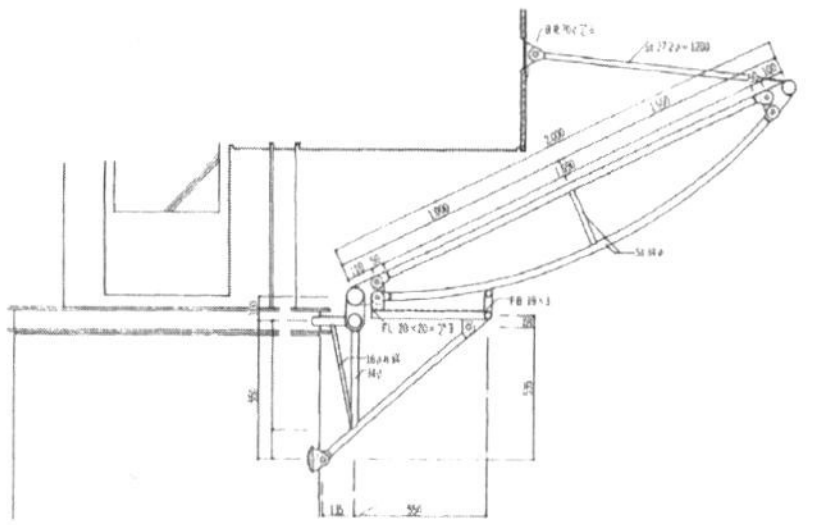

駒ヶ根市文化公園公開設計競技応募案　1984
フジヰ画廊モダーン1987

素材に埋め込まれた記憶は、一つの表現様式の記憶である。そして、それは共有された記憶であり、あらかじめ共感された表現様式である。その総体を、素材感というように呼ぶのだと思うのである。

私だけの思いつき、あるいは思い入れのようなものが、なぜ他の人びとにも共感されるのか。手掛かりはここにあるはずである。誤解を恐れずに言ってしまえば、〝私〟の表現はあらかじめ共感された、つまり肯定的に組み上げられた記憶としての表現様式との距離の取り方で決断されるのではないだろうか。木造であるとすれば、柱梁構造の架構という、共有された記憶との密着の仕方に、何かしら始末をつけようとするかたちで、〝私〟の表現は決断されるのではないかと思う。そう思えるのである。

もし、そうだとすれば、〝私〟の表現は〝私〟にのみ固有の、〝私〟にのみ内在する感性だけによって呼び起こされるのではなくて、共有された記憶＝歴史性に係わることで、すでに〝私〟以外の他者の感性に係わることが前提されている。それは〝私〟の感性であると同時に、他者と共有する〝記憶された感性〟である。

今のところ、これ以上のことは何も判っていないのだけれども、「藤井邸」の単純素朴木造フレームが、あっというまに和風に変身したのを実感したおかげで、少なくとも素材に関しては、少しは気を配るようになった。ただ、それも怪しいもので、このすぐ後に手掛けた「新倉邸」「佐藤邸」などを見ると、素材に関してもどこかふらふらしているところがあるから気を配ると言ったって、今こうして整理しているほどに明瞭になっていたわけではない。ただ、ちょっと気になってきた、という程度の話である。

素材という話とは全然違う話なのだが、「新倉邸」と「佐藤邸」はちょっと面白い対比になっている。ほぼ同じ時期に計画を進めていたこともあって、実はどこか似たようなところがある建築だと思っていた。家族構成は違うけれども、スケールもコンクリートの素材も、あるいは分棟式の部屋の配置もよく似ている。「佐藤邸」は居間と寝室の上に、子供部屋と書斎が分棟してポンと置かれているような構成で、「新倉邸」も子供部屋が母屋から切り離されている。似ているのだけれども、一つだけ違っているところがあった。

「新倉邸」には、分棟している各部屋を覆うように巨大な屋根が架かっているのに対して、「佐藤邸」は裸だった。正に裸というのが当たっている。屋根があるかないかだけで、「佐藤邸」のほうはどうもピタッとした感じにならないのである。多分、全体の構成だけを比較したら「佐藤邸」のほうが、はるかに厳密に出来ている。施主の佐藤さんが比較文化の研究者で、平面図でものを考える専門家みたいな人だったせいもあって、空間の配列に関してはほとんど徹底的に話し合った。1階の基壇の上に、子供部屋と書斎そしておばあさんの部屋が分棟して配置されている形も、ゲシュッタルトとして実に明快だと思う。

ところが、大屋根が被っているのとそうでないのとは、建築の見え方がまるで違って見える。屋根があるほうが、はるかに秩序だって見えるのである。その屋根の下の構成が明快かどうかとは無関係に、屋根の力だけで秩序らしきものを感じさせるらしいのである。

大きい屋根を分棟した諸部屋の上に被せるという手法は、今までにも「山川山荘」や「山本邸」でやってはきたけれども、秩序立てるなんていう自覚はあまりなかった。単にシェルターとしてしか、考えていなかったように思う。不思議な力があるんだなあと、気がついたのは、やはりこの「新倉邸」が最初だったんじゃないかと思う。

屋根に関しては、「駒ヶ根」のコンペで派手に使った。諸施設は、ぼこぼこ丘のように敷地一帯にふり撒いて、その丘のような諸施設の上に、諸施設とは無関係に透明な薄いヴォールト屋根の繰り返しが漂っているような案だった。こうしたやり方はこのときが初めてだったのだが、これが実に具合がいい。

まず、丘に当たる部分は、人が施設の上の方までどんどん登っていけるようにつくる。こうすると、ただ地形のようにつくっていけばいいわけだから、あまりデザイン、デザインとやらなくてもすむ。空間の配列だけを明瞭にすればいいのである。こういうのは、私は割にうまくやれる。屋根に関しても同じで、こっ

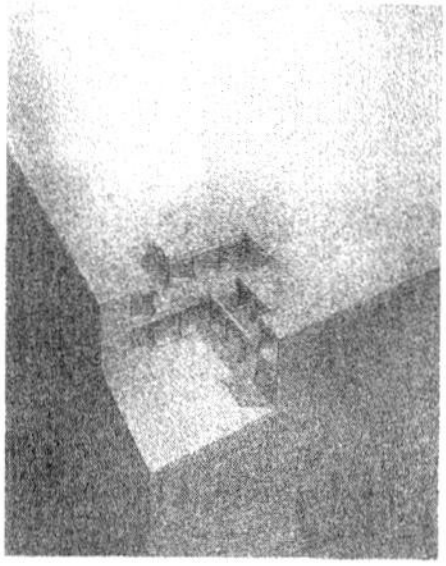
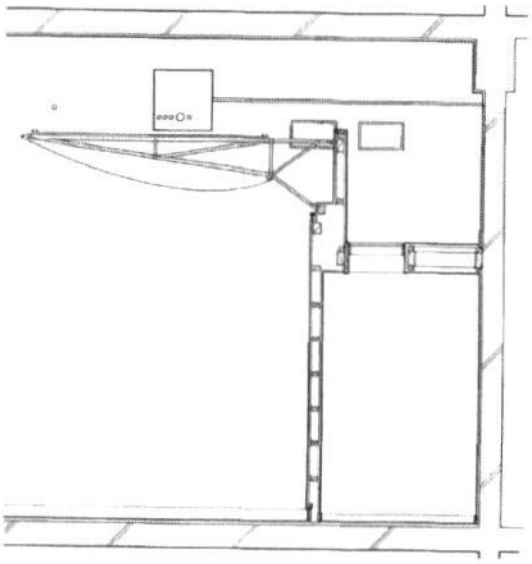
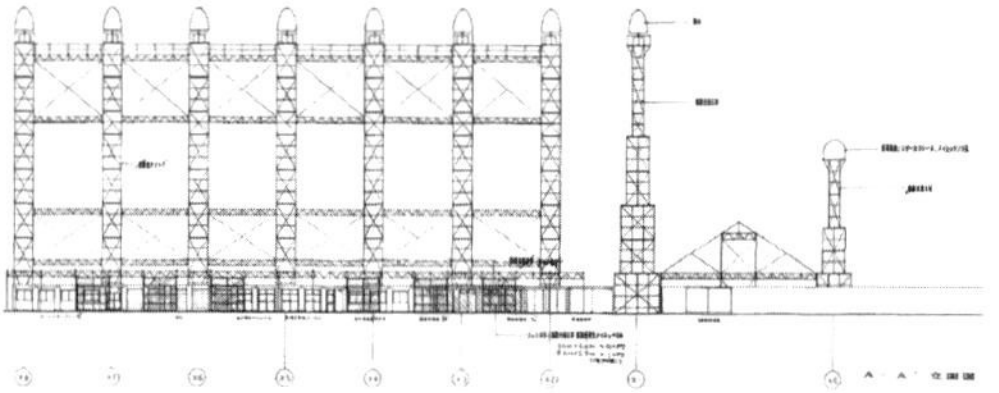

佐藤邸1983
新倉邸1983　ESSESギャラリー1984
横浜博覧会Bブロック協会施設計画1988

ちは機能とは全く関係がないから、ただふわふわつくってやる。建築のデザインが機能から全く切り離されたような気分で、私はこれにすっかり味をしめちゃったのである。この「駒ヶ根」以来、いろいろな意味で肩の荷が降りたような、ちょっと気楽な気分になった。拘束しているものを払拭したと言うより、それをとりあえず棚上げにする方法を見つけたって感じではあるけれども、厳密な空間の配列と、その厳密さに見合うような像を、という脅迫からは、つまり抽象的な図像の脅迫からは、ほんの少し抜け出せたような気分だったのである。

まず、地形とそれと無関係な屋根の組合せ。屋根が機能から全く解放されているのがいい。屋根自体に空間を秩序づける力があるのが判っているから、時に、下の地形と関係づけて空間の配列を補完するようにつくることもできるし、あるいは全く無関係につくることもできる。操作が自在なのだ。それと、屋根を支える支柱を鉄骨造でやると、これがまた自由な素材なのである。自由というのは、石とか木造とかに比べて自由だという意味である。つまり、記憶の層が浅いような気がするのである。例えば、木に対する素材感には、さっき和風についてしゃべったように、今までの私たちの歴史のすべてが付着している。深い記憶と共にあるはずなのである。石だってそうだ。西欧の長い歴史、深い記憶から自由であるはずがない。私はコンクリートでつくるときですら、どうも石の記憶が気になってしかたがないくらいなのである。

鉄には記憶がない。ないと言うと言いすぎだけども、少なくとも記憶の層が浅い。たかだか、100年ちょっとの記憶しかないのである。だから、鉄骨にたいする記憶は常に固有名詞と一緒にある。ミースの解釈した鉄骨であり、デュックの解釈した鉄骨である。木造と和風が深く結びつくように、鉄骨一般と鉄骨の架構とが一対一で結びつくような、そんな記憶があるわけではないのである。つまり、自由だという意味は、私の素材解釈が歴史に脅迫されないといった感じなのである。

この「駒ヶ根」の後から、私の方法は、それまでに比べれば、少しは一貫したところが出てきたんじゃないかと思う。

最初に鉄骨の軽いヴォールト屋根のモチーフを使ったのは、「ESSESギャラリー」というインテリアの仕事だった。スチールパイプの太さがどんな見えがかりになるのか、さっぱり判らなくて、ちょっと参った。細くしすぎて、あんまり迫力がない。この軽いヴォールト屋根をそのまま使ったのが、「小俣邸」である。ポリカーボネイトの屋根は建物に密着しすぎて、ただのテラスの雨除けにしか見えない。屋根がその下にある空間を秩序づけるなんて、そんな見え方がまだ十分じゃないのである。鉄骨のディテールだけがちゃらちゃらしていて、こっちももう一つ自覚がないものだから、〃気楽な気分〃だけがやけに目につく、ちょっと軽薄建築になった。屋根の下は、気のきいた物干場程度がいいとこである。そんなものにしか見えない。

だから、実際の建築で屋根が機能から切り離されて、ただ空中に浮かんでいるような見えがかりになったのは、「GAZEBO」からである。そして面白いことに、ただ機能から切り離されるというたったそれだけのことで、途端に屋根が違うものに見えてくる。むしろ、意味ありげに見えるのである。その下にある空間との関係が、逆によく見えてくるような感じなのである。屋根というただの覆いが、それだけで空間を秩序立てる力がある、というのは確かなことらしいのだ。秩序というのは、単純に、その屋根の下の空間を〃一つのもの〃としてまとめ上げている、といった程度の意味である。その屋根の下に、どんなにばらんばらんに無関係な機能が詰め込まれていても、あるいはさまざまな形が散在していても、それらを一挙に秩序立てて〃一つのもの〃にまとめ上げてしまう。たった一つの屋根という覆いが、である。

機能とは全く関係のない、覆い〈屋根〉だけをつくった。「ROTUNDA」の屋根は「GAZEBO」よりも、もっと遙かに高いところに舞い上がっていって、秩序だけを指示する一種の指示装置のように、ついになってしまった。

この機能から離れるって気分は、何も屋根だけじゃなくて、何だっていい。もともと私にはそういう、ちょっとずれたところがあるらしくて、昔やった沖縄の名護のコンペでは、実際の施設は全

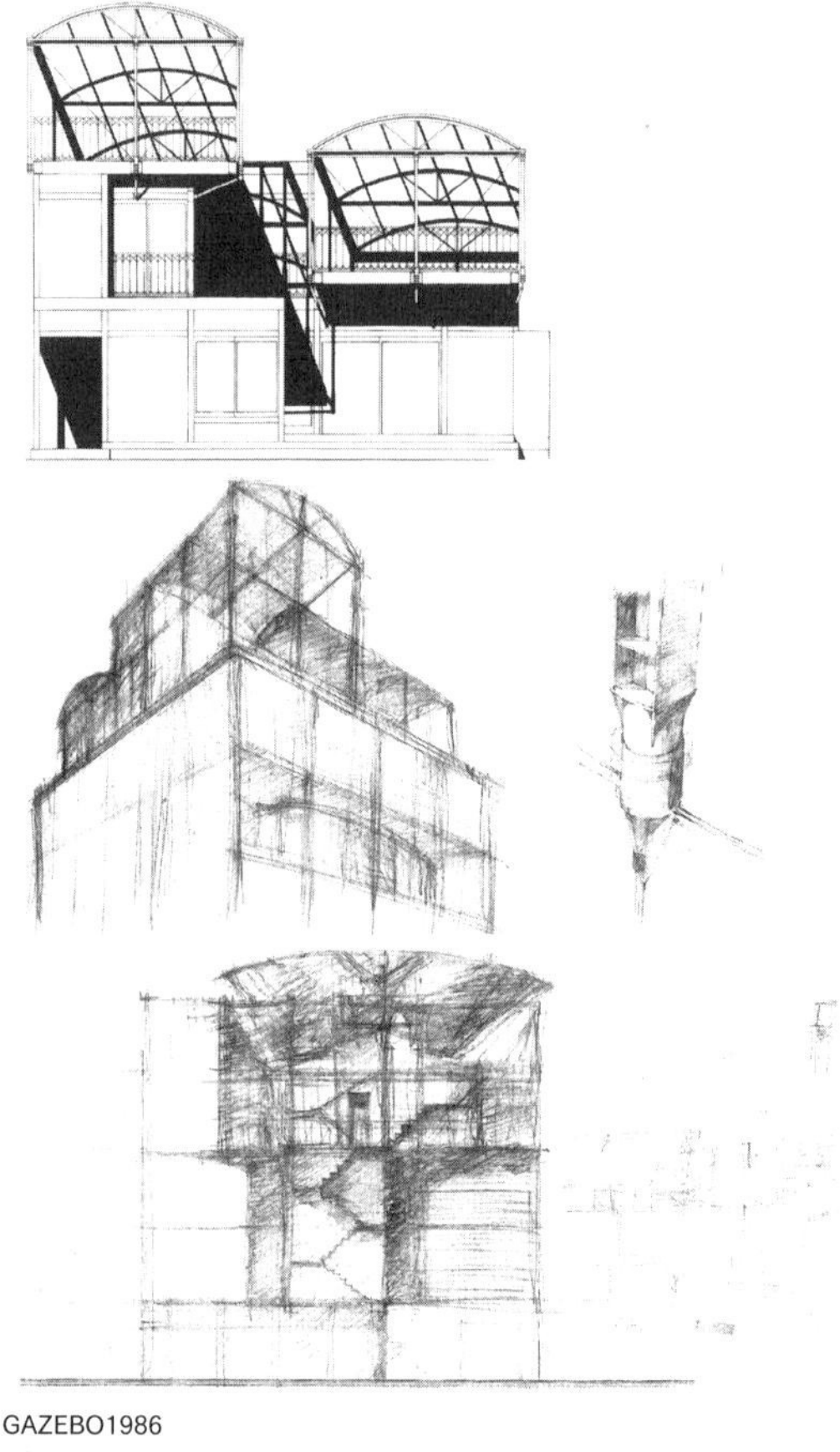

GAZEBO1986
ROTUNDA1987

部、地中に埋めて、地上にはトップライトだけが見えている。薄い壁のように見えるトップライトのデザインだけ頑張ればいいってな感じのやり方で、建築そのもののデザインはとにかく逃げる。建築じゃなくて、違うことをやっているような気分なのである。

「フジヰ画廊モダーン」の、直接、画廊とは何の関係もないベンチも、「マルフジ小作店」のメッシュの天蓋も、あるいは「横浜博覧会」の42本の塔も、機能からは全く解放されている。シェルターとしての建築、機能に応じる建築、こういう建築からはずんずんと離れていくような感じがして、これが一体どういうことなのか、自分でも良く整理できていないままにやっているようなとこがある。

クリストとの対談の解題にも書いた〈異形〉ということなのかな、と思う。〝視る〟という特異な視線を獲得するための、〈異形〉である。でも、それだってもう一つの秩序だという話もある。

〝視る〟という視線が、そもそも秩序を前提としている。ある秩序の中でしか、〝視る〟という視線は成り立たないはずなのだ。視るという視線は、何ものかを判断しようとする視線である。そして、何ものかは、ある秩序をもった構図の中でしか判断しえないはずなのである。

〝視る〟という視線が構図をつくる。秩序をつくるのである。機能やシェルターとして建築を視る。というのもひとつの構図、秩序を前提としている。機能としてあるいは、シェルターとして、世界は秩序づけられているという構図があらかじめあるはずなのだ。逆に言ったほうがいい。世界は機能によって、あるいはシェルターによって秩序づけられていると いう構図を、機能やシェルターとして建築を視るという視線がつくり出してきたのである。

そう思う。だから、〈異形〉とか何とか言ったところで、所詮は、秩序をもった構図に拘束されている。違う構図の中の、建築を見たいと思っているに過ぎないのだ。

そんなものだと、思いながらやっている。だから、今回の「HAMLET」も、まあ、そんなもの、である。

そんなものなんだけれども、こっちも少しは〈屋根〉の効果なり、鉄骨の納まりなり、扱い方が判ってきた。屋根にしろ鉄骨にしろ、だんだん規模が大きくなってはさても、三度目である。三度やれば馬鹿でも判る。それと、ここに住む人たちの住み方が、今や、極めて特異だと言っていいような住み方で、この特異な住み方に依存して、空間の配列が決められている。彼らの住み方を明瞭にするだけで、それだけで空間の配列がほとんど自動的に決められたような感じなのである。特異だというのは、要するに大家族的な住み方なのである。両親とすでに世帯をもっている子供たちが同居する住居である。

ただ、私に言わせれば、今の核家族的

な住み方のほうが遙かに特異で、いろいろと猥雑な理念だとか倫理感だとかが付着している分だけ、モデル的に解読するのが難しい。こっちのほうが、図式のレベルでは、むしろ解読するのが簡単なのである。それに、こんな類の住居ばっかり、世界中まわって見ていた時期があったものだから、こういうのは、私は割りに得意なのだ。

4世帯の住居は、一応、各層で分割されている。1階には、それぞれ、独立住居のように分棟している両親の世帯と次男の世帯がある。2階が長女の世帯、3階4階が長男の世帯である。ただ、子供部屋だけは、各層に属してはいても、それぞれの家族とは離れて配置されている。長男家族の子供部屋と長女家族の子供部屋とが独立して、そして上下に積み重なって、子供部屋塔のようなものをつくっているのである。

つまり、各層で見ると、4つの世帯に厳密に別れているのだけれど、道路の入り口方向から見ると、まず、サロンと呼んでいる共有の場所と共有のテラスがある。4世帯共有の居間みたいなものである。その奥に子供部屋塔、これもみんなの子供部屋塔のように見える。そして、そのまた奥へ行くと、ここで初めて各世帯の家族室や寝室に別れているといった構成になっているのである。要するに、入口から奥へという方向で見ると、一つの大家族住居のように見え、各層で見ると4世帯の集合住居のように見える、という実に微妙な構成になっているのである。

この微妙な空間の配列を、〈屋根〉が一挙に秩序づけているのである。この屋

HAMLET淤見邸　1988

根のために、屋根の下のすべての空きも隙間も、浮遊しているような箱も、地形のような居住部分も、すべてが関連しているように見えるのではないかと思う。微妙な空間の配列を〝一つの建築〟にしているのは、ただ、ひとえに、この〈屋根〉の効力によってなのである。

「GAZEBO」からこの「HAMLET」まで、似たような素材、似たようなやり方をやって、少しはこつのようなものが判った気もする。ゲシュタルトとしての像から、なまなましい建築のところへ飛び越える、その飛び方のこつである。誰だって知っていることを、今頃になって知ったという感じで、どうも、いつも人より50歩ぐらい遅れる。

「HAMLET」を見ても、こつが判ったにしては、まだ多少図式的なのだ。

50歩ぐらい遅れるのも、まだどこか図式的なのも、最低限、自分じゃ良く判っている。でも、最低限、自分で考えてきたという自負も少しある。そのために図式的になるなら、それに遅れるのが50歩程度ですむなら、これからも多分、自前の論理でやりくりしていくんじゃないかと思う。

1989

建築非映像論

『新建築』1989年6月号

映像的建築

建築の専門誌が正確にいくつくらいあって、それがどう読まれているのか詳しいことは知らない。でも、今、こうしたメディアの中でどう建築が眺められているのかというあたりは、わりに簡単に推測がつきそうに思うのである。

たとえば『新建築』だけで月々15前後のプロジェクトが掲載されている。『住宅特集』には20近いプロジェクトが掲載されているから、毎月、これだけで35前後もプロジェクトを見せられていることになるわけである。まだ他にも専門誌はいくつもある。いや、今や、専門誌だけではなくて、建築は新聞にも婦人雑誌にもカタログ雑誌にもファッション雑誌にも、もうまったく平気で取り上げられる。それも、専門誌との取り上げ方の差などほとんどないのである。要するに、専門誌以外の雑誌にも実に〈専門的〉に取り上げられるのである。

この大量の、そして、専門雑誌からファッション雑誌まできれいさっぱり平準化されたメディアの中の建築を、私たちはどう見ようとしているのか。何を見ているのか。何を判断しようとしているのだろうか。

実際、これだけ膨大な数の建築を月々眺めるだけでかなりの労力を必要とする。だいたい全部なんか見ていられないと思う。隅々まで目を通すなんてこともない。ぱらぱらと眺める。これだけ膨大な数の建築が毎月、メディアの中を流れているのである。眺めるほうも、それなりの見方を手に入れないと、とてもじゃないがこなしきれない。だからぱらぱらと見る。さらりと目を通して、どこか引っ掛かりそうに見えるものだけ、もう一度見る。もう一度見て、それも一瞬のうちに納得するような見方を手に入れているはずなのである。

この膨大なメディアの中の建築がどう眺められているかという問いは、だから、ぱらぱらと見て引っ掛かるというのは何が引っ掛かるのか、それを見て一瞬のうちに納得するというのは何を納得しているのかという問いでもあると思う。

まず、単純に、どこかで見たような形に引っ掛かる。デコンストラクティビズム風、ＡＡスクール風、グレイヴス風、伊東風、安藤風、高松風、日建風、竹中風、ライト風、古典建築風、あるいは、ストラクチャーや形の構成の原理が明快なもの、すでに見慣れたものが引っ掛かる。要するに、何かのようだという眼で見ているのである。あるいは、何かのようであることを期待している眼で見ているのである。その期待に応えるものが引っ掛かる。

　だから逆にいうと、納得するというのは〈何かのようだ〉というように見えるときに、その〈何ものか〉と当の建築との微差を見て納得するのである。あるいは、当の建築の出自を知って納得するのである。

　雑誌を眺める視点、ということは納得する側の視点が、もし、そういう微差であり出自であるなら、建築を「作品」として雑誌に掲載しようとする側にとっても、その微差と出自こそが最大の関心事になるはずである。少なくとも、読み手の期待とどこかで交差しようとする意識が働いていることだけは確かなことだと思う。もちろん、多少のニュアンスの違いはある。見る側にとっては〈何ものかと同じ〉という見方が、つくる側からは〈何ものかとの違い〉として説明されるはずだし、何が出典かを確認できるということは、掲載する側からは、その作品の出自の正統さとして説明される。こうしたニュアンスの違いはあるけれども、基本的には同じ構図の中で同じ視角を共有しているはずなのである。見る側の見方と雑誌に掲載する側の説明の手口とは根本のところではぴったり重なっているように思うのである。

　考えてみれば当り前の話で、建築は今や明らかに「作品」として、メディアの内側にある。メディアの中を流れる「作品」として私たちの視覚の対象になっている。つまり、乱暴にいい切ってしまえば、建築はメディアの中にあって初めて「作品」として対象化される資格を手に入れるのである。それがどんな建築であったとしても、最低限、いったんメディアの中を通過して、そこで説明のチャンスを与えられない限り「作品」たり得ないという構図がおそらくでき上がっているのである。だから、当然、その説明の手口も読み手の期待に応えるようなものでこそあるはずなのである。

　だから、ぱらぱらと見るのは「作品」を見ている。そしてここでは〈何ものかのようだ〉〈何が出自か〉という見方こそその「作品」のもっとも中心的部分を見ようとする見方なのである。〈何ものかのようだ〉〈何が出自か〉ということを指摘することがその建築の中心部分を指摘することであり、理解することである。メディアの中の作品を見るということは、そういう構図を共有しているということなのである。

　これを偏見と呼んでもいい。こういう

偏見で雑誌の中の「作品」を見ている。そして、この偏見はどうやらこうした膨大な量のメディアと関係があるらしいのである。この膨大な量のメディアの中でつくりあげられた偏見にちょうど見合うように「作品」は説明され、そしてつくられている。

　これを偏見と呼んで始末してしまうのは確かに簡単なことだと思う。でも、この偏見、この〈何ものかのようだ〉という目で建築を見る見方というのは、一方で大変な可能性を切り開いたともいえると思うのである。

　つまり、〈何ものかのようだ〉という見方は、視覚だけがほとんど異常といっていいほどに肥大化した見方ではないかと思う。あらゆる見方の中で視覚が決定的に優位なのである。使い勝手とか、性能とか、効率とか、かつて優位だった建築の見方と比較してみるといい。かつての偏見と比較してみるといい。今の私たちの建築の見方がいかに視覚的かが分かるはずである。それも、繰り返すけれども、雑誌というメディアの中で獲得された視覚の優位性である。つまり、雑誌というメディアを通して映像化された建築に対する視覚である。

　視覚に対するこの圧倒的な優位性が、ただ一方的にメディアによってのみ、つくり出されたというつもりはない。むしろ、建築のほうが映像的に説明されるようになったからこそ、これだけ膨大なメディアの中を流れてゆくことができるのだともいえるのである。

　いずれにしても、建築はきわめて映像的にメディアの中を流れている。ほとんど映像そのものとして扱われている。映像だからこそ、専門誌からファッション雑誌まで、まったく平準化された同一の語り口で語ることができるようになっているわけである。

　だから、〈何ものかのようだ〉という見方が、すでにしてきわめて映像的な見方である。「単に撮ること、単に見ることはもはや不可能だ。すべては既に撮られ見られた。あと可能なのは引用のコラージュばかり(1)」というこの映像そのものの構図と建築を見る構図とは、寸分変わらないものにすでになっている。映像そのものが〈何ものかのようだ〉という断片のコラージュによってでき上がっているのだとしたら、つまり、もはや不可避的に、すでに撮られたもの、すでに見られたもののコラージュでしかないのだとしたら、視覚だけが極限にまで肥大化した建築に対する見方もまた、まったく同じ構図を引き受けざるを得ないのである。肥大化した視覚は映像的に獲得されたものなのである。映像そのものがもっている属性や構図から自由になれるはずはないではないか。

　すでにつくられ、すでに見られたもののコラージュが建築なのである。

　かくして、建築は映像的である。映像的に解読される。メディアの中の建築だけではなく、実際に目の前にある建築ですら、メディアの中の建築のように解読され、メディアの中の建築と比較される。「写真よりいいじゃないか」「写真のほうがいいぜ、これは」なのである。あるいは、建築そのものが映像的につくられる。たとえば、最近のインテリアデザインのいくつかのものを思い出してみるといい。ほとんどプロジェクターで映し出されたような風情ではないか。たまたま、今そこに、ある物語の風景がプロジェクターで映し出されているだけで、明日になったら別の風景が実現されるように見える。一日ということはないにしても、実際、そういえるほどにひとつの風景が実現されている時間は短い。物語の風景は一瞬にして理解され、あっというまに消費される。建築が仮設的なのではなく、建築に対する見方が映像的なのである。一瞬の映像的見えがかりだけがすべてを支配しているのである。「このところ、映像は噛みちぎられ、咀嚼され、唾棄され、まるでチューインガムのような存在になってしまった。……映像が産出されるよりも、消費されていくスピードのほうが明らかに速くなってきている(2)」。インテリアデザインだけではない。建築が映像的に解読されるという構図を引き受けたとたん、この消費のスピードと否応なく競わざるを得ないことになったわけである。

私は多少、状況的に語り過ぎているかもしれない。あまりに単純化しすぎているかもしれないと思う。ただ、少なくとも建築を映像的に眺めようとする視角から、私たちが今、自由になるわけにはいかないということだけは確かなことのように思うのである。どんな建築も〈何ものか〉との微差としてしか見ない。なにが出自かという眼でしか見ない。ひょっとしたら、この微差の中にとてつもなく巨大な差異に向かう発端が隠されているのかもしれないのに、である。でも、残念なことにそれを読み取る力は私たちの眼にはない。とりあえず今のところ、私たちの日に見えるのは〈何ものか〉との微差だけなのである。建築を映像として眺めようとした瞬間、不可避的にそう見える。だから一方で、この〝映像的に建築を眺める〟という構図の中に、今、私たち自身が決定的に拘束されているという自覚が欠落すると、その途端に〝いまどきの建築〟に対しては、単なるコピー、単なるファッション、単なる表層、単なるかっこ、そういう否定的な見解しか持ち得ないことになるわけである。

平面的建築

〈何ものかのようだ〉という見方は、映像的に建築を見る見方である。そして、この映像的に見るという見方は一方で大変な可能性を切り開いたと述べた。〈見る〉という視角である。建築はまず、見るものであり、見られるものであるというきわめてまっとうな見解に対する可能性である。そして、この可能性のちょうど反対側に、表層的だとかファッションだとか単なるかっこ、といった〈見る〉という視覚に対する、つまり、形に対する否定的な見解が位置しているようなのである。

考えてみれば、ほんのつい最近まで、形に対する語り口など、どこにもなかったのである。記述方法がない。形について説明する言葉の糸口すらないところでは〝映像的に語る〟ことは、ほとんど唯一の選択肢であった。これ以外に形について語り得る術がなかったのである。

だから、この、かっこばかりとか、単なる表層とかいう指摘は、単純に、建築の記述方法、語り口に対する無理解である。どこかに、建築は形の問題として語るべきではないという倫理観のようなものが働いているはずなのである。〝いまどきの建築〟は単なるファッション、単なる表層でしかないといういい方には、建築は形ではないという強固な思い入れがあるはずなのである。形を操作することは、建築にとって本質ではないという思い入れである。

確かに、つい最近まで建築は形ではなかったのだ。「われわれは形の問題を認めない。形はわれわれの目的ではない。それは結果にしか過ぎないのだ。形に固有の問題などどこにもないのだ(3)」という意味のことをミースがいっているけれども、まさに、近代建築をつくりだした思想は形に対してまったく無防備だった。無防備というより、形そのものを結果だと明言できるほどに強力な記述方法、語り口を獲得し得ていたともいえると思うのである。

単純にいってしまうと、形ではなく容器であった。つまり、形という自律的な対象ではなく、まず、何ものか中身があって、その中身の可能性に寸分たがわず応じられるような容器である。中身があらゆるものに先立ってある。その中身のための非自律的容器である。中身というのは、人間であり、人間の行為であり、家族であり、生活でありといったような抽象概念である。逆にいえば〝中身〟になりそうなあらゆる抽象概念が総動員されたのである。

その抽象概念にどれだけ密着することができるかといったことが課題だったのである。建築はたとえば生活という中身のための容器である。そして、その中身にもっとも効率よく密着できるような容器はどう実現できるか、それが課題だった。その課題を引き受けることが、建築に関わることであった。だから、建築は中身への密着の仕方として説明される。つまり、そういう説明の手口、記述方法を獲得したのである。

そして、この記述方法を獲得するためにきわめて重要な働きをしたのが平面図と呼ばれる図ではなかったかと思う。平面図を説明の道具にすることによって、その建築と〝中身〟との密着の仕方がものの見事に説明しつくされるのである。そうした意味では、平面図は近代に入って初めて発見された近代建築に固有の表現形式であるといってもいい。もちろん、設計図としての、建築を建てるための手段としての平面図は建築の発生と共にあるに違いないから、何が発見的かというと、説明の道具として、あるいはひとつの表現形式として、平面図を独立したものとして見る目が発見的だったと思うのである。

建築は平面図として説明される。たかが図である。たかが図であるにもかかわらず、建築のあらゆる見方に先立って、この図に則った説明こそが圧倒的な力をもったのである。平面図を見れば建築がわかる。そういう思い入れに十分なリアリティがあったのである。いまだに、平面図を説明することがその建築のもっとも本質的な部分を説明することだといった気分は、私たちの中にも多少は残っているはずである。それほど、平面図の威力は絶大だった。しかし、繰り返すけれども、この平面図でわかるものは〝中身〟としての生活や家族や諸行為といった抽象概念とそれに密着する容器との関係である。ただ、一方的に〝中身〟に追随する容器である。だから、画期的な建築のためには、まず画期的な〝中身〟が必要だった。あるいは画期的な〝中身〟の解釈が必要だった。〝中身〟を解析していくことが建築という容器に辿りつける唯一の道だったからである。そういう説明こそが建築の説明だったのである。

つまり、ここでも建築は説明の手口である。平面図として建築を説明することが建築のもっとも中心的部分を説明することであった。そして、ここでは建築は形ではなく〝中身〟のための容器の性能であり、効率であり、あるいは〝中身〟の解釈の仕方である。

これも偏見である。非自律的容器としての建築だけが異常に肥大化した説明の仕方である。映像としての建築が偏見だといういい方とまったく同じように、この平面図としての建築の説明の仕方もまた偏見に満ちている。どんな説明の仕方も本質的には偏見だといういい方だってできるはずなのである。だから、偏見に満ちていることが問題なのではない。その説明の手口がいかに鮮やかかどうかだけが問われると思うのである。その鮮やかさだけが共感を得るはずなのである。そうした意味では、歴史は常に鮮やかな説明の手口の歴史である。この平面図的な建築がきわめて鮮やかに、つまり、ひとつの時代を切り取ることができるほどの鮮やかさで建築を説明し得たように、映像的に建築を説明するという手口もまた、見事に建築が視覚的に了解できるものであることを説明したと思うのである。

そして平面図的建築が視覚の対象であることからほとんど極限まで離れたのだとしたら、そうした構図の中で、改めて視覚的な建築の輪郭を描くというのは、これはちょっと大変な作業だったと思う。そして、たぶんその大変な作業は見事に成功したように思うのである。明らかに、平面図的建築がつくる世界観とは違う世界観を構築しつつあるようなのである。

拘束する建築

平面図的建築が、世界は効率という〈建前〉で構成されている、という世界観とどこかで深く関係しているとしたら、映像的に建築を見るという視角は、たぶん、そうした効率とは違う〈建前〉を実現させる可能性を秘めていると私には思える。見るという視角がつくり出す世界観である。見るという視角があらゆる可能性に先立って、あらゆる決定のもっとも先端的な部分を担う。そういう世界を見てみたいとも思う。実際、そうなりつつある。もっとも先端的な部分、たとえば商業建築は、ますます映像的になっていくに違いないと思うのである。そして、その映像的な視角がつくるあらゆる可能性を全面的に首肯して、いや、むしろ、今まで述べてきたように積極的に、そして最大限に評価した上で、それでも、私の個人的な気分だけをいえば、最後の部分でどうしても、この〝建築は映像である〟という見解にほんのわずかな違和感のようなものを感じざるを得ないのである。

この映像的な視野の中では、たぶん凄まじいまでの消費のスピードと競わざるを得ないと思う。別に、それが大変だなどという商売上のグチをいおうとしているわけではない。きっと、豊かな才能に恵まれてさえいれば、そんな消費のスピードなどものともしないだろうし、いとも簡単に乗り越えていってしまうに違いない。そんなグチではなく、映像というものが本来もっている属性に対する危惧である。

たとえば、それは「観客は実生活かあるいは物語的な表出の桟敷や立ち見席や、かぶりつきの先端にあるが、劇的なものの中に行くことはできない(4)」という演劇についての喩え話でもいいし、あるいは「映画ににおける形而上性は、必ずつねに、『物的』な形象を視覚の向こうの外部に不意と、或るいは、絶えず提示し、その提出の感覚の鮮烈性によって観客を胸裡深く忽然と触発する以外にない(5)」という映画に対する喩え話でもいい。

あたりまえの話だが映像は常に視角の対象としてある。つまり、見る者の向こう側に常に対象化されているものである。見るものと見られるものとの関係、見るのはこっちで、見られるのは向こう側にあるという、この絶対的な距離は、映画や演劇がそうであるように決して越えることはできないはずなのである。いわば、この相互の距離に対する絶対的不可触が映像である。

それでこそいいという話も確かにある。今の都市を構成しているさまざまなもの、さまざまな映像は、単に対象としてこそあるべきで、こちら側を拘束しないものとしてあるべきなのだと。向こう側にあって、こちらの意図や意思や気分に即応して自由に変様し得るものが映像なのだ。この、物理的な無拘束性こそ建築が辿り着くべき最後の地点ではなかったのか(6)、といういい方には十分な説得力があるように思う。

商業建築は、もはやほとんど映像としてある。商業建築だけではなく、今の都市を構成している多くの部分、あるいは都市自体がもうほとんど映像として眺められつつあるといってもいいはずである。それも納得できる。納得できるのだけども、最後のところで、それでも建築は拘束する〝物〟としてある。そんな気分が払拭できないのである。映像では支えきれない部分がどうしても残るように思うのである。

もし、建築が映像ではないとしたら、きわどいところで、建築と映像とを分けるものが、この拘束性なのではないだろうか。

拘束性というのは、壁に遮られたら向こうへは行けないといった、馬鹿みたいに単純な意味での拘束性のことである。そして、その壁は視認できる。つまり、拘束性が視認できる。

壁は物理的な障壁としてある以前に、その拘束性を〈見せる〉ものとしてあるという考え方である。

建築は何ものにも先立って、まず〈見るもの〉であり〈見られるもの〉である、という見解に私はまったく異議がない。異議がないどころか、どんなにでも評価したいと思う。でも、その〈見るもの〉であり〈見られるもの〉であるという見解から、単純に、そして一方的に〈映像としての建築〉という枠組だけが導き出されるわけではないと思うのである。

たとえば、壁の拘束性が視認できるように、拘束性という抽象的な目に見えない概念を実体的なものに置き替えて見せることができる。これも〈見る〉という構図の、映像性とは違う、もうひとつの重要な側面ではないかと思うのである。

生活とか家族とか人間とかいった抽象概念と容器としての建築との関係についてはすでに述べたけれども、実は、その抽象概念を実体的な概念に変換するのが建築なのだという考え方である。〝中身〟の抽象概念に寸分たがわずただ追随する非自律的容器ではなく、抽象的な目に見えないものを実体的な、視覚の対象になり得るものに変換する。つまり、家族という抽象概念は住宅という建築によって実体化され、そして様式化されるのである。建築が〈見るもの〉であり〈見られるもの〉であることを認めるということは、建築にそういう力があるということを、一方で認めることでもあるのではないだろうか。

たぶん、話は逆なのだ。抽象概念があらかじめ建築に先立ってあるという発想は、どこかで逆立ちしているのではないかと思うのである。住宅という建築がなければ家族は視認できない。ということは、確認し認知し、それを共有することができないということなのではないのか。あるいは、こうもいうことができる。生活という抽象概念は建築を通して様式化される。その様式化された生活を私たちは見ているに過ぎないのではないのか。

　建築があるから、生活（様式）があり、家族（形態）があり、人間（像）があるのだ。これはちょっと凄いことなんじゃないだろうか。建築には、やはり、映像とは違う固有の力があるように思うのである。拘束性を見せる力であり、様式化する力であり、像を見せる力である。映像とは違う責任の取り方が、やはりあるように思うのである。

（1）浅田彰「映画の終わり、映画の始まり」（朝日新聞、1989年2月20日）
（2）中村恒夫「WACOA 13」
（3）P.ジョンソンの「MIES VAN DER ROHE」からの孫引きである。1923年に創刊された雑誌『G』からの引用なのだが、あの、きわめて美しいふたつの田園住宅案のプランもこの年に発表されている。20世紀に入る直前から初頭にかけて、ほとんどラッシュといっていいほど建築の専門誌が創刊されている。単なる推測なのだが。この生まれたばかりのメディアの中でプランとそのプランによる建築の説明の仕方がどんなに新鮮だったか十分に分かるような気がするのである。当時の雑誌にぴったりのスタイルだったのではないだろうか。たぶん、ここでもメディアが重要な働きをしているはずである。
（4）吉本隆明『言語にとって美とはなにか』
（5）埴谷雄高「悪霊と白痴」（朝日新聞1989年4月11日）
（6）「人々の行為を中心にしてそれに常に追随するほど柔軟な建築があり得たとすればそれが人々の身体にとって最も〈心地良い〉建築であるはずなのです」（建築雑誌89-01）という伊東豊雄氏の見解はこうした考え方の中のもっとも先鋭的なものである。

1992

建築と語るアートポリス

『熊本日日新聞』1992年7月–8月

延藤安弘（熊大工学部教授）
山本理顕（設計者）

延藤安弘

不安感与える中庭空間 風穴あけ地域と交遊を

先日、渋谷で昼食をご一緒した時、期せずして最後は二人とも「ネギトロ」で終わりましたね。好みが一致しているナ、と感じました。好みといえば、私は集合住宅が大好きです。あなたも魅力的な集合住宅を放ち続けられておられますが、とりわけ保田窪第一団地は話題を呼んでいます。

同団地には二つのデザイン提案が盛り込まれています。一つは、グループデザインとして百十戸の住宅群が中庭の広場を占有する配置計画。いま一つは、寝室群とリビング室を完全分離した住戸プランです。

グループデザインは、群の造形と配置計画を意味しますが、群の造形で山本さんの辣腕ぶりはすごいですネ。従来の公営住宅はともすればハコのような硬さと重々しさがありましたが、保田窪第一では最上階住宅や階段室の上の曲面屋根によって、軽やかな浮遊する雰囲気をかもし出しています。全体にコンクリート打ち放しとコンクリートブロックのシンプルな構造で、住みながら草花などで個性ある彩りを添えてくれることが期待されており、住み手の参加によってこの団地は次第に表情ある存在となりつつあります。

しかし、配置計画については、周りの地域に対して閉じた形をとっていることが、当初から気掛かりでした。リビングが中庭に向いているので、居住者のプライバシーを保つため、予想物が団地に立ち入りできないように設計したと説明されているのではと推察します。

でも皮肉なことに、よそ者でない居住者でも子供を連れずに中庭にいると、家の中にいる人々に相当の不安感を与えるようです。中庭が安心できる「内部空間」となり得ていない理由は二つあると思います。

第一に、二十－三十戸の集団なら時にあいさつしたり、付き合いが自然に始まったりしますが、百十戸の単位は匿名性の高さを意味します。

第二に各住宅への出入りの向きが問題

です。ここでは主な出入りは外からで、中庭には子供を遊ばせるなどの用事がない限り降りていきません。私が京都で関わったユーコートと言う四十八戸のコーポラティブハウスでは、保田窪第一と同じように囲み型配置をとりましたが、外部と出入りする各階段は建物が囲む中庭側に向かっているので、人々は日常的に出会えます。その経験の積み重ねが、うちとけた親密感を高めてくれます。出会いを高める対面性の色濃い囲み型配置の階段を、保田窪では捨て去っていることが残念でなりません。

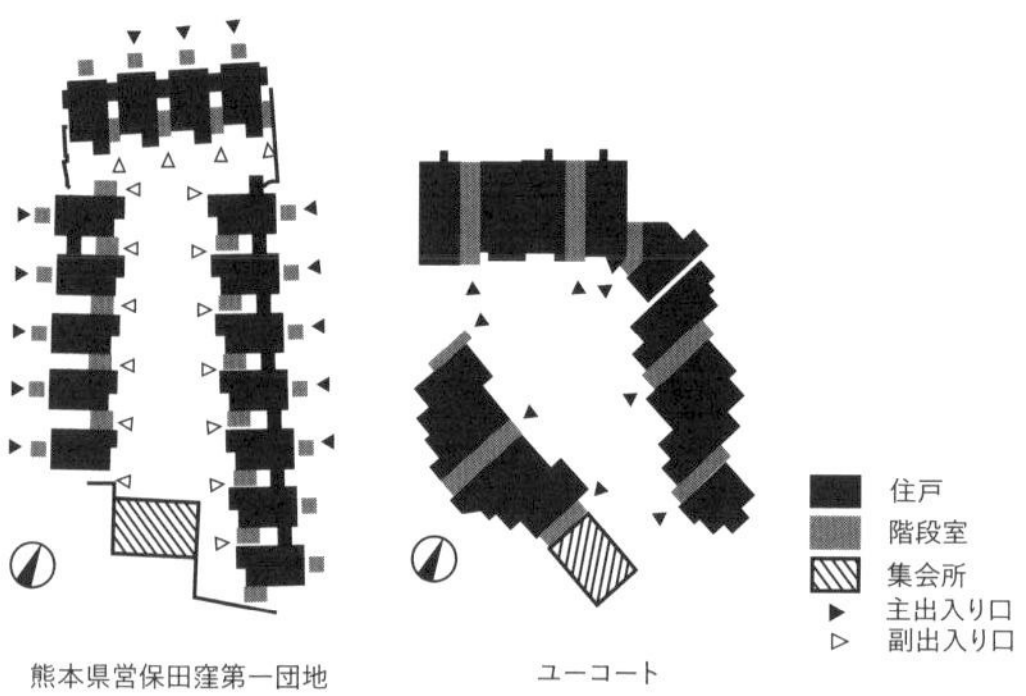

保田窪第一団地とユーコート

　団地は、地域社会の人間関係をはぐくむ場です。周辺地域に対立するのではなく、地域の一部だと感じる形態でありたいものです。

　ところが、ここは猫の一匹も通さないほど、外に対しても閉じ切っています。○か×か、白が黒か、というデジタル的な見方が一般化している現代社会で、子育てや老いのすごし方など多様で多義的な暮らしの質を高めるためには、団地と周りの関係は、アナログ的な連続体の状態であることが望ましいと思います。

　そこで、私は団地内外に風を通す「風穴」をあけることを提案します。例えば、集会所は各棟のつなぎ目をあけることにより、周りの人々も、この中庭で交信・交遊できるようにするとよいのではと思います。

　開くことで、よそ者不在の中庭に、他者が通り抜ける緊張感をもたらします。そのことが逆に、百十戸の内部結束を高めるソフトな仕掛けを、住み手自らが起こしていくことになるのではないでしょうか。バーベキューパーティーやスポーツ大会など。そうこうしているうちに、むしろ居住者自身が「風穴」づくりを仕掛けることになるでしょう。

　設計者や自治体が先にハード（形）を変えるのではなく、心たのしいソフトを住民主体で重ねるまちづくり活動への誘導と支援が最も大切だと思います。閉じたシステムから、開かれたシステムの「風穴」づくりは、この団地の心地よさである風はらむシルエットデザインに真の深みと楽しさを与えるでしょう。

　ちょっぴりワサビが効きすぎたかもしれませんが、住戸プランについては次回にまわしたいと思います。また、にぎりをほおばりながら議論できる日を楽しみにしています。

（1992年7月21日）

山本理顕

「隣り合って住む」ため煩わしさに配慮も必要

お手紙拝見いたしました。

端的に言ってしまえば、延藤さんのご指摘の問題は二つです。一つは閉鎖的な広場の形、もう一つは外側に向いた玄関の位置、この二つだと思います。広場はもっと開放的に、そして玄関もその開放的な広場の側につくりなさいという指摘だと思います。

そういう開放的な、風通しの良い広場、さらにはコミュニティーのあり方のことを、きっと「風の道」と呼ぶのでしょう。延藤さんがコミュニティーに対して持たれているさわやかなイメージには、きっとだれだって賛同するに違いないと思います。従来の集合住宅の計画にしても、延藤さんの考えるようなコミュニティー、だれでも自由に参加できて自然に交流が深められてゆくようなコミュニティーという考え方が基本的にはあるのだと思います。

でも延藤さん、それは確かに理想だとは思いますけれど、いつもさわやかな風だけが吹くとは、私にはどうしても思えないのです。

去年の台風の凄まじさには私は本当にびっくりしてしまいましたけれど、やはりああいうことだってあるんだと思います。「風の道」には、さわやかな風が吹き抜けるだけではなくて、ときには強風だって烈風だって吹き抜けて行くのです。コミュニティーというと、いつもにこにこさわやかな笑顔思い浮かべますけれど、ときには人が集まっているためにさまざまな問題だって起きます。ときにはだれにも会いたくないときだってあると思うのです。

延藤さんの著作に「集まって住むことは楽しいナ」という本がありますけれど、楽しい半面、煩わしいこともいっぱいあるんだというのが私の意見です。

集まって住むためには、集まって楽しいということを最大限引き出せるような計画をつくることは当然ですが、その半面、集まって煩わしいこと面倒臭いことはなるべく解消できるような仕組みになっていないと、住んでいる人たちは、いつもにこにこ挨拶を強制されるということになりかねません。

延藤さんの計画された、京都のユーコートのような、初めから住む人が決まっていて、住む人たちが参加することで、計画が決められて行くというコーポラティブハウスだったら、煩わしさに対する配慮もそれほど必要ないのかもしれません。でも、延藤さんの考えるようなコミュニティーがすべての計画にあてはまるとは私には思えないのです。特にこの保田窪団地のような、不特定の人たちのための計画ではなおさらそうです。共に住むときの煩わしさに対する配慮が必要なのだと思います。

ですから、玄関の位置ですが、もし広場側に玄関が面していたら、広場を通って玄関にたどりつくまでの道のりを他の居住者と共有することになるわけです。自分の玄関に出入りする度に、周りの人と顔を合わせることになって、いつもにこにこ挨拶などを交わすことになるかもしれませんね。人との出会いを高めるには良い方法かもしれません。

でも、ときにはこっそり帰ってきたいときもあるし、だれにも見つからずに、だれかを家に連れて来たいときだってあるはずです。それは住んでいる人の都合によってさまざまです。それを無理やり出会うようにするというのは、それぞれの居住者の都合を無視してるようにも思います。〈出会わせる〉ことが目的ではなく〈隣り合って住む〉ことが目的なのです。〈隣り合って住む〉ためには、ときには出会わないようにすることだってる必要です。そういう仕掛けをつくってあげる必要があると、私は思うのです。

玄関が直接外側に向かっているのはそのためです。玄関の出入りはだれにも干渉されないような配慮です。

もう一つ、この広場に誰でも自由に入れるような抜け道をいくつかつくってはどうかというご指摘ですけれど、そんなことをしたら、この団地に全く関係のない人が、ただ通過するだけのためにこの広場に入ってくるということだってある。そういう広場になってしまうわけです。そうすると、この広場が誰のための広場で、何が目的の広場なのか訳が分からなくなってくるんじゃありませんか。

近隣の人たちとの交流は必要だと思いますが、だからといって、誰でも自由に入ることができる開放的な広場にすれば良いという結論になるわけではないと私は思います。

やはりこの広場は、まず第一に、この団地に住んでいる人々のための場所でこそあるべきだと私は思います。その上で、この団地以外の人々との交流が必要かどうかは、この団地に住んでいる人の意思によって決定されればいいのではないですか。集会室の横に広場への出入り口が準備されています。この出入り口をいつも開けておくのか、それとも閉じておくのか、あるいは昼間だけ開けておくのか、お祭りの時に開放するのか。この団地に住んでいる方々が決めるべき問題なのではないでしょうか。いかがでしょう。

(1992年7月23日)

延藤安弘

「もやう」心が喜び生む 設計者も生活の現場に

それにしても、りけんさん。「隣り合って住む」ために、煩わしさの配慮が必要だというお考え、それには賛意を覚えつつも、それだけではどこかおかしいと思うんです。

一戸建てであれ、集合住宅であれ、人づきあいの煩わしさへの配慮と、プライバシー重視偏重の住まいが日本列島津々浦々に行き渡った結果、各人の住戸内に閉じこもりがちな「孤住」傾向が全体に強まっています。

しかし、他者との触れ合いの欠如した辛い「孤住」にあらがい、だれかと何かを「もやう」＝「分かち合う」ことで生じる喜びを忘れないでいたい。

「コミュニティーというと、いつもにこにこさわやかな笑顔を思い浮かべる」というお考えを一般的にお持ちになるのは自由ですが、熊本人は「あいさつを強制される」なんて、セコイ考えを持ち合わせてはおりません。彼らは南国特有のホスピタリティー（人をあたたかく迎える心）を持つとともに、自己の主張のみ押しつける無遠慮にはガンと抵抗する「モッコス」さをも持つ両義的な存在です。

私の知っている熊本人は、煩わしさも楽しさも「もやう」ことに独特のセンスと術を身につけています。住まうことに向けての土地の人々の心や希望にふれることは、集住を豊かにしてくれるものです。

事実、今、保田窪第一団地の住民たちは「相手のことで煩わされたくない」暮らし方よりも、それを背負いつつ、住み仲間とともに相互に心愉しい場づくりのコトを起こさんとしつつあるそうです。

「団地に住んでいる人々のための場所」として広場をどのようにリデザインし、使いこなしていくかも話題になりつつあるそうです。こうしたことは貴兄の生み出した空間を、住み手たちが豊かに育て、熟成させる回路がひらかれようとしている一つの現れです。

今までは、わけあって、設計者と居住者の間にはある「溝」があったようですが、住み手たちの心休まるシェルターづくりの動きに、設計者も身を乗り出すことは、保田窪第一団地のみならず、「くまもとアートポリス」の評価の根幹にかかわることではないかと思います。

なぜならば、計画段階の「住み手参加」はかなわなかったとしても、建築を住民生活と、地域環境の文脈の中で熟成させることへの「設計者参加」は、建築の文化、とりわけ集住の文化の未来の指標といえるからです。

ともすれば、従来の建築家は、建築家が「しゅん工」とすると、それで「終わり」として、「現場」から身を引く〈逃げ足の速さ〉を特徴としていました。しかし、地域に根ざした建築文化のハード・ソフト両面のデザインに責任を負うことがこれからの建築家像だとしますと（小生の「くまもとアートポリス」への期待のひとつはここにあります）、設計者には建築と環境の終わりのない「熟成」を促す状況に、生活の「現場」に〈向き合う構え〉の身体化と行動化が求められてきています。

これは「言うはやすく行うは難し」ですね。

でも、りけんさん。

「そうは言っても、やっぱり集まって住むことは楽しいネ」と言える状況を生み出すために、生活の「現場」に気軽にお出かけくださることを切に願っています。その際は、小生も必要な手助けは惜しみません。

住戸の話は、また次の機会に。

(1992年7月28日)

山本理顕

「煩わしさ」への配慮と共同生活の両立は可能

「煩わしさに対する配慮」が結果的に孤立的な、そして密室のような住宅になってしまうのではないかということを延藤さんは危惧されているようです。

どうか誤解しないでいただきたいのですが、私が「煩わしさに対する配慮が必要だ」と言ったのは〝集まって住む〟ことを前提とした上での話です。延藤さんが言われるように〝集まって住むことは楽しいことだ〟と思えるようにするためには、お互いに煩わしい思いをしないで住めるような配慮も一方で必要だという意味なのです。

もし〝集まって住む〟という前提を外してしまったら、煩わしさを解消するための手立ては、確かに孤立した密室のような住宅をつくって、お互いに全く干渉し合わないようにすればいいという話になってしまいます。実際に日本中、隣にだれが住んでいようと知ったことかというような、密室みたいな住宅ばかりになりかねません。せっかくの集合住宅なのに、そうした密室がただ上下に積まれ左右に並んでいるだけなのですから。

住宅の密室化というのは、私たちの想像以上に今の住宅の形式のようになってしまっているようです。そして、そうした住宅のつくられ方が、私たちの日常生活の仕方をも決定的にしてしまっています。隣の人と接し合う必要がないわけですから、接し合うための配慮も隣の人に対する気配りも必要ではないというような生活です。ですから、ちょっと極端な例ですけど隣のピアノの音がうるさいといって殺人事件にまでなってしまったり、アパートに住む独り暮らしのお年寄りが自分の部屋で亡くなって二週間以上も発見されなかったりとか、そんな考えられないことだって実際起きてしまうわけです。

こんな生活の仕方が望ましいとは、多分だれも思っていないはずです。もちろん私だって思っていません。

誤解しないで欲しいというのはここのところです。延藤さんと私の立場はこの部分では、つまり密室のような、そして孤立的な住宅にしない、という部分では、完全に一致しているはずです。ですから「煩わしさに対する配慮」というのは、ここでは孤立的な住宅を意味していません。そうではなくて、そこから先の話をしているのです。孤立的な住宅にしないということが、ただ無やみにさまざまな人たちが出会うようにすれば、それでいいというような、そんな単純なことではないということなのです。共同的に住みながら、それでいてなるべく煩わしい思いもしたくない。延藤さんはセコイとおっしゃいますけど、私はそんな一見相互に矛盾するような関係を両立させることは十分可能だと思っています。それが私たちの責任だと思っています。この保田窪の計画が成功しているのかどうかは分かりませんが、計画の中心になったのは、正にそのところです。

延藤さんからも指摘されましたが、広場が閉鎖的になっているのは、まず何よりもこの広場がここに住んでいる人たちに帰属する広場でありたいと考えたからです。そして彼等に帰属する広場だからこそ、この広場を巡って配置されている各住戸の居間部分は、この広場に対して防御的につくる必要など全くないということになるわけです。広場に対して開放的につくることができるわけです。もしこれが、だれでも通過して行くような場所に面していたらこれほど開放的にはできなかったと思います。それこそ煩わしい思いを強いることになるからです。開放的にすれば何でもいいというわけではない、というのはそういう意味です。煩わしさに対する配慮というのはそういう計画の内容について言っているのです。

ただそうは言っても、実際にここに住んでいる方が、それをどう受け止めるかはまた別の話です。そういう意味では、延藤さんの言われる熊本の方々の「もやう」ことに対するセンスと術に全面的に期待しています。住民の方々とも何度か話し合いをしましたが、厳しい言い方をされても、どこかカラッとした明るさは確かに熊本の人に独特の気質のような気もします。計画者側が考えてもいなかった使い方、楽しみ方を考案してもらえることを私は確信しています。

私が今後も計画者として、相談に乗れるようなことがあるとすれば、いつでもお役に立つつもりでいるということは、当然ですけど、付け加えておきましょう。延藤さんのアドバイスはもちろんあてにしていますけれど。

今度は熊本でゆっくり話しましょう。いい店知ってますよ。

（1992年8月6日）

1996

『建築文化』1996年6月号 特集─作品特集

計画する側の意志が問われているのだと思う。

山本理顕インタビュー

編集部──学校というビルディングタイプは当然ひとつの教育制度の中にあるわけです。山本さんは以前にビルディングタイプと制度とは相互に支え合い補強しあっているという意味のことを言っておられましたが（『SD』'95年1月号）、この岩出山中学校はその相互依存から抜け出ていますか。

山本──学校に限らず図書館にしても美術館にしても住宅にしても、あらゆるビルディングタイプは制度そのものです。たとえば学校なら教育というシステム（制度）と学校という空間の配列とが相互に補強し合って今の教育の制度をより固定化するように働いてしまっているだろうし、あるいは美術館にしても、その美術館という建築が一方で美術という枠組み（制度）を固定化するように働いているんじゃないかと思います。そういう意味でビルディングタイプと制度とは相互に依存し合って、その同じビルディングタイプを再生産する仕組みが出来上がっているということは言えると思います。

　この依存関係から抜け出さないとなかなか新しい提案ができないというのは事実だと思いますけれど、でも、よく考えてみると、そのビルディングタイプの生まれようとするところ、つまり出自を問おうとしても、もともとその建築の根拠なんかなかったはずです。たかだか仮説にすぎない。その仮説が、建築ができることによって現実性を獲得してしまう。現実性を獲得した途端にその建築（ビルディングタイプ）が一つの制度になっていくという循環のなかにあるんだと思います。つまり、同じビルディングタイプを再生産する循環であり、制度を固定化する循環だと思うんですが、発端は仮説ですよね。その仮説の提案された場面、いわばそれは理念が共有された場面でもあると思うんですが、そこに戻ればいいんじゃないかという非常に単純な話だと思うんです。つまり、計画する側の主体性というのか、思想なり理念なりがはっきりとわかることが重要だと思います。

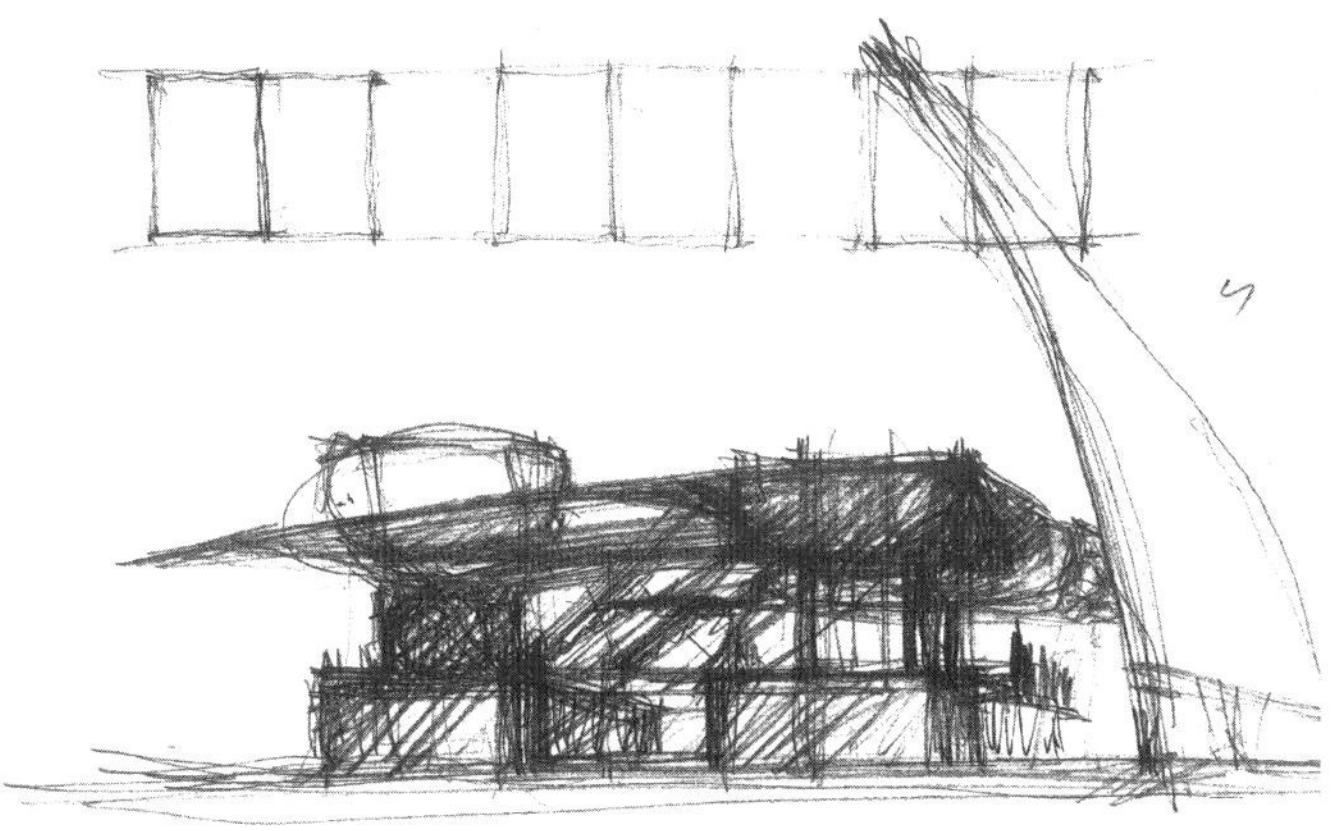

それが仮説だとしたらそれを仮説として成り立たせている思想というか理念が当然あるわけですから、それが共有されないと建築は建たない。今のビルディングタイプ＝制度の相互依存の関係を多少でも壊すことができるとしたら、やはり問われるのは共感してもらえるような仮説が提案できるかどうかじゃないかと、あたりまえですけれど思います。

編集部——そのためには発注者側の意識も重要ですね。

山本——今回の岩出山中学校の場合はそのあたりに関してはかなり恵まれていました。町長をはじめとする行政側が、従来の中学校とは違う全く新しい学校をつくることに極めて意欲的でしたし、東北大学の松井一磨さん、菅野實さん、建築家の六角鬼丈さんの3人の審査員の方々が極めて綿密な要項をつくってくださっていましたから、非常にやりやすいコンペでした。系列教科教室型ということもはっきりとうたわれていましたし、私た

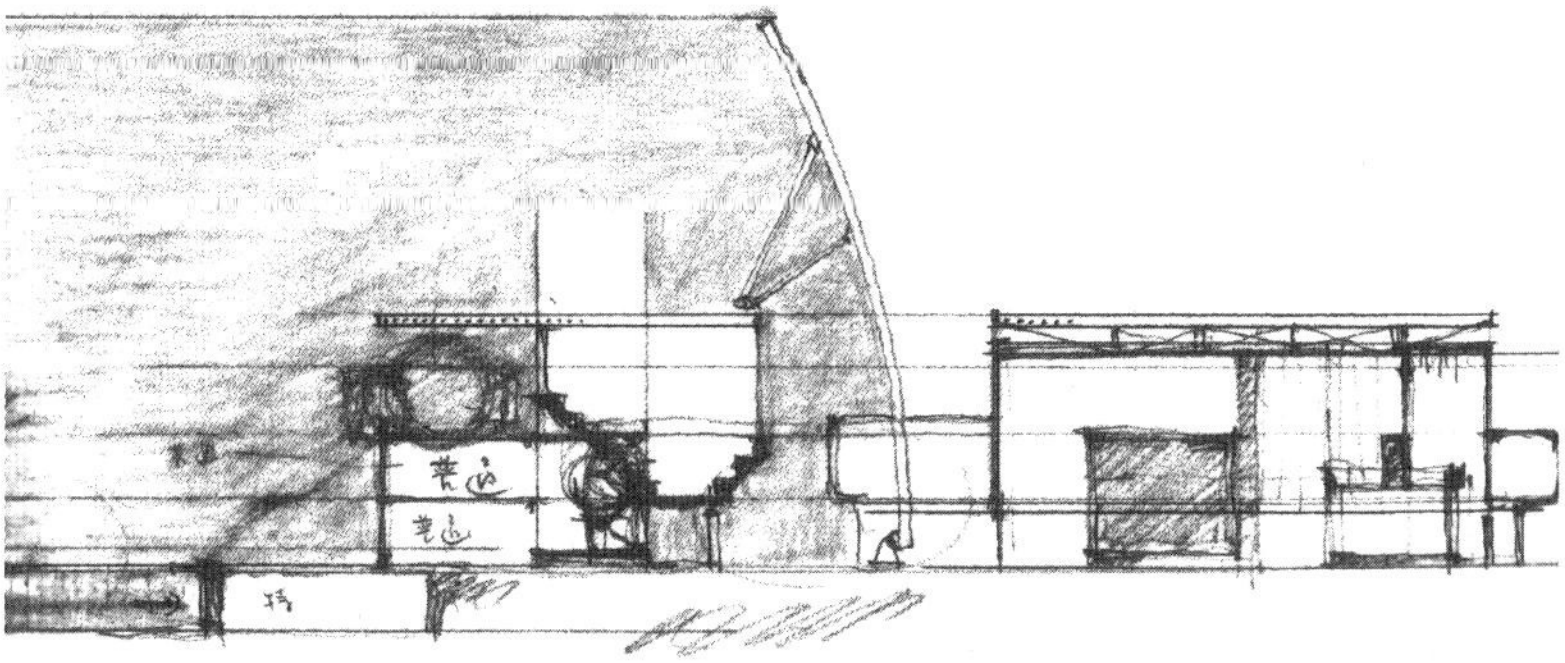

岩出山中学校

ちも新しい提案をするのに全く躊躇することがなかった。それを受け入れてもらえるような構図があらかじめできているという、私たちの側からの行政に対する信頼感が強くあったわけです。

今日、開校式があって行ってきたばかりですが、町の人たち、先生たち生徒たちに非常に好意的に迎えられてちょっとほっとしているところです。

——この岩出山中学校はとても図式的に見えますが。

山本——この中学校だけではなくて、もともと私たちの建築のつくりかたが図式的だと思っています。保田窪第一団地にしてもそうだし、過去につくってきたいくつかの小住宅にしても、非常に図式的です。

図式的という意味は、要するに空間の配列が今の「制度」に深く関わっていて、その「制度」との関係がある程度明瞭になっているから図式的に見えるのではないかと思っています。特にこの中学校の教育のシステムが従来のホームルーム型ではなくて、系列教科教室型という新しいシステムを採用していますから、その新しい教育システムに見合うような空間の配列を考えていったら、結果的に非常に図式的になったということもあると思います。

あるいは全く逆の言い方も可能です。つまり、系列教科教室型という教育のシステムをこの空間の配列によって初めて一つの図式として見ることが可能になったという言い方もできると思うのです。生活系、理数系、言語系、芸術系、体育系という5つの系列教科に分かれているといっても、その5系列をどう配列するかという解き方にはさまざまな方法があるように思います。5系列を完全に分棟にする方法もあるだろうし、実際、コンペの時の与条件では一つの系列のことを「館」というふうに表記していましたから、かなり分棟型の配列を意識していたんじゃないかと思います。あるいは「生徒フォーラム」と「生徒ラウンジ」を切り離すような方法もあったと思います。私たちの提案では、「生徒フォーラム」と「生徒ラウンジ」を一体にしてその場所を生徒たちの日常生活のための中心的な場所として扱っています。つまり、この中学校を単に3年間単位の教育の場所と考えるのではなくて、まず、13歳から15歳までの子どもたちが共同生活をするための場所であるべきだと考えたわけです。与えられたプログラムに「生徒ラウンジ」という言葉があったわけではなくて、それはただロッカールームというようなものでした。それをかなり拡大解釈して、こうした生活空間に仕立ててしまったわけですけれども、出来上がってしまうと、むしろはじめからこうした空間が望まれていたかのように見える。つまり、図式のように見えるということは、この空間も含めてすべてがはじめからプログラムに織込みずみだったように見えるということじゃないかと思います。私が「プログラムとは空間の配列である」というのはこうした構図そのもののことを指して言っているつもりです。空間の配列に先立ってその配列の必然性を保証するようなプログラムがいかにもあるように見えるからです。でも実際は逆なんです。空間の配列がそのプログラムを図式化し、解釈し、検証しているんです。

先生たちの場所のつくり方にしても全く同じです。「メディア・ギャラリー」を中心にして、一方に系列教科の研究室、他の一方に教室群という構成になっていますけれども、これだって違う選択肢が当然あるわけです。五つの系列教科の配列にしても、あるいは当初から織り込まれていた社会開放の方法にしても、さまざまな解法、選択肢があったと思います。その多くの選択肢の中から、たまたま、この敷地の条件や気候など、この岩出山町という場所の特性によって、あるいはこの町の教育に対する意気込みや設計者側の意志によってこの配列が選ばれているわけです。そういう意味ではこの空間の配列そのものがすでに与えられたプログラムを超えた意志をもっていると言っていいと思います。

1996

建築は仮説に基づいてできている

『現代の世相1　色と欲』上野千鶴子編、小学館

建築の〝中身〟って何？

これほど身近にあるのに、普段はほとんど意識しない。多くの人々にとって建築なんてせいぜいそんなものだと思う。建築が話題になることと言ったら、ゼネコンの談合の話や贈収賄の話が新聞の社会面で話題になるか、あるいは、ポストモダンなのかモダニズムなのかデコンストラクティビズムなのか、聞かされる方は何がなんだかよく分からない、もっぱら建築家の個性あるいは作風として文化欄で話題になるか、どっちにしたって多くの人たちの日常の生活とは遠く離れた話である。

住宅や事務所や工場や公共施設や商業施設や様々な建築といつも身近に接しているのに、その建築が話題になるときは常に身近な問題から遙かかけ離れた話にしかならない。日常接している建築を、それを、建築というよりも社会的な制度の問題として私たちが考えているからだろうと思う。住宅にしても学校にしても医療施設にしても福祉施設にしても、それぞれに様々な問題を抱えているとしても、その問題は建築の問題ではなくて制度の問題である。住宅政策であり、教育制度であり、医療制度であり、福祉行政の問題である。建築という施設じゃなくて、もっと大切なのは中身だよ、多くの人々は多分そう考えていると思う。つまり、この制度的な場面には建築は登場しない。建築が多くの人々にとって縁遠いのはそのためである。建築は形の問題であって、こうした制度や政策に直接的に関わるような問題とは無縁である。どこかで意志決定された政策や、すでに制度化された関係がそのまま形に置き換えられて、それが建築だと思われているからである。

つまり、形よりも中身が大切だと多くの人たちが言うのは、その形に先立って〝中身〟があることを信じているからである。実際、どんな建築ができあがっても、必ず言われることは、「形なんかどうだっていいのよ、中身が大切なんだから」「形ばっかりで、中身のことなんかなんにも考えてないんじゃないの」とい

う批判である。これは必ず言われる。「形なんて、中身を忠実にトレースしてゆけば自然にできるんでしょ、あとは建築家の個人的な趣味の問題でしょ。そんなことより中身をちゃんとつくってよ」なのである。建築に対する一般的な認識は、多分、こんなところである。建築は単純に形の問題である、いや、形の問題でしかないという多くの人々の考え方を、それは反映しているのではないかと思う。もう少し言えば、形への無関心は、形が優位になってものごとが決められることへの不快感である。

多くの人たちは、今の社会の仕組みの中で、自分の住む場所について悩み、教育施設についてもうちょっと何とかならないかと思い、福祉行政はどうなっているんだと憤慨し、医療制度はもう破綻しているんじゃないかと心配するけれども、それは、今の社会制度や行政に対する不信感である。建築は常にその後の問題なのである。そんな大切なことを、形の問題にされてはたまらない。大切なのは中身なのだというのは、多分、そういう不快感であり、不信感である。

だけど、本当にそうなのだろうか。形に先立つ〝中身〟のようなものがあるのだろうか。建築に先立つ〝中身〟を本当に私たちは確認することができるのだろうか。たとえば、住宅という建築を思い浮かべずに家族の日常の生活を描けますか？ 学校という建築を思い浮かべずに教育のシステムについて何か言うことができますか？ 図書館、美術館、病院、保育園、なんだっていい。その建築に先立つ〝中身〟がどのようなものか、ちょっと考えてみるといいと思う。

一つの建築が完成するためには、その建築を要請するだけの確かな根拠があるはずだ、その建築を必要とするだけの正当な理由があるはずだ、つまり、その建築に先立つ確かな〝中身〟があるはずだ、という認識は確かに私たちの日常の実感である。その建築を計画するにあたって、いろいろと条件を整理したり、あるいは前例を調べたりするじゃないか、その建築を必要とする理由や様々な条件があってはじめて建築ができあがるわけで、その逆ではないという実感である。あるいはその建築を要請する社会的なプログラムがあって、そのプログラムに従って建築はできあがっているという確信である。

でも、ひょっとしたら、それが錯覚かもしれないのだ。確かな根拠など、実はないかもしれない。正当な理由も、ないのかもしれない。社会的なプログラムは実はそんな建築など要請していないのかもしれない。あるいはそのプログラム自体が破綻しているかもしれない。

正当な理由なんかなくても建築はできてしまう

実際、確かな根拠などなくても、正当な理由などなくても、あるいは社会的なプログラムのようなものが仮に破綻していても、それでも建築はできてしまう。

確かな根拠も正当な理由もない。建築に先立ってあるものは、実は、単なる仮説である。建築は仮説に基づいてできているのである。ところがその仮説に基づいてできてしまった建築が、今度は逆にその仮説を補強するように働く。できてしまった建築が当のその仮説の正当性を保証するように働くのである。

つまり、せいぜい仮説なんだから、その仮説が全く的外れであることも当然ある。ところがそれが、いざ建築ができてしまうと、不思議なことにその仮説が正当であるように見えてしまう。当の仮説が、単なる仮説ではなくて、いかにもその建築を要請する正当な根拠のように見えるのである。あるいは時間が経過して、仮説がその正当性を失ってしまうことだってある。それでも、その仮説が正当に見える。その仮説によってできてしまった建築を通じてその仮説を見ているからである。よく考えると実に奇妙なことだと思うのだけれども、実際、建築という容器を通過させることによって、その単なる仮説は実に見事な〝根拠〟つまり、正当な〝中身〟に変身してしまうのである。

その〝根拠〟と考えられてきたものは時代によっても、社会的な状況によってもあるいは様々な文化によっても、もちろん違う。たとえば宗教であったり、為政者の権力であったり、あるいは機能であったり、経済的な条件であったり、建築には様々な〝根拠〟が与えられてきた。でもどんな場合でも、その建築の〝根拠〟と考えられているものが、実は、建築によって正当性を与えられてきたという基本的な構図は変わらない。建築によって荘厳され、畏怖され、秩序づけられてきたのである。

私たちは建築に先立ってその建築を要請する根拠あるいは中身のようなものがあることを今でも全く疑っていない。それは、今だったら、もちろん宗教でもないし、為政者の権力でもないし、あるいは断片的な機能でもない。多分、今、最も説得力があるのは社会的なプログラムのようなものだと思う。建築は社会的なプログラムに則ってできている。あるいはそうあるべきだと多くの人は考えているだろうと思う。

でも、実際にはそのプログラムが破綻していても、建築は実にあっさりとできあがってしまう。建築ができあがることで、逆に、その破綻したプログラムの方が、いかにももっともらしく見えてしまうのである。その破綻したプログラムがいかにも正しいように追認されてしまうのである。あるいはそのプログラムがどんなに現実から乖離していたとしても、そのプログラムによる建築が実現することで、現実から乖離したそのプログラムの方がむしろ現実そのものであるかのように錯覚してしまうのである。

美術館、博物館、学校、あるいは住宅、集合住宅、保育園、図書館、病院、劇場、なんだっていい。今、本当に私たちの現実を引き受けていると確信できる建築がどれほどあるかちょっと考えてみればいい。そうした建築を支えているはずのプログラム自体がひょっとしたら破綻している。というよりも、繰り返すけれども、その破綻したプログラムを、逆に、支えているのが建築という容器なのである。

たとえば美術館。今や、多くの優れた現代美術の作品は、もうとっくに美術館などという容器には納まりきれなくなってしまっている。マルセル・デュシャンからはじまってオルデンバーグやリチャード・セラやジェニー・ホルツァーやキース・へリングや、あるいはクリスト、いや誰だっていい。美術館の白い壁面が自分の作品の最高の表現の場所だと考えて創作するアーティストなんてほとんどいないと思う。にもかかわらず、美術館の側は相変わらず額装され陳列された美術作品の鑑賞の場所である。それを前提に美術館は計画されているからである。〝美術〟などという枠組みを仮定して、その枠組みを頑なに守ろうとしているのは、むしろ、美術館という容器の側なのである。だから、この中はいまだに富士山の絵やフランス印象派の絵やキュビズムやすでに歴史的に評価の定まった美術作品を展示する場所である。新しい美術館ができる度に世界中から、すでに評価の定まったいわば古典的なコレクションを美術館の目玉商品として高額で買い漁るのはそのためである。すでに形骸化した美術という枠組みをかろうじてつなぎ止めようとしているのが美術館という容器だからである。つまり、今の美術という枠組みがとっくに形骸化してしまっているとしても、その枠組みに則って美術館はできているのである。

学校にしたって同じだ。四〇人という生徒たちを一つの単位にして、その一単位をどう扱うかという視点があらかじめ前提されている。四〇人の生徒に対して一人の先生が向き合う場所が教室だという構図が仮定されているのである。その仮定に基づいて、教室の面積も生徒の机のサイズも配置も採光の方向も先生の立つ位置も決められている。

その仮説が教室という閉じた箱になり、その箱の中で教える側と教えられる側との関係が固定化され、その固定化された関係をさらに再生産する仕組みができあがる。その仮定された構図による教室の形式が変わらない限り、学校は変わらない。一定の教室の大きさとその教室の並び方が今の学校という建築のスタイルを決め、同時に教育のスタイルのようなものをも決めてしまっているのである。ここでも同じことが言える。建築の形式の方が教育のスタイルを決めるように働いているのである。

あるいは図書館、これだけ電子情報が世界を被ってもそれでもいまだに印刷媒体が中心である。図書館が地域社会の中で今後どのような役割を果たすべきかという視点はひょっとしたら、今の図書館という建築自体を解体させてしまう可能性だってある。

最近、あるコンピュータ・ワークで図書館の中に入っていって、自分のほしい本を、背表紙を見ながら検索できるような、そんなバーチャルリアリティーの検索方法の実験を見せてもらった。もし、こんなことが可能になったら誰だって簡単に自由に情報にアクセスできる。図書館は自分のコンピュータの中だけで十分に機能してしまうというわけである。保育園にしても、幼稚園にしても病院にしても劇場にしても、あるいは住宅にしても同様である。すべての建築は、その建築を成り立たせているはずの確固とした根拠、つまり中身があるわけではない。すべての建築は仮説に基づいてできている。その仮説を変更してしまえば、もはやその建築そのものが成り立たない、その程度の仮説なのである。

様々な建築が仮説に基づいてできあがっている。その仮説に基づいてできあがっている建築の形式、美術館や学校や図書館や住宅や病院や福祉施設や交番や公民館や、その他今私たちの生活の中心やあるいは周縁にあって、私たちの生活をとりあえず秩序立てているそれぞれの建築の形式のことを〝ビルディング・タイプ〟と呼ぶ。使われ方によって異なる役割を担った建築の形式のことである。

こうした様々な建築の形式があるのは当然じゃないかと多くの人たちは思っているけれども、実は、こうした建築の形式、図書館や博物館や学校が一つのビルディング・タイプとして整備されるようになったのはつい最近、日本が近代国家として整備される時期である。ビルディング・タイプの整備は、システムとしての国家の整備とぴったりと重なる。重なるのは当たり前で、ほとんど両者は同義である。国家のシステムは建築として整備されたのである。整備されるという意味は、制度と整合するという意味である。教育令、中学校令、小学校令、図書館令などの法律やあるいは各ビルディング・タイプの所管、つまり、法律とビルディング・タイプとその所管とが整合するという意味である。

ひとつビルディング・タイプができるということは、それが法制化されるということであり、制度化されるということである。そしてその制度によってつくられるビルディング・タイプが逆にその制度そのものを、より強化するように働くわけである。今まで見てきたとおりである。そしてそれが、国家のシステムから日常の生活、地域社会との関係として再整備されるのは（少なくともそうした意志を持ってビルディング・タイプを整備しようとするのは）ようやく戦後になってからである。そういう意味では、今のビルディング・タイプの多くは、戦後になって整備されたものであると言っていい。

教育基本法、学校教育法は一九四七年（昭和二二）、児童福祉法も一九四七年、

医療法は一九四八年、図書館法は一九五〇年、博物館法は一九五一年、公営住宅法も一九五一年、戦後のこの時期に集中してビルディング・タイプと制度との関係が見直された。ビルディング・タイプを再編成することによって、制度そのものが再編成されていったわけである。国家というシステムから地域社会へという理念を敷衍するための装置が建築だった。その敷衍する装置という役割が徹底して強化され、ビルディング・タイプ＝制度が再編成されていったわけである。

たとえば、博物館というのは「歴史、芸術、民族、産業、自然科学等に関する資料を収集し、保管し、展示して教育的配慮の下に一般公衆の利用に供し、その教養、調査研究、レクリエーション等に資するために必要な事業を行い、あわせてこれらの資料に関する調査研究をすることを目的とする機関」であることが博物館法（昭和二六・一二・法律第二八五号）によって決められている。その博物館法に基づいて、「博物館法施行令」（昭和二七・三・二〇政令第四七号）、「博物館法施行規則」（昭和三〇・一〇・四文部省令第二四号）が定められ、「公立博物館の設置及び運営に関わる基準」（昭和四八・一一・三〇文部省告示第一六四号）が告示され、その「基準」に対する取り扱いについて社会教育局長から「通達」がでる、といった具合に様々なレベルでその理念が徹底される。それもこと細かく、部屋の種類から規模から運営の仕方まで、なるべく「標準的な博物館」が平等に日本各地にできるように、日本中全く同じ博物館ができるように整備されているわけである。

この博物館法によって決められた基準を満足していないと中央官庁からの補助金もこないし、重要な巡回展も回ってこない。博物館という規格化された建築ができることで、その建築をつくりあげている理念、つまり〝仮説〟が見事に制度化され規格化され、確固とした根拠になっていくわけである。

住宅というビルディング・タイプは家族という仮説に基づいてできている

住宅というビルディング・タイプも同様である。住宅も仮説によってできあがっている。そしてその仮説によってできあがったビルディング・タイプを通じてその仮説を逆照射しているという構図も、他のビルディング・タイプと全く同じである。そしてその逆照射された仮説がいかにも正当であるように見える。住宅というビルディング・タイプのための仮説は家族である。その家族という仮説がいかにももっともらしく見えるのである。特に住宅に関しては仮説（家族）とビルディング・タイプ（住宅）との関係があまりにも密着していたために、つまり私たちの日常にあまりにも身近だったために、つい最近まで私たちはその仮説を疑いもしなかった。単なる仮説なのに、それを仮説だとは思ってもみなかった。

家族が住宅に住むのは当然である。つまり、家族という居住単位は当然である。夫婦という単位がベッドルームを共有するのは当然である。夫婦が愛情で結ばれているのは当然である。子供が子供部屋を持つのは当然である。子供が人格を持っているのは当然である。ダイニングルームやリビングルームがあるのは当然である。もっぱら主婦がそこで働くのは当然である。住宅というビルディング・タイプの図式なのか、そこでの生活の図式なのかどっちがどっちかよく分からなくなるほど両者は密着している。

さらに、その家族という仮説を最大限に評価するように住宅はできている（それは、たとえば美術館と美術という枠組み、学校と教育システムとの関係と全く同じである）。だから、戦後すぐにつくられた図式、それはビルディング・タイプの図式であると同時に生活の図式である。それがいまだに有効なのである。住宅メーカーのコマーシャルを見るとそのあたりの構図がよく解る。住宅を売るために、徹底して家族という仮説を美しく描くのが住宅コマーシャルの常套だからである。住宅を買おうとする人たちは、単に住宅という容器を買うわけではなくて、極端に美化された〃家族という仮説〃を買っているのである。その仮説を現実として手に入れるためにとんでもなく高価な買い物をしているわけである。

数年前にその図式に違反するような公共住宅をつくった。従来のリビングルームがあってベッドルームがあってダイニングキッチンがあるというような住宅とはかなり違う住宅である。あるいは一家族が一居住単位であるというような仮説とは違う仮説でできあがっている集合住宅である。熊本県の保田窪第一団地がそれである。

集合住宅といっても、今、私たちが持っている集合住宅は単に閉塞的な住戸が縦に積まれ横に並んでいるだけである。住戸相互の関係は全く考えられていない。というよりも、相互に干渉し合わないですむ方がより上等な集合住宅だと考えられているように思う。隣に住んでいる人の気配が分かるなどというのは、安普請の集合住宅である。ピアノを弾いても、洗濯機を回しても、子供がどたばたと走り回っても、隣や上下に住んでいる人たちに気を使わないですむ、その程度には個々の住戸が孤立的じゃないと集合住宅には住めない。多くの人たちは多分、そう考えていると思う。家族という単位が十分に自己充足的な単位であるということを信じて疑っていないからである。だから逆に、その自己充足している住戸が集合する契機を説明することができないわけである。周辺から干渉されない、孤立していればいるほど良い住宅なのである。だから今までの集合住宅は、多くの場合、一つの住戸の内側に対しては様々な工夫があったとしても、その住戸が集合するときの手がかりが全くないままできあがっている。

個々の住戸が十分に自己充足的な居住単位である、ということが前提だから、その住戸が集合する契機が全くない。それでも〝集合住宅〟というビルディング・タイプをつくろうとするから、その配置計画は、単純に日照によって決められる。公営住宅法に決められている「四時間日照」という条件がその配置計画を決めているのである。四時間日照というのは、あらゆる住戸が最低一日あたり四時間の日照を得られるように、住棟を配置しなくてはならないという、公営住宅をつくるときの指針である。そうすると、たとえば四階建ての中層住宅で、その一階部分の住戸に一日四時間の日照を確保しようとすると、真南に向かって住棟を配置したとして、概ね一七メートルほどの隣棟間隔になる。日本の住宅団地の住棟がおしなべて南を向いて規則正しく一七メートルほどの間隔で並んでいるのはそのためである。それが最も効率がいいからである。

でも、この一七メートルという間隔にはなんの意味もない。たまたま冬至の太陽高度がつくったただの空きである。住戸の集合のために有効な空きではなくて、個々の住戸の日照のためにつくられた空きでしかない。つまり、ここにあるのは一戸の住宅というビルディング・タイプだけである。その住宅の単純な和集合が集合住宅である。それぞれの住戸の自己充足性だけを確保しておいてあげれば、どんなかたちで集合していようとそれを検証することができない。要するにどうだっていいのである。

「実は集合住宅の計画というのは、それ自体で自己矛盾である。もし、家族＝住宅という単位が社会的な単位として十分に自己充足的なら、その家族＝住宅単位がさらに集合する契機をそれ自身の内側には含んでいないはずである。逆に、もし、家族住宅という単位が、集合する契機をその内側に含んでいるなら、その家族＝住宅単位の自己充足性がどこかで破綻しているということである」（拙著『細胞都市』：ＩＮＡＸ ＡＬＢＵＭ12）。

熊本県の保田窪第一団地の計画はその矛盾を解消できるようなシステムを持った集合住宅の試みである。個々の住戸の自己充足性を保ちながら、それでも必要に応じて集合の可能性を選択できるようなシステムである。具体的に言うと、個々の住戸が中庭を囲むようにできている。そしてその中庭がこの団地の住民たちの専用になるような配置計画なのである。その専用になるような配置計画の仕掛けが、この一一〇世帯の各住戸の中庭に面する出入口と外側の道路に面する出入口との二つの出入口である。

中庭は集会室と三つの住棟とによって完全に囲まれていて、この中庭に外から直接入ることができるような出入口を持っていない。つまり、誰も外からは入れない。でもこの団地に住んでいる人たちは、自分の住戸を通過すれば中庭に入ることができる。一つの住戸は外側の道路に面す出入口と中庭側の出入口との二つの出入口を持っているわけだから、自分の住戸が中庭へのゲートのようなものになっているわけである。各住戸に設けられた二つの出入口は中庭を団地住民の専用にするための仕掛けである。だから、この中庭を使う人がもっぱら団地住民だけだということが前提で、各住戸の計画もできあがっている。つまり、各住戸の、特にリビングルーム部分がこの中庭に対して極めて開放的にできあがっているのである。

この、計画が従来の〝四時間日照〟によってつくられる計画と違うところがあるとすれば、多少でも共同性ということについて気を配っていることだと思う。でも、その共同性は各住戸の側を拘束するような共同性ではなくて、それぞれの住戸に住んでいる人たちが選択可能な共同性である。たとえば、一つの住戸に住んでいる人に注目すれば、その住戸に住んでいる人は、別にこの団地のメンバーというだけではなくて、他に様々なネットワークを持っている。この団地のメンバーであるということは、その人の様々なネットワークの一つにすぎないと言える。一つの団地に住んでいるという共同性はその程度の共同性である。必要に応じて、団地という地域的な共同性の恩恵にあずかればいい。主体はあくまでも、家族住宅の側にあるわけである。でも地域的な共同性の恩恵といっても、この保田窪第一団地の場合の恩恵は単純にこの中庭だけである。

もし、「家族＝住宅」の自己充足性が破綻しているとしたら、いや、すでに破綻しているのだけれども、中庭だけではなく、その中庭部分に「家族＝住宅」単位に対するサポート施設のようなものも同時に組み込みたいと思った。託児所やデイケア施設やコンビニのような施設である。でも、今のところそうした施設を公共の集合住宅の中に組み込むのは非常に難しい。集合住宅というビルディング・タイプと制度とその所管が相互に拘束しあって、ただ「家族＝住宅」単位の集合としてしかつくれないというのが実状である。だから、将来的には、一階部分を他の用途に変更可能にはつくってあるけれども、とりあえず今ここで実現されているのは、団地住民のための専用の中庭とその中庭に向かって開放的につくられているリビングルームだけである。

この団地の計画が成功しているのかそれとも失敗なのかは、住んでいる人々の評価次第である。多少の時間をかけて検証してもらうしかないと思っている。今のところ少なくとも中庭の使い勝手に関しては、好意的に評価してもらえているのではないかと思う。それよりも、私にとって意外だったのは、この団地に対する多くのジャーナリストたちの反応だった。また最初の話に戻るけれども、形ばっかり、中身のことを考えていないじゃないかというのが、ジャーナリストたちの反応だった。あるいは、それは、形のことだけ考えるのが商売だろ中身のことまで口を出すな、という批判でもあった。彼等は徹底して今のビルディング・タイプの中身、つまり根拠のようなものを信じきっているのである。多分、多くの日本人のそれは一般的な反応である。それが、単なる仮説だなどとは思ってもいない。今の集合住宅は正当な根拠があってできあがっていると思っているのである。建築の啓蒙装置としての役割はほぼ完璧に稼働して、従来までのビルディング・タイプを疑うなどという批判的な眼が完全に失われてしまっているのである。そうした状況を改めて体験した。むしろ、この計画に関わった行政側の方がはるかに集合住宅というビルディング・タイプの見直しに積極的だった。画一化されたビルディング・タイプの信奉者のはずの行政側の方が、ひょっとしたら全国的な画一化に危機感をもっている。でも、だからといって行政が常に柔軟だというわけではない。実際には行政の現場は、地域住民からの反応に極めて敏感にならざるを得ないからである。足を引っ張っているのはむしろ、啓蒙されてしまった全国画一地域住民やその代弁者たちである。建築は単なる形の問題でしかないと考えている多くの私たち自身である。

地域社会に固有のビルディング・タイプを

博物館法と博物館、学校教育法と学校建築、児童福祉法と児童福祉施設、医療法と病院、図書館法と図書館、公営住宅法と住宅。いま考えられるあらゆるビルディング・タイプはいわば制度そのものである、というよりも、ビルディング・タイプという建築の形式は単なる仮説を制度に変容させる装置である。さらにそれを敷衍させる装置である。

国家というシステムのためにではなくて、地域社会のためにという理念はその当時、多分、多くの人々によって共有され、共感された理念だったと思う。あらゆる場面で望むべき地域社会のためのビルディング・タイプが模索された。つまり制度としてつくられていった。そして、建築はその理念の啓蒙装置である。建築というのはそういう側面を持っている。できあがってしまった建築は一つの環境になってしまうからである。環境であるという意味はそれを批判的に眺める眼を私たちが持つのは極めて難しいという意味である。

環境は、とりあえず無条件でそれを受け入れざるを得ない。もともとそこにあらかじめあるものが環境だからである。その環境が画一的につくられていった。つまり、日本中が全く同じ規格の様々なビルディング・タイプによって被われていった。博物館、美術館、多目的ホール、学校、図書館、集合住宅、所管の官庁からの指導と補助金制度のお陰で各地方自治体は争うようにその規格に合うようなビルディング・タイプをつくっていったわけである。

理念は見事に敷衍されていった。でも、本来ならその理念は様々な地域によって様々に解釈されるべきである。その地域の特性によって多様なビルディング・タイプが実現して然るべきである。日本中が同一規格のビルディング・タイプによって被われるということは、全く同質の地域社会を日本中に実現しようとしたからである。地域の特性よりも地域格差の解消が最大目標だったのである。

確かに、かつては私たちの夢を担っていたのかもしれない。でも、すでにもう五〇年近くも時間が経過しようとしている。どう考えたって、五〇年経ってもまだ当時の夢をそのまま私たちが持ち続けているとは思えないのに、でも理念はそのまま凍り付いて、その敷衍する装置だけが勝手に稼働してしまっているように思うのである。同じビルディング・タイプがただそのまま繰り返し様々な地域でつくり続けられている。その理念はつくられてそれ以降、鍛え直されたことがない。様々なビルディング・タイプが一つの理念（仮説）に基づいてできあがっているという記憶すら私たちは失ってしまっているのである。

地域に固有のビルディング・タイプを本気で考案する必要があるように思う。様々な考え方による様々なビルディング・タイプが試みられるべきである。仮説を改めて鍛え直すには、それしか方法がない。地域社会のための建築という理念はいまだに十分有効だと思う。問題なのは日本全国画一地域社会であり、そのための日本全国画一ビルディング・タイプである。今の画一的なビルディング・タイプを見直して、全く新たなビルディング・タイプの可能性を試すべきである。

実際、建築をつくるということは、ただ設計者の個性や作風の話でもないし、画一化されたビルディング・タイプを繰り返しつくるための技術の話でもない。その画一化されたビルディング・タイプのデザインを多少変えてみるなどという、末梢的な形の話などではさらさらない。

確かに、多くの建築はその程度のものとしてつくられているし、見渡せばせいぜいそんなものだと思われても仕方がないような建築ばかりだけれども、でも、この硬直化したビルディング・タイプをほんの少し変えるだけでも従来の全国画一地域社会を多少は変えることだってできるように思うのである。つまり集合住宅とか、図書館とか学校とか病院とか、そんなビルディング・タイプを保存したまま、そのビルディング・タイプの内側の問題として建築を考えるのではなくて、その枠組み自体を変えることである。

たとえば、集合住宅を単に住宅の集合という、それだけの問題にしないで、コンビニや児童図書館やコインランドリーや託児所や高齢者のためのデイケア施設や何だっていいけれども、その地域の特性に応じた都市施設と一緒に計画できたら、それだけでも今までの集合住宅とはかなり違った役割を担うことができるように思う。あるいは中学校や小学校と一緒にその地域が必要としている文化施設や福祉施設を考えることができたら、それだけで今の学校という規格品とは全く違う建築ができると思う。些細な話だとは思う。でもそれがとても難しい。どんなビルディング・タイプもそのビルディング・タイプという規格品の中で考えている限り、その規格品の品質を守るようにしか私たちの頭は働かないからである。その規格品が破綻しているのである。繰り返すけれども、その規格品をつくっている仮説自体を疑うことである。

1997

建築は隔離施設か

『新建築』1997年4月号

設計者の主体性の欠落

建築は制度に則ってできている。制度の忠実な反映が建築である。ひとつひとつの建築だけではなくて、身近な環境から都市環境まで含めて、およそ、私たちの周辺環境はいわば制度そのものである。という認識は、もはや多くの私たちの常識である。建築や都市を計画する側にとっても、それを環境として受け入れる側にとっても、この基本的な認識は同じである。空間は制度であるという認識である。

特に最近は、建築や都市の専門家以外の人たちから、空間と制度の密着の仕方に対する指摘が目を引く。さまざまな社会的な出来事の背後に隠されている制度的な側面、それを空間や環境を切り口にして解釈しようとする態度が、今改めて見直されているようなのだ。多くの社会的な出来事は空間に深くかかわっている。そして、その空間は制度そのものなのだというような指摘である。たとえば、たまたま手にした『「隔離」という病』（武田徹著・講談社）というハンセン病患者への差別の歴史を書いた本のサブタイトルは「近代日本の医療空間」である。ハンセン病患者に対する医療の方法は、彼らに対する治療よりも彼らを隔離することが目的だった。空間的に隔離されること、つまり、日常的な共同体から排除され、強制収容されることで彼らの人格そのものがどう剥奪されていったか、近代日本の医療空間がどれだけ隔離という方法に頼ってきたかが明らかにされている。隔離とは、比喩的な意味、象徴的な意味での隔離ではなく、空間的に身体そのものを拘束し隔離するという意味である。単に、ハンセン病患者に対する話だけではなくて、日本の医療と隔離という排除の思想とは今でも密接な関係をもっているという指摘である。ここには建築という空間装置のもっとも根元的な問題が隠されている。

あるいは、最近、神戸で起きた中学生の殺人事件を巡って、この中学生が通っていた学校が、いかにも滅菌処理された工場のようだと、ある評論家がしゃべっていた。その評論家がどこまで自覚的にしゃべっているかは別にして、学校という建築のつくられ方が、その学校の教育システムにまったく忠実にできているということが前提になっている発言である。標準化された商品のような、何の欠陥もない代わりに個性もない子どもたちをつくるための工場のようだというわけである。学校という施設に対する批判は、今の教育制度に対する批判である。空間的な欠陥はそれがそのまま制度的な欠陥である。空間は制度的に組み立てられているからである。

　というあたりの話に関して、私たちは日常的に体験しているわけだから、それはよくわかる。空間は制度そのものだというのは建築にかかわっている私たちの実感でもある。ただ、こうした空間＝制度という多くの人たちの指摘が、たとえそれが私たちの実感だとしても、でも、空間は制度の全面的な反映である、空間は制度にただ忠実にできているという指摘には私自身はちょっと引っかかるものがある。そんなに単純じゃないだろう。

　多くの空間を巡る話に共通しているのは、空間は制度の忠実な反映としてのみ議論の対象になり得るという前提である。医療が隔離という考え方に頼って成り立っているという話も、あるいは学校という施設と教育のシステムとの関係にしても、そうした議論にはすべて、空間は制度の一方的な反映であるという前提がある。

　制度などといっても、その制度に常に私たちが直接向き合っているわけではなくて、それは私たちの日常の生活の背後に隠れている。普段はいちいち制度なんて気にしながら生活しているわけではない。その背後に隠れている制度などと呼ぶものがどう働いているか、その制度に日常の生活がどう拘束されているか、それはなかなか見えてこないものだと思う。だから、空間が制度の反映だとすれば、その空間に注目することで、日常生活の背後に隠されているその制度自体を確実に把握できる。そう考えることは一面では確かに正鵠を射ているはずである。多くの人たちが今、空間に注目している所以でもある。でも、そうした考え方が時にはあまりにも事を単純化しすぎてしまう、という恐れはないのか。

　何が単純化されているかというと、制度→空間という一方通行状態への単純化である。別に制度といわなくても、生活という言葉でもよいし、あるいは社会というような現在の状況そのものを指し示す言葉でもよい。空間がそうしたものの一方的な反映であるという考え方に私がひっかかるのは、そこには、空間にかかわる設計者の主体性というような視点が決定的に欠落しているように思えるからである。

建築は社会の鏡である?

建築は制度の反映である、あるいは今

の社会の忠実な反映であるという見方が多くの人たちの建築に対する見方である。でもそれは単に建築の外側にいる人びとからだけの一方的な思い入れかというと、むしろこれは私たちの側、建築に直接的にかかわっている多くの〝専門家〟の側の共通した意識でもあるようなのだ。いつからそんな考え方が共通した意識になったのかは知らないけれども(多分、戦後の建築士制度と深くかかわっているように思う)、たとえば、林昌二の「歪められた建築の時代」(本誌7912)という巻頭文は今から18年前に書かれた論文である。「1970年代を顧みて」という副題が添えられている。そこで林は、70年代の建築はこの時代のさまざまな社会的な出来事のためにまったく歪められた建築になってしまったという議論を展開している。70年代の特徴は、この時代のさまざまな出来事、たとえば三菱重工ビルの爆破事件に代表される「社会的暴力」や住民の「ほしいままの権利主張」によって「建築環境が歪められた時代」であったと述べる。都市の中から「オープンスペース」が失われてしまったのも、公共性の高い建築がきわめて閉鎖的になってしまったのも「歪んだ社会」のためである。という主張は、別にこれは林だけに固有の考え方ではなくて、〝時代の弊害〟を嘆くいわば当時の〝良識〟でもあった。たまたま『新建築』の月評欄を担当して、それもその最初に批評をする月に掲載された巻頭文がこの林の論文だったために私が個人的に鮮明に記憶しているだけである。こうした論調はほかにもさまざまなかたちであったように思う。建築は社会の鏡である、その純粋な反映であるというこうした考え方は、むしろ常識であったといってもよい。

医療が隔離という排除の仕組みによって成り立っている、あるいは今の学校がまるで滅菌処理された工場のようであるというような、施設の空間構成に対する批判がそのまま制度の批判になるといった構図と、建築が閉鎖的になってしまうこともオープンスペースが失われてしまうことも社会が悪いという論調とは実はまったく同じ基盤をもっている。空間は制度あるいは社会状況に一方的に従属するという考え方である。さらに林の論調に特徴的なのはその構図を私たち設計者はただ受け入れざるを得ないという、非常に醒めた意識である。ことわっておくが、私はなにも18年も前の記述をもち出して、それを今になって批判しようとしているわけではない。今の私たちの意識にしたってこの林論文とほとんど変わっていないということをいいたいのである。むしろ、そうした意識はより広く受け入れられるようになってきているようにも思うのである。建築をつくることで逆に制度のほうをどうにかするなどというほど制度の側は軟弱じゃないよ。ひとつやふたつ建築が変わったって、社会状況がどうにかなるなんてこともないだろう。そうした醒めた意識は当時も、そして今だって私たちの意識の底に堂々と潜んでいるはずである。

建築家＝自動筆記機械

もし建築が制度の単純な反映でしかないなら、建築の設計者というのは制度を空間に変換する単なる自動筆記機械のようなものである。制度を空間に翻訳する翻訳技術者である。彼ら（私ら）は制度と空間との間を取りもついわば中間業者みたいなもので、その主体性が問われることなどない。そうでなくては、建築は制度の忠実な反映にはなり得ないはずである。現に社会通念としては建築設計者はただの中間業者である。上記の医療空間に対する批判が、あるいは学校という施設に対する批判がそのまま制度批判に直結して、その医療空間や学校という施設を設計し構築してきた設計者に対する批判がそこにあるわけではない。単に、中間業者として素通りされて無視されているだけである。

建築のつくられ方の欠陥、閉鎖的になってしまったり、オープンスペースが失われていってしまったりという欠陥は社会状況の欠陥ゆえであるという主張も、これもやはり、今度は設計者の側からの中間業者的な醒めた意識である。設計者には責任がないというよりも、むしろ設計者に責任を取らせてもらえるような、そんな構図になっていないという意識である。でも、本当にそうか。こうした建築をつくってきた彼ら（私ら）はその制度に対する批判や社会状況の欠陥として見えるものとは無関係か。

確かに、今でもこのあたりの話はきちんと始末がついていないように思う。設計者の側の意識は18年前とほとんど変わっていないようにも見えるし、設計者に対する期待も、社会通念としてはせいぜい制度から空間への翻訳技術者である。設計者の主体性が問われるような場面は、ほとんど失われてしまっているといってよい。主体性はその設計を発注する側にあって、発注者の思想を受けて設計者は、多くの場合、それを空間へ翻訳する技術者でしかない。それも、ほとんど自動翻訳機のようなオートマティックな方法を期待された技術者である。

そう考えると、確かに、いろいろと合点がいく。何で日本では建築学科が工学部にあるかとか、建築計画学が何で設計作法の中心にあるかとか、何で設計者を設計料の多寡だけ（入札）で選ぶのかとか、落成式のときに雛壇に登るのは政治家や発注者だけで設計者は歯牙にもかけられないのはなぜかとか、みんな合点がいくのである。自動翻訳機械だからである。制度と空間とを調停する中間業者でしかないからである。設計者の主体性など問わなくても建築はできる。できるようになっている。自動翻訳機になりきるための技術を学ぶのが大学である。設計者の主体性などというものをいちいちち出さなくても、できるだけオートマティックに建築をつくり出せるような作法の開発が建築計画学である。設計者の主体性などといったところで、所詮は個人芸じゃないか。そんな個人的な思いつきに任せて建築をつくるなどといった構図はできるだけ排除すべきだ、という強い思いが建築計画学のよってきたる基盤である。単なる制度から空間への中間業者なんだから、それに制度はきちんと整備されているんだから、制度から空間へ移行させる方法もその技術も蓄積されているんだから、誰が設計したって一定の水準を保てるようにすでになっている。特にそれが公共の建築の場合だと、発注者はいわば制度の中心そのものである。主体性は制度の側にある。その建築の〝内容〟まで発注者の側でほとんど決められているんだから、設計者を設計料の多寡（入札）で選ぶのは当然じゃないか。

　つまり、設計者の作業が〝自動翻訳機械〟という〝中間業者〟である限り、この構図を変えることはほとんど不可能に近い。それは私たち設計者の外側からの構図である以上に私たち自身が自らつくり上げた構図なのである。

「建築言語」を鍛え上げる

　私たちは自動翻訳機械ではない。むしろ、個人芸と思われているものこそが私たちの作業の中心なのだ。そういい切ったのが磯崎新である。磯崎の本意は制度と空間の中間に位置する中間業者のような役割を無効にさせることだった。制度の忠実な反映でしかない建築という概念を解体させることだった。そうでなくては、設計者の主体性が問われる場面なんて金輪際やってこない。70年代から80年代にかけて、磯崎はそれをひとつひとつの作品の中で具体的に実証していった。このあたりの経緯に関してはすでに八束はじめが正しく指摘しているので(1)、ここでそれを繰り返すつもりはないが、磯崎のその奮闘によって、設計者の役割が少し変わった。あるいは、にもかかわらず変わらなかった。

　結論を先にいってしまえば、といってもそれは単に私個人の実感でしかないのだけれども、構図自体はどこも変わらなかった。相変わらず、今でも私たちは自動翻訳機のような役割を演じ続けている。変わったのはその変わらない構図の上に、いかにも、デコレーターかパッケージデザイナーとでも呼べるようなもうひとつの役割を演じるようになったことである。「従来の制度を忠実に空間に移し代えるような役割は、それは厳密に担って下さい。その上でそこに抵触しない程度に芸術的な才能を十分に発揮して下さいね」というような趣なのである。磯崎が意図した個人芸という視点は、それは従来の構図そのものを解体させ、まったく新しいパラダイムをつくり上げるための、もっとも重要な概念だった。そのために、「個人芸」などと、いかにも私的に見える概念が、どれだけ歴史に拘束されているか、その個人芸がどのように歴史を構築してきたか、常に、それも非常に注意深く解説してきたのにもかかわらずである。

　ところが、後続の設計者たちにとっては、このパッケージデザイナーのような役割は、むしろ好都合といってよい役回りだったのである。何が好都合だったかというと、さまざまな硬直した制度や規範と渡り合う煩わしさから解放されて、つまり、制度は制度としてそのままにしておいて、もう一方のパッケージデザイン的設計に没頭できるようになったからである。そういう意味では磯崎の目論見とは別な所で、それは建築家の新しい働き場所だったのである。ひょっとしたら建築家と呼ばれるような職業がこのときはじめて社会的に認知されたんじゃないかと、私は密かに思っている。パッケージデザイナーとしての建築家である。それまでは何だかよくわからなかった建築家と呼ばれている人たちの仕事は、通俗的には、今、とりあえずそんなものだと理解されて納得されているはずである。あのバブル経済の時期（ポストモダン風パッケージ）を通過してそれはほぼ決定的になったように思う。多くの建築家、アトリエ派も組織事務所も入り乱れて、これは願ってもない働き場所であった。彼ら（私ら）は磯崎新に足を向けて寝られないんじゃないかと思う。そして一方それは公共建築の発注者側から見ても好都合だった。建築家の役割をパッケージデザイナーの役回りのところに閉じこめておくことができるからである。制度に直接抵触するようなことにはお前たち口を出すな、というわけで、私たちの役割はいまだに制度から空間へ、自動的に翻訳する自動翻訳機械である。18年前の状況と何も変わっていないどころか、むしろそれがより敷衍されてしまっているように思うのである。

　じゃあどうしたらよいのかといって、名案があるわけではないけど、でも、この中間業者的な役割だけは何とか払拭したい。それには、やはり、林昌二の時代に始末をつけなかった所にもう一度戻るしかないように思うのである。あるいは、磯崎が「個人芸」こそ重要だといったときに、実は棚上げにされて背後に隠されてしまった言葉をもう一度拾い上げてくることである。八束はじめによれば、その背後に隠されてしまった言語は「政治言語」である。『「政治言語」を断ち切ることによってしか、新しい地平は見えてこない』(2)と磯崎がいうときの、その「政治言語」というのは、制度と空間との関係についての言語である。でも、ひょっとしたらそれは「政治言語」などではなくて、「建築言語」そのものではなかったのか。その関係を「建築言語」として鍛え上げる努力を私たちは、長い間さぼってきたんじゃないのか。いまだに、建築は制度の忠実な反映であるということを、多くの人たち（私たち）

が受け入れてしまっているのもそのためじゃないのか。制度から建築へ、そんなに単純に自動翻訳機のように変換できるわけがないだろう。そんなに事は単純じゃないだろうという私たちの実感は、そこには常に建築家の意志や思想が介在しているという実感である。でも「建築をつくることで逆に制度のほうをどうにかするなどというほど制度の側は軟弱じゃないよ。ひとつやふたつ建築が変わったって、社会状況がどうにかなるなんてこともないだろう」というのも確かにもうひとつの私たちの実感である。その相互に矛盾する実感にどうけりをつけたらよいのか。

隔離することで今の秩序は保たれている

それは、実はきわめて簡単な話じゃないかと思う。もし冒頭で述べたように、制度と建築空間とがそれほどまでに密着しているなら、単に建築が制度の反映としてのみ存在しているのではなくて、その逆、建築が制度を規定するということも当然あり得るはずである。いや、現にそうなっている。建築は制度そのものだ、ということは制度は建築そのものなのだ。非常に単純化していってしまえば、制度とはカテゴライズすることである。それが〃何ものかである〃という枠組みを決めることである。そしてそのカテゴライズされたものたちを相互に隔離する役割を担っているのが建築である。「日本の医療と隔離という排除の思想とは今でも密接な関係をもっている」ということはたぶん現実だろう。でもそれは単に医療施設のみに限らない。あらゆる建築は隔離施設である。学校も、住宅も、美術館も図書館も劇場も、あらゆるビルディング・タイプは相互に隔離された施設として、場合によっては周辺環境からも隔離された施設として計画される。そして、非常に不幸なことに建築は、現実にそうした隔離施設のように閉鎖的なものになってしまっている。18年前の林昌二の指摘のままに。「隔離という病」は何も医療空間だけではなくて、今の建築空間すべてにあてはまる〃病〃であるといってよい。それが隔離された空間だからこそ、その隔離された内側だけの問題として建築を取り扱うこともできる。建築家が隔離された箱のパッケージデザイナーになってしまっているという構図については、すでに述べてきた通りである。

今でき上がっている秩序(カテゴリー)を平穏に保っておくためには、カテゴライズされたもの同士をなるべく相互にかかわらせないほうがよいということが、どうやら前提になっている。それが今の、特に日本の秩序の原型じゃないのか。それを官僚主義といって片づけてしまったら、また、話は元に戻ってしまう。官僚主義が悪いから。それではどうどうめぐりだ。〃病〃は私たちの側の問題なのである。

隔離施設として建築を位置づけて、それを実際につくることで、制度ははじめて実効をもつからである。つまり、建築の即物的な力を借りて、はじめて制度は成り立っているといえる。隔離施設のような建築によって、今の秩序がとりあえず保たれている。とすれば、すでに私たちはその秩序をつくり出している仕組み（制度）に深くかかわってしまっている。むしろ、そうした仕組み（制度）を正当化し補強する役割を担っているといってもよい。もし、仮にその制度自体に欠陥があったとしても、それでもその制度をいかにも正当であるかのように仕立て上げてしまうような役割を自ら演じているわけである。悪くいえば、粉飾しているわけである。つまり、制度といっても、それはいわば一種の仮説にすぎないように思うのだ。「その仮説に基づいて建築が実現することで、逆にその仮説が認知され、いかにも正当であるということが〝実証〟される」(3)という構図になっているのではないか。建築がそれを補強して、単なる仮説を〝制度〟に仕立て上げている。建築は制度であるというのは、そういう意味である。制度が悪い（社会が悪い）などとそれがいかにも私たちの外側にあるような振りをしても、あるいはそれをどんなに「政治言語」として断ち切ろうとしても、すでに私たちは制度に深く深くかかわってしまっている。

制度はそんなに強固ではない

もしそうだとしたら、逆に、建築を、その決められたカテゴリーから多少でもずらすことができれば、あるいは、この隔離施設をできるだけ相互にかかわるようにすることができれば、その境界を曖昧にできれば、それだけでも、今の制度を多少でも柔軟にすることぐらいはできるはずである。つまり、私たちが思っているほど制度は堅く固まってしまっているものではないように思うのである。繰り返すけれども、それを堅く固めてしまっているのが建築なんだから。そしてそれはすでにさまざまなかたちで試みられてもいるように思う。たとえば、北山恒・芦原太郎の設計した白石市立白石第二小学校（本誌９６１１）の教室の建具はすべて開放可能である。教室が直接町の中に開放されているような趣なのである。どこまでが小学校なのかその境界がまったく曖昧にできている。それだけで変わってしまう。従来の画一的な教育のシステムを根底から変えてしまうような、つまり、教育にかかわる人たちの意識を根底から変えてしまうような仕組みを建築の側が準備しているのである。あるいは、シーフカンスの千葉市立打瀬小学校（同９５０７）でも、あるいは我田引水になるけれど、私たちの設計した岩出山町立岩出山中学校（同９６０６）でも、多少でも、従来の閉鎖的な関係を変えるだけで、それだけのことで隔離施設のような学校が変わる。つまり、制度の側が変わらざるを得ないようなことが、私たちが思っている以上に簡単に起こり得るのである。いや、それは簡単ではないかもしれない。そうした、制度を変えたいと思っている人たちが一方にいたからこそ可能であったのだとは思う。でも、そうした人びと、今までの隔離施設のような建築ではもう駄目だと思っている人たちも大勢いるはずである。私たちを待っていてくれている人たちである。単なるパッケージデザイナーとしてではなく、今の制度自体を変えるための最初のきっかけとして建築を待っている人びとがいる。彼らを裏切らない努力はこっちの側の問題なのである。もし建築家に主体性のようなものが真に問われるとしたら、私たちの働き場所はそこにしかないように思うのだ。

（1）八束はじめ「ニヒリズムを超えて」（本誌8909）
（2）同掲書
（3）山本理顕「建築は仮説に基づいてできている」（上野千鶴子編『色と欲』小学館）

1999

主体性をめぐるノート

『新建築』1999年11月号

アートワークの環境としての建築

建築とアートワークとの関係が「埼玉県立大学」（本誌9907）の場合は、従来の関係とはかなり違ったものになった。建築ができあがってからそこにとってつけたように彫刻が置かれるなどというのは論外だが、建築の側であらかじめアーティストの活躍する場所を用意しておいて、はいどうぞというような関係とも違う。もう少し建築と絡んでいるというのか、建築とアートワークの境目が曖昧なのである。それまで、アーティストの人たちと本格的に仕事を共同したことなどなかったから、どう進めるべきか、かなり迷った。手順がわからないので、多分彼らが相当戸惑うようなことを私はいったと思う。どんな構成でこの建築ができ上がっているか、それをかなり克明に説明した。全体にシステマティックにでき上がっているのでそのシステムのようなものを、否定するにしても肯定するにしても、アートワークの環境として意識してもらえないだろうかといった話である。何か拘束条件をつけるようで、気が引けたけど、芸術作品といってもその環境と無縁にでき上がるということはないんじゃないかと、非常に単純に思ったからである。

埼玉県の委員会によって選ばれた5人のアーティストたちは、私からのその不躾な提案を非常に真摯に受け止めてくれた。チャールズ・ロスは学生会館の屋根のフィーレンデール・トラスの中にプリズムを仕込んで、学生会館の床や壁に虹の光を落とす。そこを歩く学生の白いTシャツが突然虹色に染まって、アートワークというよりも環境装置のようだ。チャールズ・ロスは天井に配置されたプリズムが、見上げても目立たないように細心の注意を払った。現象だけがあって実体のないような作品に彼自身も拘ったからである。見えないほうがいいんだろ？　私に向かってにやっと笑った。宮島達男の作品は、当初は大きな吹抜けの中に浮かんでいる中講義室の上げ裏に発光ダイオードの数字を点在させるというアイデアだった。上げ裏全体に鏡を貼って、その鏡の裏側にランダムに数字を点在させる。数字のところだけ透明ガラスになっているから、鏡の中に数字がちかちか光っている。上げ裏は、階段教室の勾配に沿って斜めになっているので、周辺の風景を斜めに映し出す。その斜めの風景の中に、発光ダイオードの数字がランダムに光っているという発想は非常に面白そうだった。ふたつの中講義室の上げ裏が外側のデッキからも見ることができる。むしろ建築がアートワークのための舞台のような役割になるわけである。ところが工事の手順とコストがネックになって、上げ裏の全面にこの発光ダイオードを展開することが不可能だということがわかってきた。そこで、発光ダイオードの取り付け位置を上げ裏の先端部分だけにしようかという話になった。宮島さんとは、それならコストも削減できるし、小規模になったとはいえ宮島さんの発想もなんとか実現できる。いいんじゃないですかねえ。私のほうも全面的に上げ裏に展開するよりも、多少控えめのほうがいいなあ、という気分もあった。ところが、次の日すぐ宮島さんから電話があった。どうも納得がいかない。これではアートワークというよりもデザインワークのようだというのである。環境に応じるというのは納得するけれども、ただ建築という環境に一方的に順応しているだけのような気がする。作品としての主体性のようなものが失われてしまっているように思う。そんなニュアンスだった。思いがけない要請に一瞬、戸惑った。でも、これは本質的な問題なんじゃないか、建築の側だっていつだってそうした場面に遭遇しているはずである。日常のさまざまな関係の中に普段は隠されているということもあるし、そのさまざまな関係の中では、私たちはこうは率直にいえないということもある。環境やあるいはさまざまな関係に順応すればいいのか、設計者の主体性などというものが現実の建築とどう関わるのか良くわからないということもある。でもアーティストの側からはこの問題ははっきりしていた。食堂のカウンターの横に照明のような棚のような作品をつくった方振寧、大学棟の吹抜け部分にネコプリントの版画を壁のスティールパネルの目地にぴったり合わせて構成した秋岡美帆の作品、あるいはもうほとんどデザインワークと呼んだほうがいいような舟橋全二の人型サイン、建築という環境によって制約され、それと地続きになることはどこかに不満が残ることだったんじゃないかと思う。自分の作品であるという刻印が必要なのだ。そのためにはその作品が環境から離れて、それ自身を切り取ることもできる。環境から切り離されても作品として自立している、そういう側面をもっていなくてはならないらしいのである。図書館の中庭に人工の稲穂のような作品をつくった望月菊磨は、それだけなら図書館という環境にまったく違和感がなくてさすがだなあと思っていたら、最後に水玉のようなステンレスの球体を点在させてしっかり望月作品を刻印していった。

建築に内在するトリック

システムという意味をそれほど厳密に使っているわけではないが、埼玉県立大学の建築はシステマティックにできているように見える。ひとつにはPCを使ったためもある。そのために７７００㎜というモデュールですべてが貫徹されている。建築面積３４０００㎡、延べ床面積５４０００㎡というバランスはほとんど平屋みたいな建築である。この横方向に大きな面積をひとつのモデュールで覆うというのは、それだけでシステマティックに見える。７７００という数字に特に根拠はない。基本設計のときは確か８０００㎜だった。それが延床面積の都合で７７００㎜になった。もちろん大体の目論見はあるけど、それほど厳密なものじゃない。ところがその７７００という数字がいったん決まってしまうとそれが、極めて厳密なものであるように働きだすのである。たとえば７７００×７７００㎜という実験実習室の面積がいかにも整合しているように見える。その面積の中に実験実習装置や設備を、それに適合するように配置しているからなのだけれども、それでも、さまざまな部屋がその７７００×７７００㎜によって規格化されて、それぞれに基礎看護とか成人看護とか運動治療学、福祉工学などと名前を与えられていくと、その規格がまったくの適正値であるように感じられるのである。あるいは７７００㎜の１／４の１９２５㎜という寸法は桁行き方向の柱間である。ＰＣの柱の見付け寸法が２３０㎜だから内法有効寸法は１６９５㎜、これが開口寸法になる。車椅子の出入りにほぼぴったりの開口寸法である。結果的にそうなった。だから７７００㎜という寸法に根拠があるかといわれれば、あるという答え方だってできる。決まってしまった寸法に根拠を後から与えるようなものだけれども、実際の設計の場面は、そのあたりを行ったり来たりする。どっちか片方の一方通行ではない。これは多分、多くの設計者たちの実感だろうと思う。つまりモデュールといったって、その決め方は厳密なものではなくて、おおよその経験値によって決まっているわけである。かなりいい加減だけれど、重要なのはその決まり方ではなくて、決まってしまった寸法に意味が発生してしまうということである。

寸法だけではない。建築のでき上がっていく場面は常にそうした側面をもっている。でき上がるまでは極めて曖昧な基準で決まっているくせに、いざそれができ上がってしまうといかにも厳密な基準あるいは根拠があってでき上がっているように見える。そう見えてしまう。実際、建築の利用者もあるいは発注者も含めて多くの人たちはそう信じて疑っていないように思う。それはちょっとしたトリックだと私は思っているけど、そのトリックが私たち業界のいわば飯の種なんじゃないのか。

身体感覚を他者と共有するための培養器

『世紀の変わり目の建築会議』（建築技術刊）という座談会集が最近でた。そこで槇文彦さんと篠原一男さんとの話が気になって、なんで気になっているのか説明しようとしてうまく説明できなかった。もう一度、その話を巡って岡部憲明さんとも話をした（『建築技術』９９０９）。まだうまくいえない。槇さんは「空間を覆うものが形態であったとすると、その形態の中に詰まっているものが空間である。そのとき、ぼくはそれを覆う形態よりも、詰まっているほうの空間の実体に対してより興味があるので『空間』という言葉を使ったのです」という。感覚的にはそれは良く分かる。「20世紀の建築の歴史は、『空間』が建築家の中でどう考えられてきたかという点で、一種の革命的内容をもったのではないかということに気がついたのです」。つまり空間の歴史ではなくて、建築家という集団の中で空間がどう考えられてきたかという歴史である。そして土浦亀城の自邸での空間体験が槇さんの空間の解釈の原型である。「土浦邸ができたときに連れていってもらった。そのとき非常に強い印象を受けたのは、室内のスプリットレベルの構成なんですね」。土浦邸ができたのは１９３５年だから、当時、槇さんはまだ7歳の子供のはずである。このときの体験を槇さんはなんとか言語化しようとしているようだった。それに対して篠原さんが「それは肉体的な空間論ですか」と質問している。私もここのところをうまく説明できないかなあと思っているのである。

篠原さんが「肉体的な空間論ですか」と尋ね返したように、多分、槇さんの空間論は身体感覚と密着しているんじゃないかと思う。土浦邸のスプリットレベルに立つ私の身体感覚を私自身が感じている。簡単にいうとそういうことである。ちょっと奇妙ないい方だけど、私がスプリットレベルに立っている私を見ている、そこに立っている身体感覚をこっち側にいる私が感じている。さらに奇妙ないい方をすれば、その身体感覚は私以外の他者とも共有されている。私以外の人もそう感じるだろうと私自身が思っている。そういう感覚である。身体感覚というのは単に私にのみ固有の感覚ではなくて、それはすでに共有されることを期待する感覚である。それは実際に私たちが、具体的な空間を設計しようとしている時の感覚に似ている。ある場所、ある空間を計画する時に、その空間に対する感覚が共有されるかどうかという判断は私の身体感覚である。なぜ「私」だけの感覚であるはずの身体感覚が私以外の他の人と共有されるのか。それが実感だといってしまえば簡単だけど、それをもうちょっと補強するなら、「私」という主体の意識というのは、「そもそもひとつの存在様式にすぎない」。つまり共同体的に獲得されたものにすぎない、というポール・リクールの意見を引用する(「おのれ自身であること他人のごとくに」/『フランス現代哲学の最前線』より/クリスチャン・デカン著/廣瀬浩司訳/講談社現代新書)。直接読んだわけじゃなくて孫引きなんで気が引けるけど、このポール・リクールという人はとんでもなく過激な人で、「人間的な個人が自己として存在するのは、教養を必要とする公共の場において、まわりの人間の言葉による属性や責任の付与、命令などを『人称的に』引き受けるような能力のあるときだけなのである」などという。そんな能力は誰にだって備わっているわけだから、つまり、私という主体性なんて、まわりから呼びかけられてそれにハイって答える程度のもんだというわけである。個人の内側にあらかじめある主体性などという考え方は、はなから認めない。こうした考え方、ぼくは好きだなあ。常日頃の実感とぴったり重なるからである。

つまり、身体感覚というのは私という主体の内側にあって、私にのみ固有の感覚ではなくて「まわりの人間」に対する伝達可能性をすでに含んでいるはずなのである。他者の同意を期待している。もう少しいえば私の身体感覚は他者と共有している、そういう感覚である。さらに、その身体感覚は、何らかの空間の中にある。何らかの、というのはちょっと曖昧ないい方だけど、またポール・リクールに戻ればその空間は「教養を必要とする公共の場」である。つまりそこでの作法(行為の仕方)を暗黙の了解として共有している場所である。何らかの秩序を内包した空間といったらいいのか。でも、人間の登場する空間は常に何らかの秩序を内包しているわけだから、逆のいい方をした方がいい。私ならこういう。「空間が身体感覚を誘導するのだ」。多分、そういうべきなのである。つまり、空間は主体の内側にあるはずの身体感覚を他者と共有するための培養器なのである。槇さんは多分それをいいたかったんじゃないかと思う。7歳の文彦少年がその空間に出会って刺激されたのが、その身体感覚だったのだ。それにしてもその感受性はさすがにスルドイ。そして「それは肉体的な空間論ですか」と敏感に反応した篠原さんもスルドイなあ。

生活の秩序と空間の構成

もし空間が身体感覚を誘導するとしたら、その誘導する力は、ひとつは槇さんの例のように純粋に空間構成そのものの力であるようにも見える。土浦邸のスプリットレベルのような、あるいは旧帝国ホテルの迷路的な空間のような「狭い空間から広がりのある空間に向かう時、そこにどういう驚きをつくることができるかとか、どう感じるかという風に空間の中に自分の身を置いて、それを内側から展開するという手法を取るのも身体的空間論と結びついていると思う」と槇さんが述べるように（『世紀の変わり目の建築会議』）、空間の構成の魅力が身体感覚に直接に働きかけるような例である。そしてもうひとつは、制度との関係である。あるいは生活の秩序との関係である。空間が常に何らかの秩序を内包しているとしたら、空間を変質させることでその秩序そのものを変えることである。従来とは違う秩序、それは思っているよりも簡単にできる。ふたつの空間の間を仕切る厚い壁をガラスに変えてやるだけでできる。あるいは、それまでの空間の配列を少しずらしてやるだけでもできる。それだけで身体感覚が刺激されるように思うのである。でも実際にはこのふたつ、「空間の構成」と「生活の秩序」とは常に絡みあっている。空間の秩序というようなものを空間構成の仕方と、生活の秩序とふたつに分けて考えるというのがすでに間違っているようにも思うのである。もちろん思考の過程としては、空間構成だけを取り出してそこだけにこだわって考えるという瞬間があることは否定しない。たとえばそれは最近青木淳さんが書いていたように「決定のルールはナカミとはなんの関係もない（本誌9907「決定ルール、あるいはそのオーバードライブ」）」。空間の構成について考えている瞬間は、そこの生活の秩序なんて、なんの関係もない、というのは確かにその通りである。でも、それによってできちゃった空間は、確実にそこでの生活を拘束する。ナカミをつくり上げてしまう。生活の秩序をつくりあげてしまうはずである。たとえば60年代の後半から、70年代にかけて篠原さんが精力的に手がけた住宅を巡って篠原さんと話をした。私たちは篠原さんが空間のまったく新しい構成の仕方を次々に展開していったことをよく知っている。でも、それは空間の構成の新しさであると同時に、結果的ではあったにしても、一方で生活の新しさの発見でもあったと私は思う。従来までの住宅とは明らかに異なる生活の秩序をつくり出していたように思うのである。それも同時に新鮮だったのだ。このふたつは、私は分離不能だと思う。結局最初の話に戻るのだけれども、ここにちょっとしたトリックがあると私は思っているのである。トリックというのは、建築ができ上がるまでは極めて曖昧な基準、曖昧な根拠しかなかったとしても、いざその建築ができ上がってしまうと、いかにもどこかに根拠があってその建築が存在しているように見えてしまうという、私たちにとっては極めて都合のいい、建築というものの本質的な属性である。だから、途中経過は何にこだわったっていい。空間の構成にのみこだわるといったって、それでちゃっかり住宅になっているじゃないか。あるいは、学校でもいいし図書館でもいい。あるいは劇場でも美術館でも、何でもいい。個人的にどんなこだわり方をしてもいい。でも最終的にそれは建築として解釈されることを保証されているはずである。この場合、建築としてというのは、空間は生活の秩序を一方で引きずってしまうというときの、その空間のことである。どんな建築も身体感覚の側からは生活の秩序との関わりで解釈され尽くされてしまう。建築というのは、今のところ、そういう属性をもってしまっているようなのである。結果は建築として保証されているわけだから、途中経過なんて何だっていえるさ。などということを私はいいたいわけじゃない。そうはいわない。空間構成に対する革命的な説明の手口が、社会（生活の秩序）に対する考え方も革命的に変えてしまったという例を私たちは知っている。たとえばミース。たとえばnLDK。だから何だっていえるさ、ではなくて、何だっていうべきなのだ。それを前提として私はいっているつもりである。だって、そういう何だっていえるチャンスを建築をつくることによって私たちは獲得しているわけなのだから。飯の種というのはそういうことを指している。「空間の構成」でもいいし、「決定ルール」でもいいし、あるいは「外在的な要因によって物事を決定（『jt』9908「並列・併存関係がもたらす開放的な空間」坂本一成）」してもいいし、何でもいい。

ただ、何だっていえるというときのその向かう先は、とりあえずは業界の内側に向かっている。そこにしか向かっていない。そうした途中経過を説明する言語、建築の方法を説明する言語が通用するのは、業界の内側だけである。何でもありなんだから、そんなものは業界内でしか通用しない。業界の外側からは、だってできちゃったものについていっているんでしょ、建築というのは根拠があってでき上がっているんだから、そこに設計者の意志や意図や特別な説明なんて期待していない（このあたりの話は拙稿「建築は隔離施設か」／本誌9712を参照してください）といったところがおおかたの見方なんじゃないかと思う。だから業界の外側まではなかなか届かない。そう思っていたほうがいい。業界というのはちょっと品のないいい方だけど、でも、私は別にそれを否定的にいっているつもりはない。適当な言葉が思いつかないのでそういういい方をしているだけで、建築に限らず優れた作品が遺産として残るためには、それが優れているということを受け入れること、そしてそれが受け継がれること、そのためには業界という共同体が必要なのである。「遺産が残るためには、ある種の共同体、つまり伝達の共同体が想定されなければならない」とクリスチャン・デカンは、私のような品のないいい方ではなくて、非常に格調の高いいい方で説明する（前掲『フランス現代哲学の最前線』）。そういえば、この共同体の内側の共同体的な思考あるいは言語のことをクーンはパラダイムといったのだった。そしてパラダイムはその共同体の内側からの力によってしか変換できないはずなのである。

建築が開放系に向かうためには

そこでまた、最初のアートワークの話に戻ると、それじゃあアーティストの主体性というのは一体どういうものなのかとあらためて思う。ひょっとしたら、それも、アートという業界の内側の話なんじゃないのか。遺産が受け継がれる共同体（業界）の内側では常にその主体の思想の首尾一貫性が問われるはずなのだから。そうじゃなかったらそれを遺産として伝達することが不可能だからである。ただその思想が、たとえば埼玉の大学の環境にとってどれほどの価値があるかというとそれはまた別の話である。こっちにとっては、そのアートワークが建築という環境の中でどう働くのかということが関心事のすべてである。作者の主体性なんて、とはいわないにしても、特別に作者の主体性に敬意が払われているわけではない。このあたりがアーティストにとっては居心地の悪いものになったとは思うけれども、でも、何かそこに私は可能性があるように思ったのである。宮島さんがそうだったように、あるいは望月さんが周囲を映し出す球体に最後にこだわったのも、それは彼らの側の主体性と環境との間のぎりぎりの選択だったんじゃないのか。業界の内側での都合と環境という外側との関係は、多分アーティストにとっては常に死活問題じゃないかと思うし、それを死活問題だと思わない作家、自分の主体性があらかじめ自分の内側にあると思いこんじゃっているような作家は、自分の作品を外側に開いていくというのがなかなか難しいだろうなあ。今回前述した5人の作家以外にもさまざまな人とつきあってみて、そんなことが少しわかった。それは私たちの業界でも同じことがいえるように思うのである。こっちの業界の内側で、いくら主体性にこだわろうと、それを解体しようと、あるいはシステムに委ねようと、それが業界向けのメッセージなら、そんなものは、どっちだっていい。どうとりつくろったって、業界の内側で問われているのは常に作者の主体性であり、作者の思想なのだから。それだけなら、業界の内側で相対化されて、単なる訳知り、業界内解説者、それだけのものだと思う。それが業界の外側との通路に接続されていない限りほとんど意味がないように思うのである。

埼玉県立大学はシスティマティックにできている。システムにこだわったのは、「私」の思いつきのようなものによって決められているのではなくて、何らかの根拠がある、そう見えることを期待したからである。でも、そのシステムの根拠にしたって極めて希薄なものでしかない。冒頭にそう述べた。システムにしろ、あるいは決定のルールにしろ、さまざまなことを決める時に、その決断の根拠をどこに求めるかという話は、それは業界の内側の話なんじゃないのか。そういう話であった。それでも、私はこだわるべきだと思う。仮にそれが業界の内側の話であったとしても、それでも「私」の決断の根拠にこだわるべきなんだと思う。それを思想といったっていい。それじゃあ、どんな思想が業界の内側にとどまって単に業界内解説者なのか、どんな思想が業界の外側に通じる通路に接続される可能性をもっているのか。それはわからない。ただ、今のところはっきりしているのは、その通路は業界の外側からは「生活の秩序」に関わることじゃないかと思われている。それが業界の内側と外側とをつなぐ数少ない隘路のひとつであることは間違いがないように思う（私たちもなんだかんだいったって、飯の種はそこにある）。だったら、その隘路をもう少し鍛えられないかと思っている。どんな思想も業界内の思想でしかないのだ。でもそれが逆流して外側まで覆ってしまうことだってあり得るのだと思いたい。

2000

『新建築』2000年9月号

共感された空間──主体性をめぐるノート2

策定委員会とのコラボレート

開学計画策定委員会というのは、建築、家具のデザインからカリキュラム、UI（University Identity）、学生の募集の仕方、大学の名前を含めてこの大学の開学の準備のすべてを担う委員会である。メンバーは伊東現学長を中心にして、30代の若い研究者たち、将来この大学の教師になることが予定されている人たちである。つまり、この大学の研究・教育の理念について考え、地域社会との関係をどうつくるかを考え、さらにこの大学を運営して行くための最良の方法を考える、その実践部隊の人たちである。その策定委員会の人たちとの会議が多いときにはほぼ1カ月に2度の割合で開かれた。会議のメンバーは函館市を中心にして周辺の4つの町が連合してつくられた広域連合の大学設置推進事務局、大学設置のためのコンサルタントの開発構想研究所、そして私たち設計事務所と造成の設計を担当したアジア航測。大所帯である。大所帯ではあったけれども、会議自体はかなりスムースに進んだといっていいと思う。もちろん、途中経過はいろいろあった。ただ、それでも、今、記憶に残っているのは紛糾した記憶よりも、むしろ、非常に建設的だったし刺激的だったし楽しいものだったなあという記憶なのである。それは、多分、策定委員会のメンバーとの確かな信頼関係があったからである。策定委員会のメンバーはコンペの審査員でもあった。私たちの提案した、非常にオープンなスタジオ形式に対して最大の評価をしてくれたのがこの策定委員会のメンバーだったという話を後から聞いた。このオープンなスタジオへの共感があらゆる場面で、コンセンサスをつくることに役立ったわけである。これだけ立場の違う人たちが参加しているわけだから、当然、会議は紛糾することだってある。でも、このオープンなスタジオを実現するにはどうしたらいいのか、そのスタジオを巡ってどのような教育の場面を考えればいいのか、どんな場合もその一点に常に戻ればいい。この空間に対する期待が結局はさまざまな立場を超えてひとつの方向に向かわせるのである。

3年前の議事録を、今、開いてみると最初の私たちの提案がさまざまな形で変更されている。ひとつは延床面積、コストのこともあって私たちはできるだけコンパクトな建築にしたかった。それと、コンパクトにすることによって、さまざまな部屋が近づきあって相互に密接な関係を持つようになる。中庭を挟んで離れていた空間が接続される。それだけで、両者の空間の性格が変更される。それは教育の場面にどう反映されるのか。策定委員会との会議の場所でさまざまな重要事項が決定されていった。コンペの要項では3000０㎡だった延べ床面積が2７000㎡ほどになった。それと同時に、スタジオ部分、講義室部分、体育館部分と分棟していた構成が一体的な構成になっていった。当然、いじめられる部屋も出てくる。ほぼ、最終段階に近い時点で、私たちは通常の半分近くにまで縮小した体育館を提案した。別に体育大学じゃないんだし、そんな正規のバスケットコートなんていらないだろうという判断である。策定委員会側の大勢も同じ判断だった。体育館は地域開放、社会開放の目玉ですから、という事務局側からの強い要望も、地域開放は別に体育館などではなくて、この大学の特色をこそ開放すべきなのではないですかという正論の前では分が悪い。すでに体育館はマルチパーパススペースに隣接されて、単なるスポーツユースではなくなっていた。ロボカップ選手権というロボットにサッカーをさせるユニークなゲームのためのメイン会場にもなる。むしろそっちの方が面白い。多くの部屋が単一機能の部屋ではなくて、隣接する場所との相互関係で、さまざまな用途に多様に使われるようになっていった。私たちにとっても、それは望むところだった。今までだと、従来までの学校という形式化された教育施設をどうやったら再現できるか、せっかく新しい建築をつくるのに、多くの場合そうした後ろ向きの力学が働いて、私たちの側からの提案がなかなか受け入れられない。そういう経験を何度かしてきているから、この策定委員会の人たちとの話けとても新鮮だった。私たちの側からの建築の提案がたちどころに理解されて、それがどう教育のシステムに有効に働くか、一瞬の内に反応がある。その提案をどう役立てようか、思考の回路は常に能動的なのである。あるいは彼らからの要望は、この建築がもともともっている特性をより活性化させる方向に向かう。たとえば、ガラス張りの研究室は、そんなことは当然という感じであっさりと受け入れられてしまった。今どき、自分の研究室の中に閉じこもって外側にいる人と無関係に仕事をするなんて考えられませんよ。その通りなんだけれどこの研究室のガラスを巡って大激論になってしまったかつての経験が蘇る。こっちとしては感無量なのである。講義室と廊下の間も透明なガラスになった。中廊下だから、その廊下を挟んだふたつの講義室が相互に丸見えになる。提案しながら、多少の不安がこっちにもあったけれども、これもあっさりとガラス張りが支持された。学生の気が散って授業にならない。教える先生からはそういわれるのが常だったのに、ここでは逆に、そのガラス張りが授業の形式まで変えてしまった。授業の様子を外から見て、興味があれば、だれでもいつでもその講義室に入って、その授業に参加することができるのである。学生も入ってくるし、先生も入ってくる。実際、私たちも授業中に中に入って学生のラップトップコンピュータをのぞき込んでみた。何やってるの？コミュニケーション技術の演習です。授業中の先生が近づいてきて、コミュニケーション技術について、私たちに解説してくれる。なんだか自由なのだ。建築のつくり方ひとつで教育のシステムがすっかり変わってしまう。策定委員会のメンバーたちがそのことをよく知っている。環境とその環境の中のアクティビティーとの関係についてきわめて敏感なのである。だから、彼らとの話はきわめて率直だった。今までだったら多分そうしただろう、多少は控えめに提案するなどという必要はまったくなかった。そのために建築は、最初の構成から比べると、スタジオという自由な空間の中心性がはるかに明瞭になり、さらに、その自由な空間をより活性化させるような純粋な構成に近づいていったという確かな手応えがある。

ところで体育館については、結局、事務局側からの強い要望が勝って、その分予算を増額してもらって、正規のバスケットの試合ができる体育館になった。今、学生たちのもっとも重要なレクリエーションの場所になっている。これは、事務局側の判断が正解だった。

雛壇状のオープンスペースとプレキャストによる構造

プレキャストでやろうと即座に思った。実際に敷地を訪れて、函館山を遠望するその雄大な風景を見て、研究室からも図書館からも講堂からも食堂からも、そして学生たちが普段いる場所からも、すべての場所から函館山が見える、そんなパノラマを一望する大学のイメージとPCのドライな架構がぴったりと重なり合うように思えたのである。ちょうど、埼玉県立大学（本誌9907）の実施設計がほぼ終わったころだったために、PCのもっているきわめて合理的な架構方法にすっかり魅せられていた、ということもあった。PCなら木村俊彦さんに相談に乗ってもらいたい、それも即座に思った。

雛壇状にオープンスペースが並んでいるというイメージは大学の建築学科や設計事務所のイメージである。たとえばハーバードのＧＳＤやピアノのジェノバのオフィスなどを思い浮かべる。この情報系の大学の研究・教育のための場所が建築の設計事務所に似ているはずだという直感は、私たち設計事務所の作業が個人的な作業でもあり共同作業でもあるという日常の実感である。この大学はコンピュータが中心になるような大学である。そのコンピュータを中心にする空間がどのような構成になるのか。それは私たちも日常的に実感しているような、結局は生身の人間の接触の仕方だと私たちは考えた。私たちの事務所でもプロジェクトごとにチームが編成されるけど、それぞれのチームは固定的なものではない。ひとつのチームの作業を他のチームのメンバーが批評できる、相互に交流できるようになっていないと、つまり、チームの内側だけで閉じてしまうと、なかなかうまくいかないのである。多分、同じようなことになるだろうと思った。ひとりになりたいときは、自分の場所を確保することができて、グループで活動するときには、振り返ればそのままグループに参加できるような、非常に自在な空間である。その自在な空間を敷地の勾配に合わせて雛壇状に配置する。そしてそのすぐ近くに先生の研究室がある、というような構成である。その自在な空間を「スタジオ」と呼んだ。設計作業をするためのスタジオのイメージである。このスタジオ全体をＰＣの架構で覆う。工期が短かったということもある。ＰＣ工法は工期の短縮には圧倒的に有利な工法なのである。でも、それ以上にこのシステマティックな工法が、スタジオと呼んだ非常に自由な空間にぴったりなのではないかと思ったのである。ＰＣは基本的には繰り返しである。同じ型枠のロットが多いほど効率的である。だから、その繰り返しの仕方を決めることで、ほぼ、全体の形が決定される。どこで分割するのか。どのような型取りをするのか。運搬に適した寸法であると同時に空間を構成する適切な単位でなくてはならない。つまり、モデュールである。架構のための適切な寸法がそのまま空間構成のための有効なモデュールになって、空間構成のシステムを決定するわけである。木村俊彦さんはダブルＴの床版を使いましょう、と即答した。まだ、コンペの1次審査が終わったばかりで、2次審査に向かってどうアイデアをまとめようかという時期である。ダブルＴの床版はほぼ規格品化された構成部材で、圧縮力があらかじめ加えられた部材である。運搬のことを考えても、13ｍほどの長さが適当でしょう、ということで梁間、桁行き方向とも13ｍほどのスパンが、そして、巨大な空間に13ｍピッチで柱が林立する風景がこのときほぼ決定した。この時点で、この大学の架構のシステムからモデュールから空間の配列のシステムまでほとんど決まってしまったといっていい。埼玉県立大学の時は、ＰＣ化は実施設計の途中から検討され、それに応じて、それまで決定の手だてがなくて保留状態になっていたさまざまな部分が一気に、まるで高性能CPUで処理するようにまとまっていった。そうした経験をしていたから、今回は、それをもっと自覚的に最初から設計のプロセスに組み込んでおきたいと、私たちも思っていた。それがPCを採用したいと思った最大の理由である。13mという寸法は最終的に12・6mという寸法に落ちついた。部材の運搬の都合、延床面積の調整、諸室の適正値を決めるためのモデュールを求めた結果である。

木村事務所との打ち合わせは非常に単純だった。スタジオ部分に構造壁を出さないこと、柱の寸法を950㎜角程度に納めること、ダブルTにトップライトのスリットを開ける。そのスリットの長さをできるだけ大きくすること。そうしたことは私がいい出す前に、むしろ木村さん自身が目指していたことだった。私が唯一こだわったのは、ダブルTの床版のステムの方向を一定の方向に揃えることだった。何しろスリットの開いた床版だから、各グリッドごとに千鳥に梁に載せたほうが水平剛性が保ちやすい。それを無理をいって東西方向に平行にステムを配置してもらった。それ以外はまったくといっていいほど木村さんとの間に齟齬がなかった。木村さんは、多分、最初の私のスケッチを見た瞬間に今の最終形を思い浮かべたに違いない。それは、私の思っているよりもはるかに細く、はるかにシャープな躯体だった。実現した20mの柱の細さは、私は凄いと思う。

コラボレーションの中での主体性

サインのデザイナー、家具のデザイナー、テキスタイルデザイナー、埼玉県立大学の時とまったく同じチームに協力してもらった。彼らにも策定委員会の会議に参加してもらって、家具の形、色、サインのシステムについて話をした。建築の話よりももっと、それぞれの委員や参加者たちの個人的な趣味の問題になりやすい。だから、なるべく言語化するように私たちもつとめた。特に、スタジオの家具はこの建築の中のもっとも重要な家具である。策定委員会の意見はなるべくフレキシブルな家具を、できれば不定形な家具がいいという意見だった。というのはこの家具が、ひとりのための家具であり、グループ活動のための家具であり、特定できない用途を担っていたからである。この家具と、スタジオの自由さがちょうどセットになっているわけである。私たちは、むしろシステマティックな家具を提案した。複数のデスクがさまざまにジョイントされ、そこに幕板や照明器具やサイドテーブルが自由に取り付けられる。不定形ではないけれども、結果的に非常に自由な家具になった。

図書館はカフェのような図書館にしたい。何もシーンと静かな図書館なんかイメージしなくたっていいじゃないかというのが策定委員会の意見だった。寝ころんで本が読めるような家具とバーカウンターのような家具ができあがった。策定委員会からの要望自体がこの空間の特性を強く意識したものだったから、その自由な空間を補強するような家具なのである。建築のグリッドプランをそのまま総合案内板に使ったマトリックスのようなサイン計画、すべてがシステマティックで非常にドライな内部空間に対して、それを唯一和らげるような役割を果たしたタイルカーペットのテキスタイルデザイン。すべてがこの建築のつくられ方との関係で決まっていった。

デザイナーやアーティスト、あるいは構造事務所、設備事務所とのコラボレーションについては、今までも私たちは多くの経験をしてきた。それが設計の基本的な方法に深く関わるものだという体験もしてきた。それはすでに織り込み済みである。にもかかわらず、今回はそれをさらに強く感じている。というのは、策定委員会という使用者であり研究者であり、教育者であるこの大学の主要なメンバーが直接設計の過程に参加したことである。そして、彼らが私たちの提案の最大の理解者だったことである。彼らとの関係は従来までの設計者と発注者（あるいは使用者）という関係とは相当違う。従来までは対立とはいわないけれど、それに近い関係だった。その両者がさまざまな問題を巡って対立すると同時に、対立することによってもっとも本質的な問題からますます離れていってしまうという体験を私自身何度もしてきたから、それはよくわかる。単純化していえば、設計者の（新しい）提案と使用者の日常（多くの場合は極めて保守的な日常である）が対立する。その両者の対立の着地点をどう見つけるかということに終始してしまうのである（さらに不幸なことは、設計者の新しい提案の、その「新しさ」は単に業界の中での「新しい手法」といった程度の新しさであり、「使用者」は実際の使用者であるよりも管理者が想定する使用者である）。ところがここでは、はじめから対立するような関係ではなかったのである。両者がひとつのチームのようなものだといっていい。そのチームの目標がこの自由な空間をつくることであった。重要なのはそこだと思う。私の責任はこの参加者たちが共有し、共感できる空間を提案することにある。その共感された空間が、参加者たちによってさまざまに変化する。その変化の方向そのものが、共感された空間によって誘導されるのである。だから、その変化は提案の内容をさらに純粋に、さらに根元的なものにする方向に進む。前述した通りである。

この構図は従来の建築の設計者と発注者、あるいは設計者と使用者という構図とはずいぶん違う。実感でいえば、私自身が主体的であることをこれほど使用者側（策定委員会）から期待されたことはない。でも、それは業界的な新しい手法への期待でもなければ業界内でしか通用しない作家主義的な新しさへの期待でもない。むしろ、それは策定委員会側が敏感に排除しようとしたものですらあった。私への期待はそんなものではなくて、「共感された空間」が、さらにその空間の可能性を広げる方向に向かうことへの期待である。多くのこの建築の参加者たちがその方向に向かって誘導されることへの期待だった。

こうした、設計者と使用者との、ある意味では非常に幸福な関係が、たまたまこのプロジェクトによってのみ実現した特異な例だといういい方も確かにできる。でもこっちが正常な関係なのだ。この関係が特異な例に見えるほど、従来の私たち設計者と使用者との関係が異常なものになっているのだと思う。その原因の多くは私たちの側にもある。多分、私たちが業界内で互いに競っている新しい技法や新しい表現（それが業界内で閉じている限りにおいて作家主義と呼ばれるもの）が、徹底的に信頼されていないように思うのである。それを使用者の側の保守性といってしまえば話は簡単だけれども、むしろこっちが業界の内側に閉じてしまっていることの方がよほど問題なのである。今回の体験は、建築はまだ捨てたもんじゃない、期待されているという実感である。ただ、その期待は私たちが「共感される空間」を提案できるかどうか、という期待である。と同時に「共感された空間」はすでに共有された空間である、ということはその実現のプロセスそのものも共有されている、その共有されることに対する期待である。

私自身のことをいえば、ここのところ、さまざまな局面で同じようなこうした体験をいくつかしている。建築に対する枠組みが今大きく変わろうとしているという実感がある。その期待に応えるのは当然私たち自身の問題である。

2003

建築の社会性

『JA 51』2003年秋号　特集｜riken yamamoto 2003

洗面所や浴室のようなウォーター・セクション、そして台所を窓側に寄せるというアイデアは6年ほど前に民間の集合住宅の設計を依頼されたときに思いついた。その集合住宅の立地が横浜駅のすぐ近くだったから、単に住宅としてだけではなくて、オフィスのようにも使われるだろうと思ったのである。だったら住宅にもオフィスにも使えるようなユニットが考えられないだろうか、というようなことが発端だった。ウォーター・セクションと台所を窓際にもっていってしまうと、そのユニットの玄関側が自由になる。単純にそう考えたのである。そのプランは描いてみると、さまざまに可能性がありそうだった。プランが非常に単純化される。ひとり住まいのような小さなユニットでも複数人が共有するような大きなユニットでも、その大きさが自由に調整できるのである。単純に梁間方向の界壁の位置を変えるだけで大きさの変化に対応できる。集合住宅を設計していて面白くないと思うのは、ひとつのユニットの大きさがあらかじめ与えられてしまうことである。それはひとつの家族がひとつのユニットに住むということが前提になっているからである。でもその家族専用住宅を実際にはオフィスのように使ったり、仲間同士でシェアして共同で大きなユニットに住むなどということが、現実に起きてしまっている。そうした住み方に自由に応じられる、というよりも積極的にそれを誘導するようなユニットができないかと思ったのである。でも、これは民間の、それも分譲住宅だったために、実現しなかった。これでは分譲住宅としてあまりにも一般性に欠ける。確かに分譲住宅というのは自分の住まいというよりも一種の資産として購入するわけだから、誰にとっても有効であるといったような一般性がないと売れない。つまり、今の分譲住宅マーケットで流通可能なものでなければ売れない。というわけでボツになってしまった。

それを東雲の計画で試したいと思った。東雲は都市基盤整備公団のプロジェクトである。日本の住宅の形式をつくってきた国の組織である。その公団が今までの郊外の住宅地開発ではなくて、都市の中心に賃貸住宅群をつくるという計画である。都心の高密度住宅の計画にはこのウォーター・セクションと台所が窓側にあるというプランはその使われ方を考えるときわめて適当だと思ったのである。ただ、あまりにも従来のプランと違う。ということで公団側としては当然のことにかなり戸惑ったようだった。たまたま新潟でワンルームマンションを設計してくれないかという依頼があったので、だったらまずそこで実験してみようと思ったのである。

窓際水回りは思った以上にうまくいった。ウォーター・セクション経由の採光は十分、玄関側が開放されるので、使い勝手もよい。ウォーター・セクションがガラス張りになってもブラインドで視線を調整すれば何の問題もなさそうだった。むしろ外光に満ちた浴室は従来の真っ暗なユニットバスに比較してずっと快適そうに見える。公団の担当の人たちにも見てもらって、これなら思ったよりもいけるんじゃないかという実感が共有されたように思う。ちなみにこのワンルームマンションは、竣工した途端、あっという間に満室になってしまった。そして、さらに東雲の現場でもモックアップをつくることにした。ベーシックユニットと呼んでいる広さ55㎡のもっとも単純なユニットのモックアップである。水回りは窓際、間仕切りはすべて可動で取り外して収納できる。そして玄関ドアの素材として透明ガラスを試してみたいと思った。つまり、玄関部分が外側の廊下から素通しになるわけである。そうすれば、ここをショーウインドウのようにも使えるし、パーティションを奥に移動して玄関部分を広くすればそこを事務所のようにも使える。たとえば編集事務所や建築の設計事務所、デザイン事務所、あるいは自分のつくったものをそこに展示してショールームのように使うにはちょうどよいといったユニットである。こう書くとなんだか過激な住宅だと思われるかもしれないけれども、実際にこれができてみると、普通だなぁという印象なのである。このモックアップを見学にきた多くの人たちの意見も同じだった。なんだ、結構普通だなぁ、なのである。

普通にという意味が変わってきてしまっているのだと思う。住宅が一方で仕事の場所になってしまっているのはすでに普通のことだし、そこに住む住み方も従来までのように夫婦と子供という家族単位を必ずしも前提としていない。家族単位を前提としないことが、特にこうした都市の中心に住む場合は、普通なのである。だから、仕事の場所にもなる可能性をもったこの住戸ユニットが普通に見えるのだと思う。私たちはできるだけ多くのユニットの玄関部分を開放的にしたいと思った。それとできるだけユニットのバリエーションを多くしたいと思った。単に家族のための住宅としてではなく、さまざまな用途に使うことを可能にしたいと思ったからである。最終的にこうした玄関がガラス張りのユニットは全体の6割程度を占める。残りの4割は従来通りの鉄の扉で廊下から隔離された家族専用住戸ユニットである。全部で420戸、延床面積50000㎡の集合住宅である。容積率394%という数字は、従来までの専用住宅の集合だったらほとんど不可能といってよいほど高い密度である。でも、北側で一日中日が当たらなくても、それがオフィスのように使われるのだったらそれほど悪い環境ではない。こうして、そのユニットの性格によって住棟の中のどの位置にどのユニットがきたらよいかを決めていったのである。つまり、住戸ユニットの性格がそのユニットの配列のシステムを決め集合の形式を決め、住棟の計画を決めている。住戸ユニットの性格が従来のものとはまったく違っているからこそ、こうした高密度がまったく気にならない。というよりも、その高密度が今までにない新しい都市の風景をつくっているように思うのである。

一方、廊下側から見ると、中廊下に向かって開放的な住戸の配列は従来までのような、たとえばユニテのような真っ暗な中廊下とはまったく違う。住戸を通じて外光が十分に中廊下まで届くからである。この風景は集合住宅の中廊下というよりもむしろ街路のような景観である。その街路のようなところに各ユニットのガラスドアが並んでいる。

こうした住棟計画もさらにその住棟が集まった地域計画も、従来の専用住宅とは違った多用途の居住ユニットを前提とすることで成り立っている。つまり、各住戸の計画が先にあって、それを前提にして全体の計画が決められているわけである。それは今までの地域計画とはまったく逆転した計画の方法である。つまり、地域の全体計画があって、その後に住棟の計画があって、最後に住戸のプランが決まるというような、大きなスケールから徐々に小さなスケールの計画に移行するというような方法とはまったく逆転した方法だという意味である。個々のユニットのキャラクターがつまり、ここでどのような生活を想定するのか、それが420戸の配置計画を決め、さらには最終的に2000戸の全体計画を決めているのである。

邑楽町役場のコンペで、私たちはまったく新しい建築の工法を提案した。50㎜の角パイプを使ったほとんど仮設建築をつくるような工法である。その工法を利用することで、設計の過程をその利用者と共有しようというような提案だったのである。だからコンペの段階では明確な平面計画は描かなかった。というわけで、基本設計が終了するまでに私たちは22回も平面図を描き直した。その都度、住民、利用者、行政側のスタッフと話し合うのである。それは私たちにとってもまったく新しい経験だった。住民の中から立候補した45人の建設委員会の人たちとその都度話し合う。多目的ホールをどう使うのか、町役場を町民に開放するということはどういう意味なのか。議会棟はどこにあったらよいのか。この町を含めて近隣３町が合併して新しい行政区ができる予定があるけど、それでも議会棟は必要なのか。工事会社はどう選ぶのか。ベルト接合という特殊な工法だけど本当に構造は大丈夫なのか。私たちはもう、ほとんどありとあらゆることを話し合った。それでも、結果的にはこの工法に誘導されるように話し合いが進んでいったように思う。優れた建築をつくりたいという思いは私たちに増して建設委員会の思いであった。だから建築が徹底して期待される。私たち設計者に対して大きな期待がある。建築がコミュニケーションのためのツールのようになっていった。

　敷地の大きさに恵まれていたということもあって、約１００００㎡の建築がすべて平屋で構成されている。構造的な制約で２２５０㎜×２２５０㎜×７５０㎜のフレームが一軸方向に並ぶ。最初に描いたイメージとはかなり変わってきたけれども、むしろ遙かに面白い建築になりつつあると思う。

　アルミの住宅は量産することを目指している。できるだけ少ない押出し部材で多様な住宅ができないか、それが私たちに依頼されたことである。アルミの押出し部材は直径約10インチのビレット径を超えると、途端に高価になるということらしい。つまり直径２５４㎜のシリンダー径の範囲を超えない断面形状にするということである。私たちはX字型の断面をいくつも組み合わせて構造壁をつくることにした。継ぎ手を工夫すれば十分な耐力を得られる。何よりもアルミの総重量をかなり軽減できそうだった。もし、これを廉価につくることができれば、従来の施工とはまったく違う手順で住宅がつくれると思う。むしろその手順を変えることが廉価な住宅をつくることにつながると思うのである。アルミという素材を使うことで、今までとはまったく違う生産システムをつくることができる。建築がまるで工業製品のようになっていくようなのである。

　私たちはさまざまなプロジェクトにかかわる。でもそのかかわり方は常に違う。建築をつくるということに関しては同じでも、そのつくり方が常に違う。そして、ひとつのプロジェクトにかかわるたびにさまざまな問題に直面する。そのさまざまな問題もその都度違うのである。同じ問題は二度とない。そしてその問題の多くは、外側からくるというよりも、どうもこっちの側でつくっていることのほうが圧倒的に多いように思う。自分の内側にもっている意識が建築をつくる場面で、その都度さまざまなかたちで呼び起こされて噴出してくるようなのである。つまり、問題といっても、その発端はひょっとしたら個人的な問題である。その個人的な問題が建築をつくる場面で私以外の他の人たちに対しても何らかのかかわりをもってしまう。そのかかわりをもってしまうことを社会性というような言葉でいうのだとしたら、その社会性というのは本来個人的なものである。その個人的なものを他の多くの人たちと共有しようとする意識のようなものである。だとしたらこっちの側から建築は社会的なものだ、などということは図々しいことだとは思うけど、やはりそれでも建築は十分に社会的なものだと思う。どのような経緯ででき上がったとしても、それがどんなに個人的なものであったとしても、でき上がってしまった建築はひとつの「環境」になってしまうからである。

2003

職寝一体・職住混在

『季刊d/SIGN』2003年10月号　特集―レイアウト宣言

「住む」と「働く」の境界

最高倍率209倍、平均倍率24倍、その数字を見て、多少、肩の荷が下りた。ほっとした。ちょっと安心した。別に数字なんて気にすることはないと、無関心を装っていたけど実は気になっていたのである。平成12年から関わっていた都市整備公団の集合住宅のプロジェクトが完成して、その入居者の応募状況が、である。今までの集合住宅のつくりかたとは違う新しい提案がもりこまれているので、その新しい提案がどう受け止められるのか、それが気になっていたのだ。その結果がこの数字である。公団の最近の賃貸物件で平均倍率24倍というのは破格の応募者である。なぜこんなに人気があるのか。応募してくれた人たちに対するアンケートでは、明るいとかデザインがいいとか、もっぱら今までの公団のイメージよりはちょっとはいいじゃないか、というようなニュアンスが確かに感じられる。それは、最近はやりのデザイナーズマンションに対する人気と同じような人気だと受け止めることもできるけれども、でも、ちょっと違うようにも思う。設計した当事者からの一方的な言い分だけど、理由はもっとずうっと深いところにあるようにも思うのである。ことはもっと本質的なのではないか。

本質的というのはどういうことかというと、こうした集合住宅という形式その

「東雲キャナルコートCODAN」全景

ものに関わる、ということである。実はこの東雲の計画（東雲キャナルコートCODAN）は今までの集合住宅のつくられ方とはかなり違うつくられ方をしている。新しい提案が盛り込まれていると言ったけれども、それは今までの公団の住宅よりもちょっとおしゃれ、などということとは相当違う提案なのである。この住宅群の特徴を一言で言うと「職寝一体」「職住混在」である。働く場所と住む場所が一体になったような計画である。それがどうした、多くの都市生活者はすでにそういう生活をしているじゃないか、今更何が新しい、と言われてしまうだろうなあと思う。そうだと思う。働く場所と住む場所が一体になったような住まいに住んでいる人は沢山いる。自分の家が一方で仕事場になっている、などというのはもはや当たり前の話だと思う。そしてさらに、職寝一体になっていると同時に住む場所と働く場所の境界が曖昧になっている。例えば都心のマンションが今どう使われているかというと、デザイン事務所であったり、会計事務所であったり、設計事務所であったり、というように住む場所というよりも事務所やアトリエやショールームや、時にはこっそりと風俗営業に使われたり、ということになっている。もちろん、住宅として住んでいる人もいる。ひとつの住棟の中に働くところ、住むところ、さまざまな用途が混在している。元々は家族専用住宅として計画されたはずのマンションが都心ではすでに全く違う用途に使われてしまっているわけである。つまり、現実の都市は「職寝一体」「職住混在」なのである。

　ところが、供給される住宅はこうした現実とはほとんど関わりなく家族専用住宅である。「職寝一体」「職住混在」の集合住宅が供給されることはまずない。それはこの集合住宅という形式が戦後、日本でつくられるようになってからずうっとそうなのである。そして未だにそうである。それはこの集合住宅という形式がつくられ始めたその発端のところで家族専用住宅という性格が強烈に与えられてしまったからなのである。

食寝原理・就寝原理

家族専用住宅というのは、それでは一体どんな性格を持っていたのか。こうした家族専用住宅が大量につくられ始めるのはヨーロッパでは第一次世界大戦後、1920年代以降である。日本では戦後、1955年に日本住宅公団ができて、それ以降である。ヨーロッパの1920年代、日本の1950年代、国という仕組みを再構築しようとする時に、家族専用住宅という形式が非常に大きな役割を果たしたように思うのである。それは私たちが、今思う以上に私たちの生活に、私たちの精神構造に、私たちの倫理感覚に、つまり、新しい社会秩序を再びつくろうとするときに、非常に大きな役割を果たしたんじゃないかと思うのである。たかが住宅、ちょっと大袈裟だと思われるかも知れないけど、実際にできてしまう建築というのは、特に生活に密着した建築の社会に対して持ってしまう影響力は極めて大きい。日本の多くの人たちはそのあたりのところをちょっと舐めているというか、過小評価しすぎだと常々思っているのだけれども、その影響力の強さは暴力的ですらあると私は思う。設計者の私が言うのだから本当ですよ。私のつくる建築が暴力的だという意味ではなくて、建築の社会に対する影響力はどんな建築でも暴力的と言っていいほどに強い影響力を持っているということなのである。それがどんなに凡庸に見える建築だとしても、である。

何を言いたいのかというと、つまり、未だに大量に供給されているような家族専用住宅が今の社会秩序を保つためにいかに重要な役割をはたしてきたか、ということを言いたいのである。具体的に、それではこの家族専用住宅の形式は社会に対してどんなかたちで影響を与えたのか。

ヨーロッパの1920年代、日本の1950年代からつくられてきた家族専用住宅は以下のような特徴を持っている。

1．住宅＝家族単位という考え方。つまり、ひとつの住宅にひとつの家族が住む。

2．ひとつの住宅＝家族単位は自己充足的な単位である。つまり、何でも自分の住宅の中でやりなさいという単位である。育児、調理、洗濯、介護、教育、子づくり、睡眠、休息、何でも、である。

住宅のつくられ方の原理はこれだけである。

1920年代のヨーロッパの集合住宅も1950年代以降の日本の公共住宅も同じである。この二つの原理によってできあがっている。原理などというとなんだか仰々しいけど、単純に近くの団地の風景を思い出してほしい。日本中、北から南まで団地の風景は全くといっていいほど同じですから。

みんな同じような住棟が南の方向に向かって並んでいる。これは公営住宅法という法律であらゆる住戸には最低4時間の日照を確保しなくてはならないということが義務づけられているからである。だから冬至の時も一階の住宅に日が当たるように、南に向かって箱形の住棟が整然と並ぶような、所謂、団地風景になるわけである。中身の住宅はどうなっているかというと、多くは片側廊下の屋外廊下に面して、鉄の扉が並んでいる。廊下から住戸の中が全く見えない。これが最もこの家族専用住宅の特徴的なところで、中で何をしていようと、どんなことをしていようと外からは見えない。徹底した密室なのである。この密室の中に家族という単位が詰め込まれている。その家族のバリエーションはさまざまだけれども、それでも住宅=家族単位である。つまり、家族というプライバシーが極端といっていいほどに手厚く護られているわけである。公共住宅はほとんど、このようにつくられている。これは別に日本のオリジナルではなくて、原型は1920年代のヨーロッパである。CIAM（近代建築国際会議）という建築や都市を巡る国際会議の場所がこうした公共住宅のモデルづくりの舞台であった。ここでル・コルビュシエ、ミース・ファン・デル・ローエ、ハンネス・マイヤー、ルードウィッヒ・ヒルベルザイマーなどという建築家たちが、新しい住み方のさまざまなモデルを競って提案したわけである。実際、都市に集中する労働者たちの収容施設はどうつくられるべきなのか、そのモデルづくりは最重要課題だった。そしてそのときにたどりついたのがこの集合住宅という形式だったわけである。ひとつの住戸ユニットの中にひとつの家族が収容される。そのユニットのプライバシーを護り、できるだけそのユニットの内側で家族が自律できるようにする。それもできるだけ快適に。そのユニットの中の「快適な生活」が一方で標準化されていったわけである。あるいはこうしたユニットが供給されることで、「標準化された生活」が教育されたのだとも言える。もう少し端的に言うと、当時、1920年代、国家という単位が再構築されようとしていたとき、ちなみに、ロシア革命が1917年、ワイマール共和国が1918年である、その国家という単位を構成する最小単位として家族という単位もまた再構築される必要があったのである。国家を運営するシステムの最末端の調整装置として、家族という単位が極めて重要な役割を担うことになったわけである。つまり、このときに社会のすべてのシステムが家族という最末端調整装置を前提として運営されるようになっていった。そしてその家族を収容する住宅は、そうした家族という単位をより補強するように、というよりも、むしろその住宅のほうが家族という単位を社会の最末端調整装置として作り上げていったと言ってもいい。最末端調整装置という意味は、この家族という単位を社会の最末端の単位として位置づけることで、そこで社会の側のシステムを補強するように、あるいは社会の側のシステムに不備があればそれを調整するようにつくられているという意味である。多くの人たちはその住宅に生活することで、家族という単位の自律性を学んでいったのである。自立性という意味はそこで自分たち自身のメインテナンスのすべてを自分たちでなんとかするということである。育児、調理、洗濯、介護、教育子づくり、睡眠、休息、なんでもである。全部その内側で閉じている。だから、住宅は廊下に対して閉じている。外側とは無関係に自分たちの自律性（プライバシー）を確保するためである。それが、第二次世界大戦後、日本に輸入されたというわけなのである。

といっても、そのままでは日本の実情に合わない。そこで、日本独自に開発されたモデルがわずか35平米に親子4人が生活できるような、車でいえば小型自動車みたいな居住モデルである。１９５１年に考案された51Ｃというモデルがその最も典型的なモデルである。このモデルの特徴を一言でいえば「食寝分離」「就寝隔離」である。それまでは茶の間で食事をして、夜はそのちゃぶ台を片づけて、そこに布団を敷いて眠るというような住み方だったものを、ちゃんと食事の場所と眠るための場所を区別しましょう。それと夫婦の寝室として使われる場所と子供たちの眠る場所を区別する。そのプランを見てもらえると分かると思うが、狭い住戸内にそうした新しい生活がどうしたら可能なのか、実にうまくつくられていると思う。そして、この住宅モデルも鉄の扉で閉ざされている。住宅はその発端から密室化している、というようなことを別のところで書いたら、51Ｃを中心的に開発した鈴木成文先生から手紙をいただいた。山本は密室化することに目的があったんじゃないかなどと批判するけど、当時、１９５０年代、どうしたら木造のコストに匹敵するくらい安いコストで、それも耐震、耐火建築をつくるか、それはわれわれの当面の大問題だったのだ。「不燃・積層は、関東大震災とその約20年後の東京大空襲を経て、都市計画と建築に対する大きな願いだった」。プライバシーの象徴などというのは当時の生活実感からあまりにもかけ離れているというような内容の手紙である。確かにそうだろうと思う。その51Ｃができた50年代というのは、まだ多くの人々の生活実感は戦前のままだったろうから、住宅が仮に閉鎖的にできていても、そこでの生活は十分に開放的だったと想像できる。

でも、そうした住宅がつくられ続けている内に、明らかに生活の方が変化していった。それは住宅によって誘導されるということもあっただろうし、あるいは家族という概念が社会の側からますます補強されていったということもあったと思う。さらに、マンションと呼ばれる民間の分譲集合住宅が大量につくられるようになって、それは一気に加速するのである。

マンションというのは完全なパッケージ商品である。ひとつのユニットは周辺環境とも、隣の人とも関係なく外側から完全隔離されたパッケージ商品として市場に流通している。それがひとつのパッケージ商品であるために、外側から隔離されていることはむしろ必要条件なのである。単純に言ってしまうと、nLDKという記号と広さ、駅からの距離、築何年ということさえ分かれば、その商品の価格はほぼ決まってしまう。住宅というかつては、その地域社会と密接に関わっていたはずのものが、その地域とも環境とも切り離されて、隔離されて、パッケージ商品として価格が決められる。スゴイ商品を開発したものだと、今になってつくづく思う。もはや住宅は生活のためというよりも、消費意欲をいかに刺激するか、それを目的としてつくられることになったわけである。

生活者の視点

現実の方はそうした供給者側の意図とは無関係に住宅はますます多様化、多用途化している。だから実際の生活と供給される家族専用住宅とのギャップは広がるばかりなのである。そこで、もう少し現実に近づけることができないだろうか、というのがこの東雲の計画の発端だった。消費者に対するのではなくて、生活者という視点が重要だというようなことを最初に公団の人たちと話をした。そのためには、単に家族専用住宅をつくるのではなく、そしてその住宅を単に消費意欲を刺激するためにつくるのではなく、そこで働く人、子供、高齢者や障害を持った人、今まで都市の中から排除されていたような人たちが一緒に住めるような住宅がどうしたら可能なのか。オフイスやアトリエのような働く場所、表現のための場所、あるいはそこで生活する人たちを支援する施設、商業施設、そうしたものと一緒にこの住宅群を考えるべきだというような話をした。ひとつ一つのユニットはもはや今までの住宅という概念ではとらえきれないと思う。住宅というよりも、職寝一体、職住混在が実現するような、そんなユニットを考えたらいいんじゃないかということである。でも、プロジェクトが進む内にそれがどんなに難しいことなのか、それが次第にわかってきた。都市整備公団というのはもともと住宅を供給するためにある会社だったのだ。だから制約がいっぱいある。働く場所をつくる?それじゃあ住宅じゃなくしてオフィスじゃないか。職寝一体?それは「施設付住宅」という呼び方になる。公団ではそう呼んでいる。「施設付住宅」というのは居住しながら、施設部分で事業を営むことができるような住宅である。私たちが提案していたような住宅である。でも、その「施設付住宅」は一般の住宅とは完全に切り離されていること、それを条件に全体420戸の内10戸だけ認められた。そして、住みながら仕事ができる、でも従業員やアルバイトを雇ってはいけないよというのが「在宅ワーク型住宅」。内職のような働き方をイメージしているんじゃないかと思う。この「在宅ワーク型住宅」がやはり全体420戸の内32戸、これだけが「職寝一体」型の住宅として認められたけど、後の378戸は従来通りの家族専用住宅にしろということになってしまった。「職在混合」なんてとてもではないけど認められるはずがない。

　でも、そうした職寝一体は別にして、新しい実験的な提案は全体の3割程度だったら認めるよということが一方にあった。そこで、この3割の住宅をできるだけ、職寝一体にも使えるようにしようと思ったのである。具体的に言うと玄関ドアはガラス張り。その玄関を入ったところには、そこをオフィスのように使うことができるように、できるだけ広いオープンスペースを確保する。ということで、写真でお見せするような住宅ができあがった。オープンスペースを確保するために、水場はすべて窓際に寄せられている。従来の配置とは全く逆転しているようなプランである。この55平米の住宅を私たちはベーシックユニットと呼んでいる。住宅ではなく職寝一体のモデルが意図されているわけである。さらに、「コモンテラス」という大きな吹き抜けのテラスに面している住宅は全面ガラス張りである。オフィス、ショウルームにぴったり、というようなユニットである。これも写真、図面で見てください。

　つまり、結果的にかなりの数の住宅が「職寝一体」であるかのようなつくりかたになった。ただし、公団の規定ではこれらは「職寝一体」ではなくて、単なる住宅という扱いになっている。それでも今のところまあいいかと思っている。そこに住んでくれる人がこの住宅のつくられ方に刺激されて、実際には職寝一体になってしまえばいい。そう思っている。そのあたりは公団の人たちとも暗黙の了解？というところである。

未知の住宅風景

　一階部分は保育園やコンビニや飲食店や学童保育のための施設ができる。ここで働く人たち住む人たちのための支援施設である。こうした支援施設と一体になった計画なのである。

　容積率400パーセントという高密度なので、遠くから見てもそのヴォリュームはかなり目立つ。400パーセントという意味は、敷地面積の4倍の延べ床面積があるということである。これは従来の集合住宅の計画と比較しても格段の高密度である。どのくらい高密度かというと、模型写真を見てもらえるとだいたいその様子が分かると思う。敷地全体が住棟でぎっしり埋まっている。住棟と住棟との間隔が非常に近い。こういう風景は今まで日本ではあまり見たことがないんじゃないかと思う。これも、単に専用住宅の集合だったらこうはいかなかった。オフィスにもなるようなユニットの集合だという暗黙の了解があったからこそ、今までの4時間日照などという制約に縛られずにこうした配置が可能であった。

今回は2000戸の内の710戸が完成した。私たちの街区が420戸、伊東豊雄さんの設計した街区が290戸、かなり画期的な住宅群になったと思っている。つまり、これからの都心居住の方向を少しは見せることができたのではないかと思っている。自画自賛したってしょうがないけど。でも、最高倍率209倍、平均倍率24倍というのは、きっと、このこれからの都心居住の方向に対して、デザイナーズマンションのようなちょっとおしゃれな住宅ということではなくて、少しは共感してもらえたからじゃないかと密かに自負している。これからのライフスタイルがどうなるのか。個人的にどの程度のコストを払ってそこではどんな生活が可能なのか。社会的な支援はどの程度整っているのか。これから猛烈な高齢化社会が待っているけど、歳をとってそれでも都市の中に住むには、どう住んだらいいのか。どこに住んだらいいのか。こうした公共住宅の計画の中でこそ、具体的に、その展望を行政側の責任として見せるべきなのだと私は思う。

多少はできた、とは言っても、今回、公団と一緒にやってみてまだ道半ばなあとつくづく思う。

2005

システムが表現に転換する時

『GA JAPAN』2005年9、10月号

「公立はこだて未来大学」の研究棟増築にあたり、求められた与件は明快なものでした。複雑系科学と情報アーキテクチャの二学科の大学院、研究者による共同研究プロジェクトのための、実験室、共同研究室などのワークスペース、研究者のための研究室や院生室といったスペース。それらが具体的な面積、数として提示されていました。何より、大空間の本部棟がありますから、ここではその大空間では出来ない活動をする場であるという強い意識がありました。

それほど多くない数の研究者頭脳集団がチームをつくって、新しいものを開発していこうと活動する場所。つまり、一般的な研究所と基本的には変わりません。もし特徴があるとすれば、「コア・スペース」。研究者たちが所属と関係なく集まり、情報交換したり、インスピレーションを得るために、お茶を飲んだりしてくつろぐ場所です。それを研究棟の中心にしてほしいと求められていました。当初、その空間を手掛かりに、それを特徴付けることでプランニングが出来るのではないかと考えました。でも、それでは、単にコア・スペースを特別な場所に仕立て上げるだけで、これまでの研究室と共同研究室との組み合わせ自体が変更されるわけではない。それを変更するのは、極めて難しいと思いました。ですから、従来の枠組みの中で、それでも新しい提案が出来るとしたら、その枠組み自体を徹底出来ないかと考えたのです。ただこうした施設では、結果的に研究室というユニットが単調に並んでしまい、それがそのまま表現になりがちです。そのような表現は出来るだけ避けたいと思いました。枠組みは従来の研究所のタイポロジーを踏襲したとしても、ユニットが並んでいるだけという表現ではなく、もう少し全体が曖昧に連続しているというような表現にならないかと思ったのです。

そこで、何らかの透過性のあるスクリーンをレイヤー状に並べ、その間に実験室とコア・スペースを中心に立体的に組み立てられた諸室が並ぶように考えました。そのレイヤー自体が、構造体であ

り、間仕切や開口、様々な研究所の要請にそのまま応えるようなシステムとなる。そのシステムは、家具レベルで内部機能に対応するため、出来るだけ小さなディメンジョンで組み立てた方が有効ではないかと思いました。その小さなディメンジョンによって全体が構成されるように見え、同時に、それがこの建築全体の表現になるようにつくれないかと思ったのです。

九ヶ月という短い工期、それとコスト的な条件から、出来るだけ多くの部品を工場で生産して、現場作業を軽減したいと思いました。構造家の佐藤淳さんとは、以前からこうしたシステマティックな構造計画についてお互いに話をしてきたので、彼と相談して「システム・ウォール」と名付けた格子壁を提案しました。寸法は、この壁に填め込まれる直角二等辺三角形のガラス・ブロックの、中国の工場で生産可能な最大寸法から決定し、フレームは二五×九〇ミリのフラットバーを工場でパネル状に加工する。それを現場で組み立て、ガラス・ブロック、断熱パネル、吸音板、換気窓などを内部の要請に応じて填め込む仕組みです。また、フラットバーにタップが掘ってあり棚を取り付けることができ、壁＝収納家具でもある。これによって、構造体でありながら、開口部でもあり、間仕切でもあり、家具でもある。色々な活動とものデ溢れかえる研究所を、できるだけ格子壁システムひとつで引き受ける。構造システム全体が研究施設そのものだと言えるわけです。

これまでアルミの住宅やプレキャストコンクリートによる架構方法のような、建築の表現とその生産様式、あるいは構造システムとが一致するように心がけてきましたが、今回はそれをさらに徹底したような表現になっています。いわば、最初に決めた構造システムによって、空間構成や仕上げ、表現までオートマティックに決まってしまっている。それはこの建築のモデュールが四三〇ミリという小さな単位で出来上がっていることと関係していると思う。つまり、柱や壁といった空間を成り立たせる構造要素というより、光の状態や視線の透過性のような空間体験そのものに近づいているからだと思います。この建築が完成した時、単純に「光が綺麗だな」と思ったんです。この経験を通して、抽象性・普遍性を持とうとするシステムが、表現や情緒的な現象に変換してしまう可能性があると思うようになりました。建築は固有の場所に建てられるものだから、たとえいかに抽象的なものでも必ず固有性や場所性を帯びます。これまでも、システムとは言いつつ、個々の風景や、一つひとつのシーンの重要さには拘ってきたのです。しかし、建築のシステムそのものが、抽象的・普遍的でありながら、それを徹底することで、同時に具体性・場所性を帯びるように出来るのではないか。そのような建築を意図的につくることができるのではないか、と考えているところです。

地域社会圏

『新建築』２００９年11月号

空間モデル

ＹｰＧＳＡ（横浜国立大学大学院建築都市スクール）の私のスタジオの課題は「地域社会圏」である。「地域社会圏」というのは聞き慣れない言葉だけど、単純に言うと居住のための空間として住宅だけではなくて、その上位の生活システムと共にその居住空間について考えてみようという課題である。図１はその課題のために描いた「地域社会圏」モデルのラフスケッチである。

１００ｍ×１００ｍの街区に４００人程度の人口を想定する。４００人／haという人口密度は、実際には、その「地域社会圏」が想定される場所によってさまざまに変化する、そういう数字である。厳密な根拠があるわけではない。

公共の中層中規模団地の密度が４００人／ha程度である(1)。１９９０年に完成した「熊本県営保田窪第1団地」（本誌９２０６、『新建築住宅特集』９３０１）の敷地がほぼ１haで、そこに１１０戸が計画された。ひとり住まいの高齢者を含んで３００人くらいが実際の住人の数だった。「東雲キャナルコートＣＯＤＡＮ」（１街区・２街区：本誌０３０９）１街区は、１０００人／ha、14階建て、容積率３８０％である（図2に1街区のベーシックユニットのプラン）。その半分の7階程度の建物だと考えると単純計算でほぼ５００人／haである。あまり高層の建物は想定したくない。災害時にエレベータが停止してしまうことを考えると、自力で上下移動できる階数というのは重要な条件である。とりあえず４００人／haという人口密度を仮定すると、このような「地域社会圏」になるというスケッチである。もうひとつの図3は、その「地域社会圏」を既存の市営住宅に適用したらどうなるかというスケッチである。市営住宅のリノベーションである。耐震補強をしてエレベータ工事をし、住戸プランを変更して、住棟と住棟の間に人工地盤をつくってその下を駐車場にする。人工地盤の上は緑化してパブリック・ファシリティのための場所とする。２haの敷地に４００人、人口密度は図1の半分で、ほぼ200人／ha程度になる。

400人という人数は、たとえば横浜市の各町内会の人数が300人から700人程度である。あまり厳密ではないが、「地域社会圏」として何らかのサービスを受けることを想定すると、あまり小さな人数では効率が悪い。ここでは400人という単位にどのような意味があるのか、そのキャラクターを問うのではなくて、逆に400人という単位を想定した場合にはそこにどのようなサービスが想定できるのか。つまりサービスされる集合として400人というのはどのような単位なのか。それを考えてみたらどうかというわけである。この400人程度を「地域社会圏」の単位人口と仮定してみることによって、そこにはどのようなサービスが可能なのか。つまり「地域社会圏」は被サービス単位である。従来までのひとつの住宅にひとつの家族が住むという形式を前提にした、「1住宅=1家族」単位を被サービス単位と考えるのではなくて、この「地域社会圏」をひとつの単位と考えてみるのである。

「1住宅=1家族」単位を社会を構成する最小単位・基礎単位と仮定し、それを前提とすることによって、「ひとつの住宅に住むひとつの家族」に対してさまざまなサービスを提供し、あるいは自助

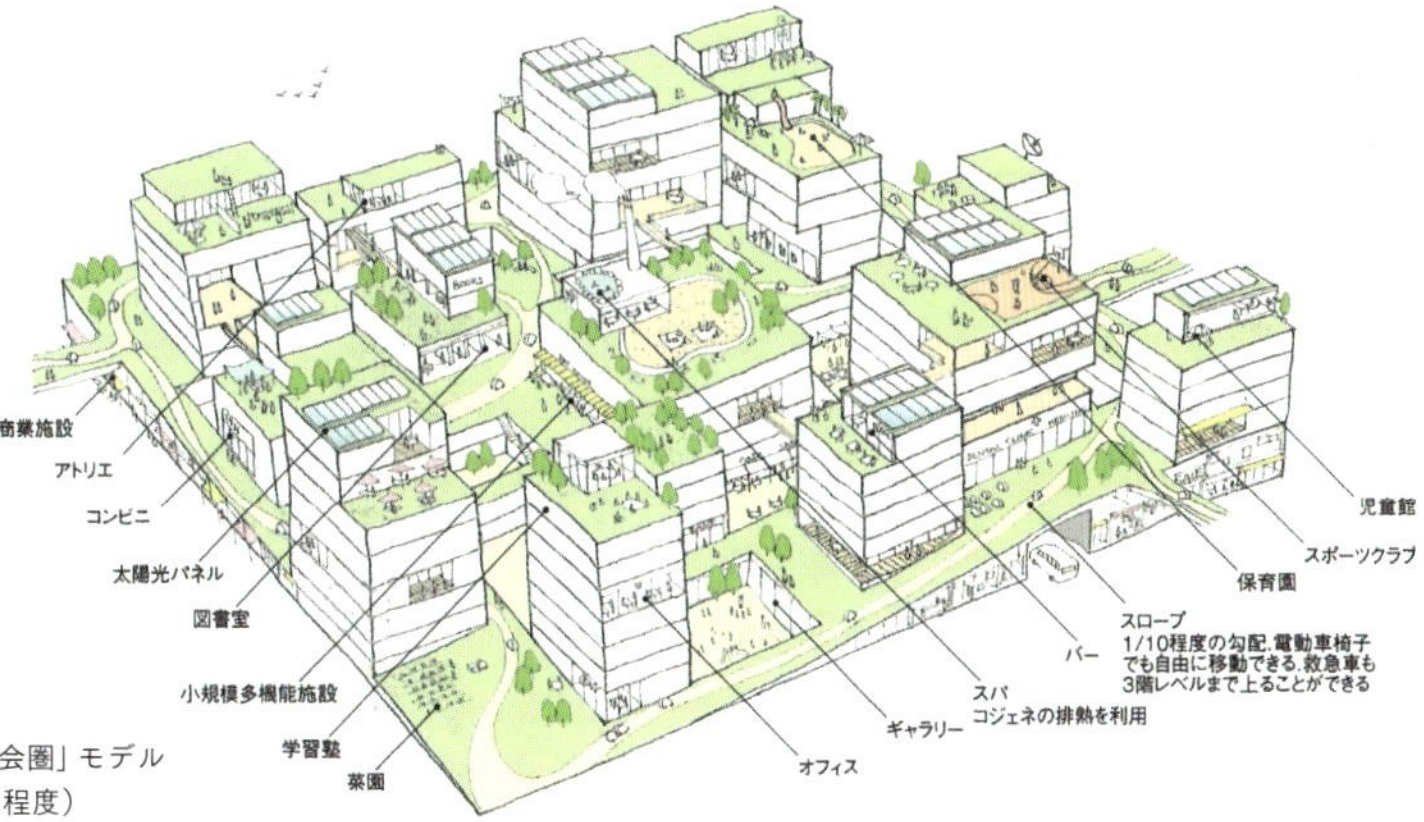

図1 「地域社会圏」モデル
(容積率250％程度)

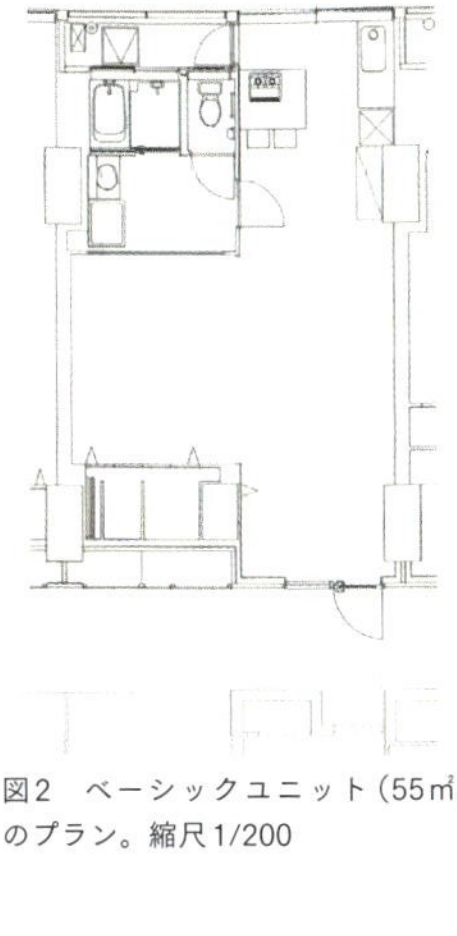

図2 ベーシックユニット(55㎡)のプラン。縮尺1/200

「東雲キャナルコートCODAN」1街区のベーシックユニット。中廊下に対して、ガラス張りのエントランスが設けられている。

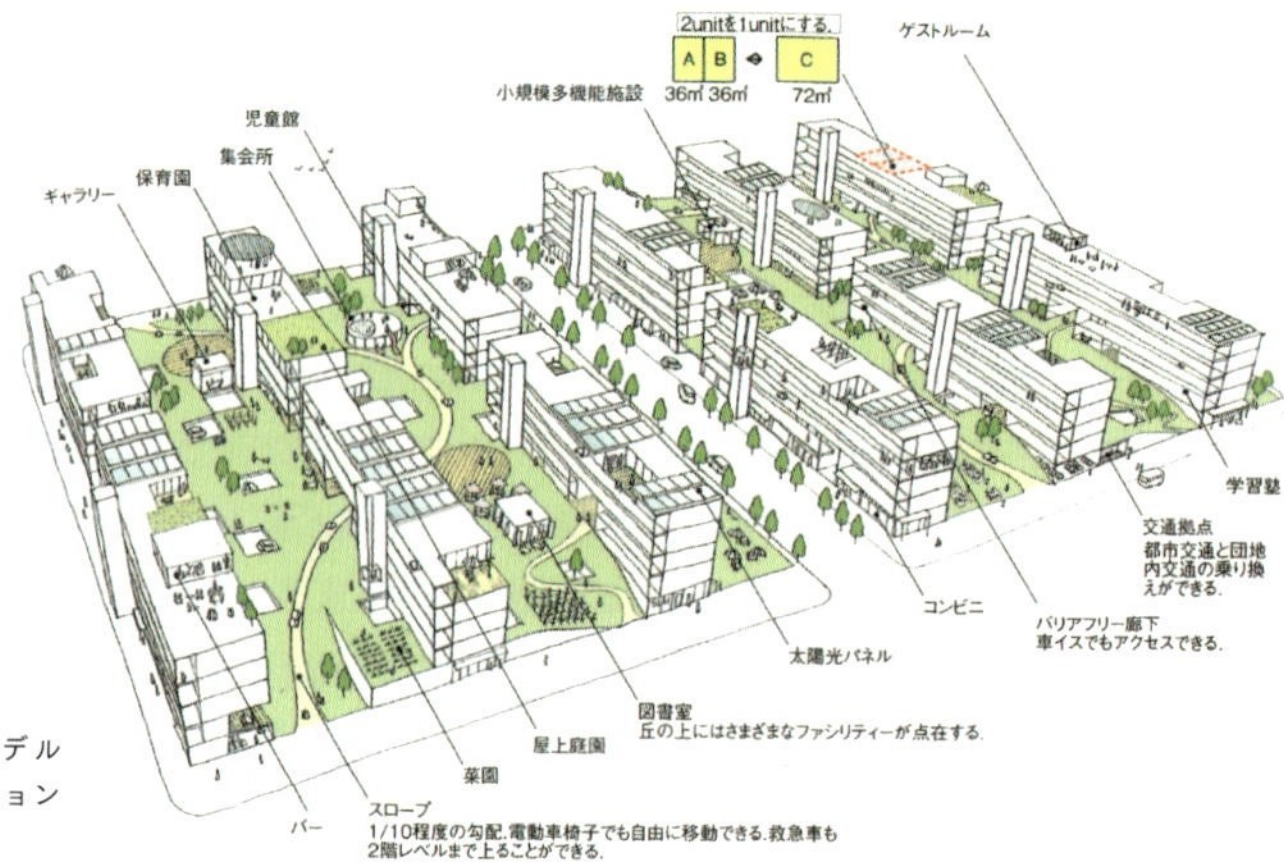

図3 「地域社会圏」モデル（郊外団地のコンバージョン—容積率150％）。

努力を促すという今のシステムは、既に破綻してしまっているように私には思える。私だけではなくて、それは多くの人たちがぼんやりと、あるいは激しく感じている共通認識なのではないか。もしそれが破綻しているとすればその「1住宅＝1家族」単位に代わって、社会を構成する何らかの基礎単位のようなものが発明されるべきなのではないのか。

「1住宅＝1家族」システムの限界

「1住宅＝1家族」形式の住宅がひとつのシステム（思想）として最初に供給されたのは、1920年代のヨーロッパである。「1住宅＝1家族」システムというのは、「ひとつの住宅にひとつの家族が収容される」ことを前提につくられた住宅の形式のことである。1920年代というのは、第一次世界大戦直後で、都市に流入する大量の労働者に対して、できるだけ健康的な住宅を大量に供給する必要があった。それまで、都市に住む労働者たちの住環境はあまりにも悲惨だった。ちなみに1910年のウィーンでは「1戸に1世帯の住居は5734戸で、そこに住む住民は、ウィーン全人口の1・2％にすぎなかった」(2)という。当時の住宅の写真を見ると、実際、都市部の労働者たちの住み方は複数の他人同士がほとんど雑魚寝のように住んでいる。「1住宅＝1家族」という住み方をしていた人たちは圧倒的に少数派だったのである。だから、家族と共に住むことができるような住宅というのはそれだけでも、当時の労働者たちにとっては夢のような住宅だった。

その「1住宅＝1家族」システムによる住宅を大量に供給する。だから住宅は、その合理的な工法と共に徹底して標準化されることが求められた。同じ形式の住宅がコピーされてペーストされて重ねられるような建築の形式、つまり集合住宅というビルディングタイプができ上がったのである。同じ住宅の繰り返し標準化とはそういう意味である。そして、住宅の標準化と同時にその標準化された住宅に収容される家族もまた、その住宅にぴったりと収まるように標準化されていったのである。標準的な住宅に収容されることによって、標準的な家族という概念が教育されたのである。自らを「標準的な家族」としてつくり上げていくための空間装置が住宅であった。M.フーコーのように言うとしたら、住宅は家族を標準化するための「規律・訓練」装置だったのである。つまり「1住宅＝1家族」システムというのは、住宅の供給のシステムであると同時に、標準化された住宅とその住宅に収容される家族の標準化のシステムである。

標準化された「1住宅＝1家族」は、以下のような特徴を持っている。

「1住宅＝1家族」は外部に対して極度に閉鎖的につくられる。再生産のための装置だったからである。つまり、子どもを産み育てるための装置である。そして、それ以上に「1住宅＝1家族」の内側で、自らその維持管理ができるだけの高い自立性が要求されたからである。維持管理というのは、子育てだけではなくて、家族のメンバー全員の維持管理である。それは、もっぱら主婦の役割である。家族自体の維持管理がその内側で完結していれば、それだけ社会（国家）側の負担が軽減される。つまり「1住宅＝1家族」を、国家を構成する最小単位と仮定して、それを徹底して標準化することによって、きわめてリーズナブルな国家の運営が可能になったのである。もちろん、その「1住宅＝1家族」の内側にいる人びとにとっても、周辺のさまざまな関係から自立して自分たちだけのプライバシーを確保できるということは、それまでの生活と比較して格段に好ましいことだったのである。

1920年代というのは、ドイツのワイマール共和国時代である。1918年が戦争の終わった年、つまりドイツが負けた年である。1919年がワイマール憲法のできた年、まったく新しい仕組みの国家を目指した憲法だった。同じ年にバウハウスが設立されている。第1回CIAM会議の開催が1927年である。どのような都市をつくるべきか、そこで住宅はどのように標準化され、どのように供給されるべきか、バウハウスでもCIAM会議でもそれが最重要課題であった。そして、それが実践された。つまり、新しい国家の仕組みをつくろうとするまさにその時、この「1住宅＝1家族」システムがそのまま新しい国家の運営の仕組みとしてきわめて有効に利用されたのである。「1住宅＝1家族」システムは、言わば国家をオペレーションするシステムそのものだったのである。

それは、第一次世界大戦後の差し迫った状況の中で考え出された究極のシステムだった。

そのシステムが第二次世界大戦後、新たな国家像をつくろうとする日本に直輸入、あるいは、アメリカ経由で輸入された。つまり1920年代のヨーロッパとほとんど同じような状況の日本に「1住宅＝1家族」システムはひとつの思想として輸入されたのである。

そしてつい最近まで、その「1住宅＝1家族」は、日本という国の運営システムとして十分以上の働きをしてきたはずである。

それがもう完全に制度疲労を起こしている。今の家族の構成メンバーは、東京の都心部で1世帯あたり2・0人、その多くが高齢者である。出生率（合計特殊出生率）1・32という数字がすでにその制度疲労を実証している。

今の人口を維持するためには出生率（人口置換標準）は2・07を維持しなくてはならないわけだから、これはもう危機的という範囲を超えている。もはや「1住宅＝1家族」という単位は再生産のための装置になり得ていないというのが現実なのである。1世帯あたりふたり。もしそのふたりが高齢者だったら、「1住宅＝1家族」の内側だけでその家族自身を維持管理するという家族の「自立性」も、もはやとても無理だと思う。「1住宅＝1家族」の標準が閉鎖性、自立性にあるのだとしたら、その基本原則がすでに成り立たなくなっているわけである。さらに厄介なのは「閉鎖性自立性」がその内側から維持できなくなっているのに、住宅という箱だけは相変わらずきわめて閉鎖的につくられているという矛盾である。頻発する「1住宅＝1家族」の内側の悲惨な事件は、そのシステム自体の悲鳴である。「1住宅＝1家族」に変わる新しい居住システムについて考える必要があるように思うのである。

「1住宅＝1家族」の破綻は単に家族の問題でもないし、住宅の問題でもない。国家の運営システムが破綻しつつあるということなのである。

「地域社会圏」システムの可能性

さて、そこで、この「地域社会圏」モデルである。

400人を「地域社会圏」の単位人口と仮定する。2015年を想定すると、その年齢別人口割合は図4のようになる。こうした人たちに対してどのような支援システムが可能なのか。そしてこの「地域社会圏」の維持管理システムはどのようなシステムなのか。

その支援システムの可能性について考える。思いつくままに項目を挙げてみると、とりあえず図5のような「地域社会圏」支援システムができ上がる。もっと新たな項目を追加するべきかもしれないし、それぞれの項目が厳密に精査されて積み上げられているわけでもない。これはむしろそうしたことを考え始めるための、そのきっかけのようなものである。

つまり、「1住宅＝1家族」システムが国家の運営システムと深く関わっているとしたら、そして、それが既に破綻しつつあるのだとしたら、その「1住宅＝1家族」に代わる新たな運営システムが考えられなくてはならないはずである。その案である。「地域社会圏」という400人を1単位とする運営システムについて考えてみようというわけである。

　でも、単なる机上の試案ではなくて、この「地域社会圏」システムの実現の可能性について考えるとしたら、そのためにはまず何が必要なのか。400人という人数がどの程度リアリティがあるか、支援システムをどのように構築するのか、法整備はどうするのか、検討すべきことは猛烈にある。でも実は、それにも増して重要なのは空間モデルである。「1住宅＝1家族」システムの実現可能性は、20世紀初頭の建築家たちによる空間モデルの提案が決定的な役割を果たした。ル・コルビュジエの「300万人の都市」（1922年）や「ヴォアサン計画」（1925年）のスケッチ、あるいは「ヴァイゼンホーフ・ジードルンク」（1927年）や「レーマーシュタット団地」（1927〜30年）などの実験住宅、そうした空間モデルの提案を実際に目で見ることによって、こんなところに住むことができるんだという夢を多くの人たちが共有したはずなのだ。「1住宅＝1家族」システムがあり得るべき未来のシステムであることを実感したのである。

　「地域社会圏」システムの空間モデルが重要なのである。

　どのような場所に私たちは住むことができるのか、その空間モデルを設計せよ。それがY-GSAのスタジオ課題である。その空間モデルこそ、仮説が共有されるための最も重要な役割を担っているはずなのである。断るまでもないけれど、400人がひとつの地域に住むその住み方のシステムのデザインを求めている。みんなが仲よく暮らすコミュニティの計画を求めているわけではない。まして、それがゲイテッド・コミュニティの

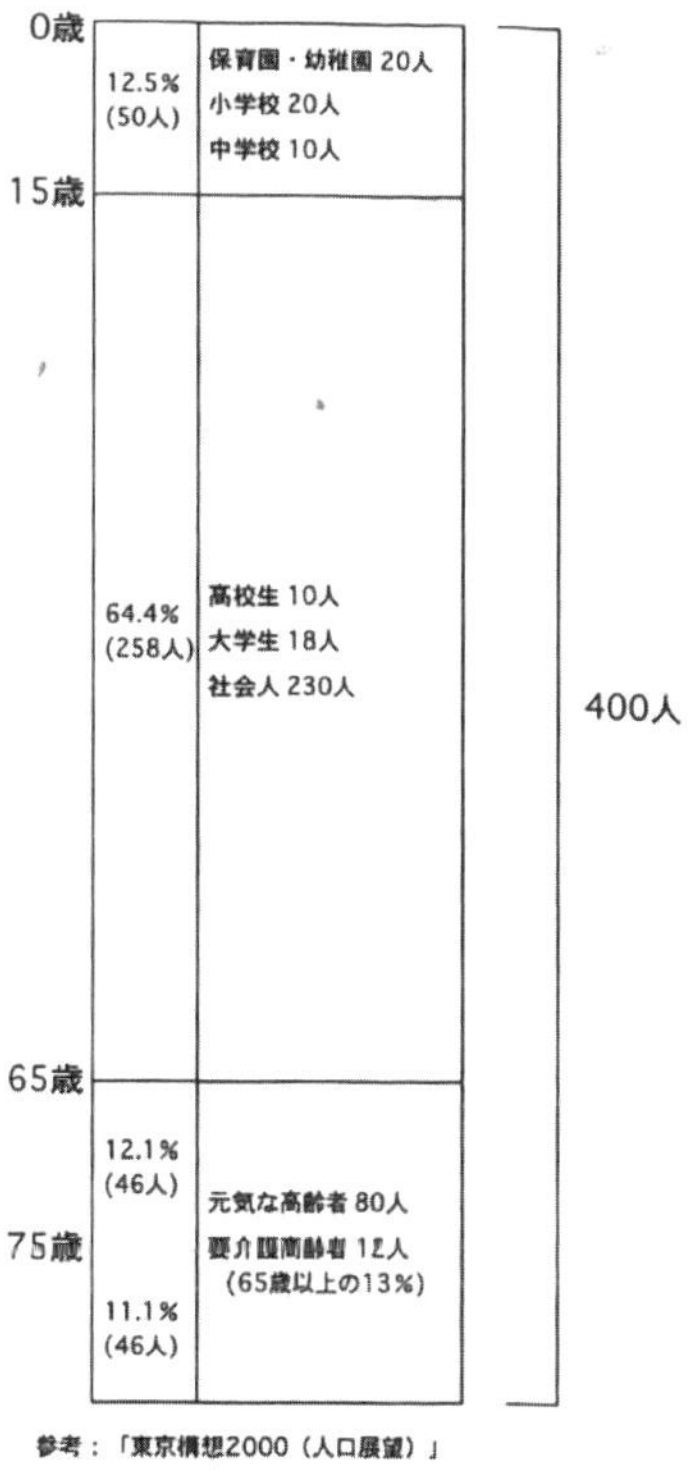

図4　人口構成。敷地1ha、人口400人。2015年東京都想定年齢別人口割合。

01 インフラストラクチャーの構築	エネルギー供給システム	コジェネレーション・システムによる発電　25kWガスエンジン2台を設置する. 遠くのプラントで発電された電気エネルギーを送電して各住戸まで供給しようとすると，そのエネルギーロスは60％を超える．火力発電所の熱効率は40％程度である．つまり60％程度が失われる．さらに送電時のロスが5％程度である．「1住宅＝1家族」を前提とした今までのような各住戸への直接供給はあまりにもロスが大きい．ここでは2基のガスエンジンで発電して，200戸ほどの住戸に電気を供給する．発電時にできる熱（66Mcal/h）を利用すると，15℃の水を42℃まで温度を上昇させるとして，2.5t/hである．つまり，1時間で$4m^2$のお風呂を沸かすことができる．さらに各戸に給湯することも可能である． 太陽光パネルによる発電　太陽光パネルは$1m^2$あたり100W発電. 20～$30m^2$のパネルで年間1,000kWhを発電できる．これは1世帯あたりの年間消費電力の約55％に相当する.
	地域内交通システム	電気自動車，電動車椅子：表の下のスケッチはブリュッセルの都市改造計画のためにつくった電気自動車である．デザインは山中俊治さん．もう今から10年近くも前の計画で，ブリュッセルから完全に車を追放したらどうなるのか，それを山本事務所で提案した． 地域内交通と都市間交通を厳密に分けられている． 地域内交通は電気自動車，電動車椅子，丘の斜面の勾配は約1/10程度，3階あたりまで登ることができる．地域内交通は隣の「地域社会圏」に接続される．
	ゴミ回収システム	可燃ゴミのうち40％は生ゴミである．コンポストで400人分の生ゴミを処理すると，屋上の菜園の肥料として有効に使うことができる量になる．菜園面積は$1,000m^2$ほどである.
	その他にどのようなインフラシステムが可能か.	
02 空間的（施設）支援	小規模多機能施設（高齢者，障害者，子ども）	「そこで紹介したいのが，富山型と呼ばれる小規模多機能共生型施設です．これはいまや厚労省の事業モデルとして全国展開されています．富山型の定義は，民家もしくは民家改造型の定員8～15名程度の小規模の，通い（通所），泊まり（ショートステイ），暮らし（グループホーム）という多機能のサービスを提供し，高齢者から，障害者，子供まで多様なニーズに答える施設です．」 上野千鶴子『建築の新しさ，都市の未来』（Y-GSA偏／2008年／彰国社）
	託児所・保育園	小規模多機能施設と一体化することが可能である.
	スパ	コジェネの廃熱を利用した24時間スパをつくる. ひとつの「地域社会圏」にふたつ設置する.
	トランクルーム	スパの近くにトランクルームをつくる. 季節の衣類等，普段あまり使わないもの．多くの集合住宅，特にワンルームマンションと呼ばれている住宅では，専用床面積の半分近くが自分の持っている物のストックに占領されている．それをデッドストックと呼ぶ．そのデッドストックを外部に出すだけで，住宅の専用床の考え方はかなり変わる．トランクルームは日照を必要としない.
	ランドリー	スパの近くにランドリーをつくる. 1920年代につくられたヨーロッパの集合住宅，たとえばウィーンのカールマルクス・ホフには巨大なランドリースペースが準備されている．プレス機，乾燥機等も充実している．井戸端会議の場所になっている.
	図書室，ネットカフェ，会議室多目的室	
	菜園	丘の上だけではなくて，建物の上はできるだけ菜園にする．面積はほぼ$1,000m^2$程度．「地域社会圏」の住人のための菜園である.
	コンビニ	コンビニはいま首都圏では400mにひとつの割合である. それを踏襲するとしたら，4つの「地域社会圏」に1つの割合になる．でも，コンビニは単に施設の問題ではなくて流通の問題である．この様な「地域社会圏」が前提になったら，コンビニのシステムそのものがかなり変わるはずである.
	商業施設，レストラン	
	他にどのような施設が必要か.	
03 経済的支援	保険制度，介護制度，育児制度，教育制度，健康保険制度，年金制度など	「1住宅＝1家族」システムを前提とした税制を含むさまざまな制度（個人負担／地域社会負担／国家負担）の見直し．「1住宅=1家族」システムが破綻しているから，こうした制度が今や，さまざまなかたちで矛盾してしまっている.
04 人的支援	医師（1/3人）・看護士（2人）	医師は3つの「地域社会圏」あたりひとりの割合，看護師はこの場所に常駐する人がふたり.
	保育士（2人）	適正値は「地域社会圏」によって変わる.
	介護士／福祉士（5人）	適正値は「地域社会圏」によって変わる.
	ヘルパー（地域の管理者）（2人）＋ボランティア（高齢者・学生等）（10～20人）	ボランティアはきわめて重要である．この「地域社会圏」に住んでいる人たちが中心である．時間給で掃除，洗濯，買い物など.
05 住戸プラン		「1住宅＝1家族」システムを前提にしないとしたら，ひとつの住戸のプランはどうなるのか．少なくとも閉鎖性，自立性という「1住宅＝1家族」システムに固有の住戸のつくり方はここではまったく役に立たない．東雲のベーシック・プラン（図2）の面積が$55m^2$である．1人あるいは2～3人住まいを想定している．トランクルームにデッドストックの場所があるとしたら，$55m^2$でもかなり有効に使えるはずである．ガラス張りの玄関ドア，窓側に水回りという構成は，住宅としても使えるし事務所のようにも使える．「地域社会圏」の中の住戸をかなり意識している．この住戸を連結させることでさらに多様な住み方に応じることができる．グループホームのような施設と住戸の中間的なユニット，ホテルのようなタイムシェア・ユニットの混在，もちろん家族のためのユニットでもある.
06 セキュリティ		防犯カメラなどの監視システムに頼るのではなく，外部に対して密室のような今の住戸のつくり方を変えるだけで，防犯の概念はまったく違ったものになるはずである.
07 タウンアーキテクトを中心にした景観管理委員会による維持管理		美しい「地域社会圏」の景観をつくる役割．疲弊した地域社会はその景観に現れる.

図5　地域社会圏システムのイメージ

ようになったら最悪である。徹底的に合理的にそして効率的に、そしてそこに住む人ができるだけ自由になるようなものが求められている。さらに、家族単位で住むことを排除するものではない。家族という単位もまたこの「地域社会圏」の内側にある。それが今までの「1住宅＝1家族」システムとの決定的な違いである。

どのような支援システムがあるのか。どのような施設計画が可能なのか、どのような地域内交通システムなのか、どのような住戸プランなのか。この「地域社会圏」が構想される場所によってさまざまな回答が考えられる。都心部なのか郊外なのか、さらには農村部なのか。図1、3のラフスケッチはあくまでも思考のための触媒である。

「地域社会圏」をひとつのシステムとして考えるということは、その「地域社会圏」を1単位として、その単位の集合としてこれからの社会を考えるという考え方である。ひとつの地域社会を1単位とするということは、それをひとつのまとまりのある環境として考えるという考え方である。だとしたら、その環境はどのようにコントロールされるべきなのか。もちろん、今でも私たちの周辺環境はさまざまなかたちでコントロールされている。でもその環境をコントロールする役割が、ほとんど独占的に地方自治体の行政の役割になってしまっている。そこに大きな問題があるように思うのである。地域社会をひとつのまとまりのある環境として、そこに住む住人と共にそれを持続的に考える組織がない。「地域社会圏」と呼べるような環境と地域社会をひとつのセットとして考える考え方がそもそもない。なぜなら、「1住宅＝1家族」システムの中では、多くの人たちの関心はほとんど自分の住宅の内側にのみ集中している。住宅の外側は自分たちとは関係のない、つまり、自分たちには無関係なまったく別の管理に属する場所（パブリックな場所）である、と多くの人は思っているからである。「1住宅＝1家族」が国家の最小単位であるとしたら、国家（パブリック）と「1住宅＝1家族」の中間にあるはずの地域社会という視点がすっぽりと抜け落ちてしまうのである。「1住宅＝1家族」システムは「地域社会圏」という視点を疎外するように働くのである。だから、地域社会をひとつのまとまりのある環境として考えるという考え方を獲得することは、実は現在の「1住宅＝1家族」システムの中ではきわめて難しい。それを承知で、それでももしそれが可能だとしたら今何ができるのか。

地域社会について考える組織

図6は、平成20年（2008年）6月にまとめられた国土交通省「良好な景観形成のための建築のあり方検討委員会」(3)による報告書からの抜粋である。今

後、どのようにして良好な地域社会の景観をつくるのか、そのためにどのような組織をつくるべきなのか、その組織の試案である。

各地方に「地域社会の景観を考える組織」をつくる。建築家を中心にして、さまざまな専門家と一緒にその地域社会の景観をどうつくっていったらよいのか、それを持続的に考える組織である。さまざまな専門家というのは、たとえば教育者であったり、介護の専門家であったり、医療の専門家であったり、エネルギーの専門家、農業の専門家、河川の専門家、あるいはランドスケープの専門家であったり、その地域社会の固有性によってさまざまである。ガードレールをどうするのか、駐車場の車止め、自転車置き場をどうつくるのかというような、景観といっても見落としてしまいそうな小さなものを含めて、アドバイスをする。さらに公共建築の設計者の選定の仕方、どのようにしたら優れた工事会社を選ぶことができるかというようなことも含めて、地域社会の景観に影響する事柄はすべてその組織のアドバイスを受けるようにする。民間のプロジェクトも公共のプロジェクトも、である。アドバイスというよりももっと強い権限を持つということも考えられる。今は公共建築の計画を含めて景観に対する判断は地方自治体が特権的にその権限を持っている。それが、建築・景観行政のさまざまな問題をより

（7）専門家が良好な景観形成に向けた活動を行う場づくり

これまで提案してきた具体的行動を実践するためには、専門家が活動を行う場をつくることが重要である。このため、英国の建築都市環境委員会（ＣＡＢＥ）等も参考に、国レベル及び地方レベルそれぞれに立ち上げることを検討する。その際、国レベルと地方レベルの場は連携しながら運営することが重要となる。

国レベルでは、デザインレビューモデルの構築、建築景観に関する教育・普及啓発、専門的人材の養成などを担う場を中心に活動し、地方レベルでは地域資源の調査だけではなく、その活用、デザインレビュー、設計者選定、工事会社選定などの実用的なアドバイスを中心とした活動を行う。さらに、各地の地域組織は情報交換を行うためにも積極的に交流していくことが望ましい。

また、国レベルの組織は、地方レベルの組織の立ち上げの支援も行う。その際、すでに同様の活動を行うために組織化がされている場合にはその組織を活用し、組織化されていない場合にも地域で主導的な役割を果たしている専門家団体などの活動を評価し、活用することも考えられる。この活動は、専門家が「公」の立場から地域の景観を持続的に考えるという姿勢に基づくものでなければならない。具体的な組織の構成メンバーには、建築やランドスケープ、都市計画だけでなく歴史、医療等の様々な分野の専門家が連携することが重要である。また、持続的な運営のためには、幅広い世代の人材活用に配慮する必要がある。

活動を始めるにあたっては、既存事業の中からいくつか選定し、実務者から構成される委員会が現地を訪問して助言や報告書を作成するなど、モデル的に進めていくことが考えられる。

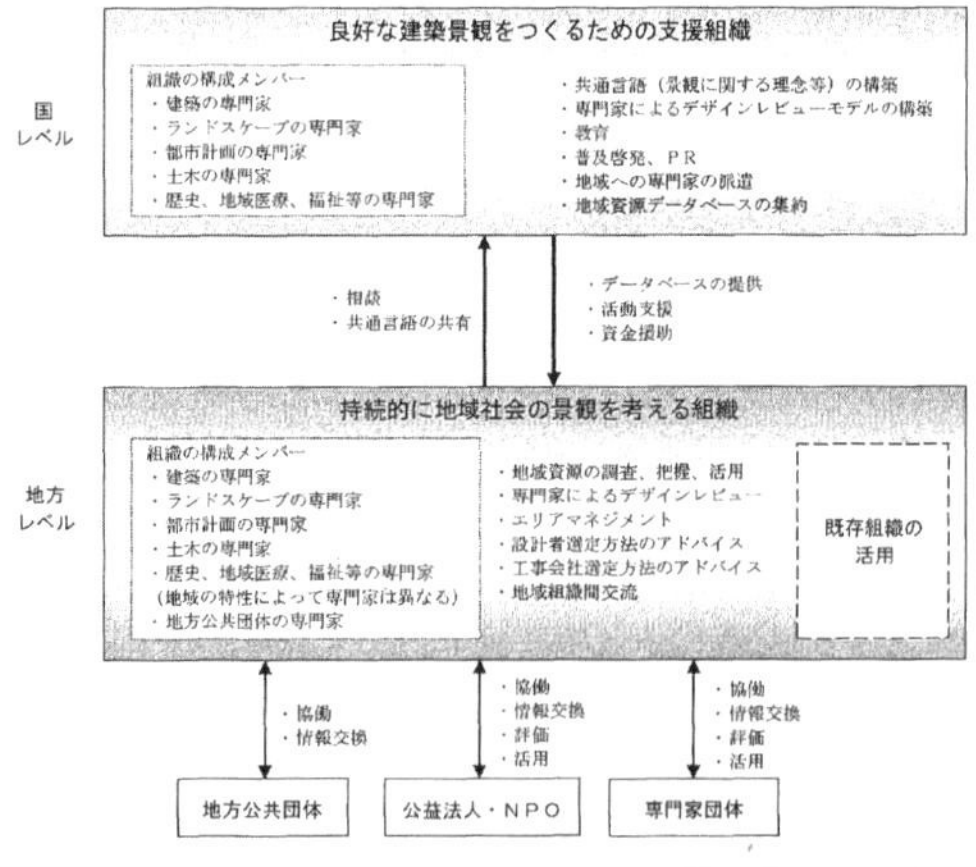

図6　専門家が良好な景観形成に向けた活動を行う場づくり。

複雑化させているように思うのである。

実際、各自治体の建築や景観の担当官は、その担当官だけではとても手に負えない問題を抱え込んでいる。だから、その都度専門家の意見を聞くということはあると思うけれど、それが制度化されているわけではない。むしろ一般的にはその担当官の経験則によって問題が解決されているように思う。さらに深刻なのはその担当官の経験がきわめて浅いものでしかないという現実である。すぐに配置換えになってしまうしね。担当官というのは建築や景観に関わる担当官、あるいはその「物件」の直接の管理部局（原局）担当官である。まさに「物件」としてしか考えられていないのである。建築も橋も道路も公園も物件である。「物件」と認識されている限り、それが地域社会の景観、さらにはその地域社会を活性化するためにどれだけ重要なのかということが見失われてしまう。それが見失われたままに「適正価格」だけが発注の原理になって、入札制度が王道なのである。困ったもんだなあ。

というわけで、地域社会の景観問題をただ自治体に任せるのではなくて、持続的にそれを考える専門家集団が各地方にあるべきなのではないか、そういうことが委員会では話し合われた。それがこの図6である。

各地方にそのような「持続的に地域社会の景観を考える組織」をつくっていくとしたら、そうした組織を支援する国家的な制度がないと不可能である。国レベルでの支援システムが決定的に重要である。どのような地域社会を目指すのか、それをどうつくっていくのか、その理念的なバックボーンを国は示す必要がある。つまり国家としての思想が問われるはずである。国の側からの支援システム、そして地方には地方自治体から独立した「景観を考える組織」がある。「景観を考える組織」は、逆の側から国の思想を具体的に検証してフィードバックする組織でもある。それが、景観を自分たち自身の問題として考えるための最低の条件である。でも、実際にこのような組織をつくろうとすると、既に各地方には建築に関わるさまざまな利権集団が存在しているから、かなり難しいことになると思う。だから既にそうした活動を実践している地方組織を参考にすべきではないか、そういうことも話し合われた。たとえば川越市の伝統的な町並みを残そうとしてきた人たちの活動、あるいは小布施町の景観に積極的に関わってきた人たちの活動、そうした人たちの活動を参考にすべきだと思う。今後は各地方でモデルになるような活動をしている人たちを発掘して、それを先行事例にしていったらどうか、そういうことも話し合われてきた。いずれにしても、地方自治体に特権的に集約されてきた建築や景観に関わる権限が、専門家集団に移されるべきだと思う。もちろん、地方自治体との密接な関係はきわめて重要である。その関係を維持した上で、地域住民と一緒にその景観について持続的に考える組織である。景観行政は地域社会を活性化するための最も重要なファクターなのである。地域社会はその地域の景観が破壊されることで一気に崩壊してしまうからである。景観破壊は都市の中だけではない。郊外の風景も、あるいは農村、山村、漁村、地域社会が疲弊しているところでは今、急激に景観破壊が進んでいる。その景観を守ろうとする意識は自分たちの帰属する地域社会に対する意識に直結している。だとしたら、そうした意識が失われているところで、景観破壊が進んでいるはずなのである。「地域社会圏」というのはそこに住む人たちの意識の問題である。自分たちの帰属している場所は「1住宅＝1家族」の内側ではなくてもっと広い「地域社会圏」であるという意識なのだと思う。

地域社会をひとつのまとまった単位と考える考え方と「1住宅＝1家族」というシステムとは、相互に矛盾する考え方である。そう述べた。もしそうだとしたら、「地域社会は自らが帰属する環境である」という視点が獲得されるなら、おのずとその「1住宅＝1家族」システムに対する批評的な眼差し、あるいはそれを乗り越えようとする眼差しを一方で獲得しているはずなのである（私たちは、あまりに長い間どっぷりとその「1住宅＝1家族」システムの住人であり続けているので、そのことに気が付かないけど）。地域社会の景観を考えるということは、つまり、「1住宅＝1家族」というシステムを批判的に再考することに繋がっているはずなのである。

「持続的に地域社会の景観を考える組織」は、だからきわめて重要である。日本の今のシステムを再考しよう、という暗黙の意志が含まれているからである。その「地域社会の景観を考える組織」はひとつの地方自治体単位なのか、あるいは大きな自治体の場合は、それがさらに分割された単位になるのか、どのような単位毎にそれが組織されるべきなのか、まだよく分からない。そして、その地域社会について持続的に考えるどのような組織をつくればいいのか、その担い手は誰なのか、そこで建築家たちは何ができるのか。どのような権限を与えられるのか。既存の建築家協会や建築学会等深く景観行政に関わっているはずの既存の団体は、そこにどのように関わるのか。

今のところ、Y-GSAのスタジオ課題「地域社会圏」モデルと「地域社会の景観を考える組織」をつくる活動とはそれぞれ全く別の活動である。どこかで繋がるのか、それもこれから考えていきたい。まだスタートしたばかりである。いろいろ意見、聞かせてください。

「地域社会圏」は、工学院大学山本研究室の大学院生と一緒に考え始めたのがきっかけである。

当時、東京ガス、ベネッセコーポレーション、都市機構、トヨタ自動車の有志の方々からもさまざまなアドバイスをいただいた。

協力：北岡伸一、繁田尊友、藤木俊大、久保田愛（山本理顕設計工場）、田中秀一（Y-GSA2年）

（1）『建築計画・設計シリーズ33集合住宅地』（小泉信一／1991年／市ケ谷出版社）

（2）『ウィトゲンシュタインのウィーン』（S.トゥールミン+A.ジャニク／2001年／平凡社）

（3）委員会は平成19年（2007年）9月から平成20年（2008年）3月まで、計6回開催された。景観問題を持続的に検討する専門家組織をどのようにつくっていったらよいのか話し合われた。途中、CABEの事務局長のRichard Simonsさんから、イギリスでは公共建築のデザイン・レビューがどのように行われているのか、かなり詳細な話をしてもらった。

委員会の提言は「建築と地域社会建築等を通じた地域社会の良好な景観形成に向けた提言」にまとめられている。委員会のメンバーは以下のような構成である。

座長　山本理顕　建築家（山本理顕設計工場）、横浜国立大学教授
岡部明子　建築家（Hori&Okabe architects）、千葉大学准教授
北澤猛　アーバンデザイナー、東京大学教授
木下庸子　建築家（設計組織ADH）、工学院大学教授
工藤和美　建築家（シーラカンスK&H）。東洋大学教授
布野修司　滋賀県立大学教授
宗田好史　京都府立大学准教授
蕗健夫　神奈川県庁
荒巻澄多　川越市役所
事務局　国土交通省　住宅局市街地建築課
都市・地域整備局都市計画課景観室
オブザーバー　大臣官房官営繕部整備課

2010

『atプラス』2010年6月号

建築空間の施設化

「一住宅＝一家族システム」から「地域社会圏」システムへ

1 「建築空間」の無意識

当然だけど、私たちは住宅に住んでいる。学校で教育を受けている。オフィスで仕事をしてレストランで夕食をとって劇場で演劇を観て、コンサートホールで演奏を聴いて、あるいは美術館で美術作品を鑑賞する。ときには病院で治療され、自分のことが自分でできなくなれば特別養護老人ホームで介護される。あらゆる私たちの活動はこうした建築空間と共にある。家族もコユニティーも教育も介護も建築空間と共にある。共にあるという以上に、私たちのあらゆる活動は建築空間に支えられている。

「建築空間」とは具体的な建築の内部空間であり、その建築とその周辺との関係とによってつくられる外部空間である。物理的な空間である。その物理的な空間に支えられている。

ところがそれがあまりにも深く関係しているものだから、私たちは自分たちがその建築空間の中にいてそれと深く関わっていることを忘れてしまうのである。私たちが大気中にいて呼吸していることを日常生活では忘れているのと同じである。建築空間の中にいて、そこでの様々な活動がその空間によって支えられているのに、それをつい忘れてしまう。忘れるというよりもそれを全く意識しない。無意識なのである。それはなぜか。

空気と違って建築空間は物理的な物でできている。人工物である。いつだって目の前にあって見えている。それにも関わらず、私たちが「建築空間と共にある」ことを意識しないのは、それを無意識化させる力が働いているからである。

〝無意識化させる力〟などと言うと笑われるかも知れないけど、でも考えてみて欲しい、そこでの活動を管理する側の立場に立つと分かる。極めて好都合なのである。なぜならそれが〝管理された空間〟であることを無意識化させるからである。

建築空間は常にどのような場合でも、どのような空間であったとしても、例外なく、それは〝管理された空間〟である。「空間の管理」はそこでの「活動の管理」

である。「利用者の管理」である。建築空間がそこでの様々な活動を支えているとしたら、逆に、建築空間を管理することによってその建築空間の中の人たちの様々な活動を管理することできるはずである。実際、建築空間は歴史的にもそのような役割をふんだんに担ってきているのである。建築空間の歴史は管理システム（統治システム）の歴史そのものである。もちろん今でもそうである。建築空間は管理空間なのである。

でも、問題は〝建築空間は管理空間である〟というところにあるわけではない。その無意識化である。〝建築空間は管理空間〟であるという当然のことが私たちの日常の背後に隠されている。その隠されているということが問題なのである。それはその管理（統治）の主体が隠されているということである。実際、建築空間は多くの人が知らないところで実に巧妙に管理されている。でも、それに無意識の利用者たちからは管理する主体はよく見えない。だから多くの人たちは自分たちが建築空間の中にいてそれを媒介にして管理されていることに気がつかないのである。自分が管理されていることに全く無自覚なのである。

2 「建築空間」の〝施設化〟

建築空間を見えないように管理する方法とは、それではどのような方法なのか。

一つは建築空間の側をできるだけ画一化し標準化する。産業革命以降、特に一九世紀後半から第一次世界対戦期を挟んで二〇世紀前半にかけて発明され洗練されてきた方法である。「近代建築」の方法がその方法である。「近代建築」の方法は「建築空間」を機能類型ごとに切り分ける。たとえば住宅、オフィス、工場、病院、図書館、保育園、幼稚園、学校、劇場、美術館、等々、「建築空間」を機能類型ごとにそれぞれ独立した一つのパッケージと見なすのである。建築空間のその境界は、実際は極めて曖昧である。その建築とその周辺との関係を含めて「建築空間」なのである。それを切り分ける。機能類型によって、そして敷地境界によって切り分ける。「単一類型・単一敷地」である。ここで重要なのは建築空間が「単一類型・単一敷地」として切り分けられることによって、それが単純化され、パッケージ化されてどのような場所につくられてもその場所の特性と無関係に標準的で画一的な建築空間をつくることができるようになったということである。その場所の特性や歴史性を象徴するような様式建築は徹底して排除された。当時、圧延鋼による工法や鉄筋コンクリート純ラーメン工法の技術が飛躍的に進んで、今までの石造りの建築とは違う均質性の高い建築が可能になったという技術的側面もあった。フラットなそして標準的で均質な建築は過去の建築からの解放である。ミース・ファン・デル・ローエはそうした建築空間を"universal space"と呼んだ。

結果から見ると、建築家たちが目指したその均質で標準的な建築空間は、国家的な要請と極めて相性が良かった。第一次世界大戦後のヨーロッパの国々は、まさに国民国家（nation-state）が整備されるまっただ中だった。その国民国家の整備のためには、建築空間の標準化は重要課題だったのである。

日本も事情は同じであった。第二次世界大戦後、その建築の標準化は徹底される。つまり、標準化された建築空間によって官僚制的統治システムの各主幹部局（管轄部局）ごとの管理が可能になるという意味である。何をもって〝標準〟とするのか、それを主幹部局の考え方によって決めることができるからである。そしてその〝標準〟が法制化される。病院にしても、図書館、小学校、住宅にしても、それぞれの主幹部局の管理の下で全国一律標準建築ができあがる。そのための法律が整備される。たとえば住宅だったら公営住宅法（一九五一年）によって、学校だったら学校教育法（一九四七年）、図書館なら図書館法（一九五〇年）、病院なら医療法（一九四八年）、あるいは各省庁の省令や〝告示〟や〝通達〟などの指導によって建築空間がそれぞれ単一の類型ごとに切り分けられ、それが標準化される。日本の北から南まで標準的な建築（パッケージ）が可能になるわけである。一方、「単一敷地」ごとに切り分けられるということは、周辺との関係が不問になるということである。

建築空間は本来それ自身であると同時に周辺との関係である。ところが「単一類型・単一敷地」としての建築空間はその周辺との関係を問われることなく計画され実現される。官僚制的行政システムがその主幹部局（セクト）ごとに排他的に縦割りになって、そのセクト的な行政システムに従って建築空間が「単一類型・単一敷地」ごとに切り分けられ、配置されることを可能にするのである。

官僚制的統治システムの側からは、その「単一類型・単一敷地」によって切り分けられた建築空間は〝施設〟と呼ばれる。

建築空間を〝施設〟として扱う。そしてその独立性の高いパッケージのような施設を相互に隔離して管理する。これは実は極めて巧妙な管理方法である。つまり国家を官僚制的（セクト的）に運営するときの運営方法として巧妙にできているという意味である。私たちは今や建築空間がそれぞれ敷地ごとに独立した〝施設〟であることをほとんど当然のように受け入れてしまっているのである。

「建築空間は施設」である。それをもはや誰も疑っていない。

「施設」という言葉が意味するのは、その単一性であり、周辺環境から隔離され強い独立性（孤立性）をもっているという意味であり、セクトごとに縦割りになった官僚制的国家行政の徹底した管理下にあるということである。

3 「建築空間」は表象の空間である

それではその「建築空間の施設化」がなぜ私たちの無意識と結びつくのか。

これも私たちの活動が「建築空間」の中にあるということと深く関係している。「建築空間」の中に現れる私たちの現れ方と関係している。「建築空間」の中では、私たち個人個人は常に、「表象（身分、肩書き）」として現れるからである。その建築空間の中では私たちは「あらかじめ定められた行動様式」に意識的、無意識的に従っているのである。「定められた行動様式」というのはいわば「作法」であハンナ・アレントはそれを"behavior"と言った(1)。"behavior"とは、私流に解釈すれば行動あるいは行為そのものではなくて、その〝行為の仕方〟である(2)。あるいは〝振る舞い〟である。私たちは建築空間の中では表象されたその人にふさわしい振る舞い方（作法）に則って行動する。建築空間はその作法ができるだけスムースに行われるように設計されているのである。「個人が社会的地位にふさわしいものでなければならないという態度」(3)が尊重されるように設計されている。たとえば学校だったら、先生は先生らしく、生徒は生徒らしく振る舞うことができる（作法に則ることができる）ように、病院では医者、看護婦、患者の序列をどのような場面でもできるだけ忠実に再現できるように、ホテルだったらそこに来るお客さんが、品のいいおじさんおばさん、良家の子女のごとく振る舞えるように設計される。あるいは住宅だったら、優しいママ、パパ、賢い子供たちを演じられるようにつくられる。建築空間に現れる人間は、一人一人個性をもった人間としてではなくて、その社会の命ずる"behavior"に従った「表象」としての、つまり社会的な役割としての人間なのである。建築空間の中に登場する人間はそうした「表象」としての人間である。誰であろうと表象された人間として現れる。それ以外に現れようがない。それが「建築空間」である。「建築空間」は「表象の空間」なのである。

〝近代建築運動〟というのは、こうした表象からの自由であった。一九世紀的な身分社会が表象する〝序列〟としての人格ではなくて、何ものも表象しない自由な人間である。それが〝普遍的人間〟であり抽象化された人間像であった。そのための空間が"universal space"だったのである。どのような環境、どのような歴史を持った場所であっても、その場所の特性とは一切関わりを持つことなくつくられる建築空間である。でもそれは同時に管理する側からは極めて好都合な空間だった。何ものをも表象しないはずだった空間は、逆に、官僚制的統治のための〝標準的な人間〟の表象になっていったのである。最も管理しやすい人間像である。

どのような建築空間であってもそれは

「表象の空間」である。だからこそ、その「建築空間の施設化」によって、つまり「単一類型・単一敷地」に切り分けられることによって、そこに登場する登場人物たちを画一的なそして標準的な表象として扱うことが可能になるのである。利用者の画一化・標準化が施設化の目的である。あるいは結果である。繰り返すけど、「施設」としての建築空間は、単一の類型に則ってつくられる。劇場、図書館、美術館、学校、特別養護老人ホーム、幼稚園、住宅など単一類型の施設である。そして、その施設は一つの敷地境界の内側につくられる。その敷地の外側とは関係を持たない。施設の単一類型を壊す恐れがあるからである。施設はあらかじめ敷地を決められ、類型を決められ、その単一性が保証されているわけである。だからこそ、その施設の利用者像(利用者の表象)を極めて画一的(standard)、標準的(normal)な人間として扱うことが可能になるわけである。それこそが見えない管理の仕組みの本質である。標準化され画一化された人間からは、標準化されたその建築空間はもはや見えない。自分たちが管理されているという意識を持つことがない。

4 住宅の施設化

建築空間の「施設化」において、とりわけ大きな影響を今の社会に与えたのは住宅である。住宅という建築空間の施設化である。建築空間を「単一敷地・単一類型」ごとに切り分けるという施設化の手法は、住宅においては「一住宅＝一家族」という住宅の供給方式の発明に繋がる。家族という集団が住む住宅は、本来、地域社会の中にあってはじめてその役割を果たすことができるような仕組みになっているのである。近代化される以前の住宅は例外なくそのような構造を持っている(4)。それを「一住宅＝一家族」という単位ごとに切り離して、一つのパッケージにして、相互に干渉しあわないように配置するという、隔離施設のような今の住宅の供給システムの発端は一九世紀の産業資本家たちの発明である(5)。産業資本家たちにとって重要だったのは住宅の標準化でありその密室性の確保である。

「疫病、革命、暴動、こうした19世紀にしばしば見られる困難を引き起こしたのは労働者階級であり、家庭の中に位置づけられない人々であった。産業社会は、いや、より具体的にはブルジョワ政権は、そうした人々に家族・家庭を与えることで、彼らにブルジョワ的諸価値を教え込み、彼らを文明化し調教したのである。そして住宅はそのための手段であった。彼らは住宅によってブルジョワ的なモラル、すなわち妻や子供への愛情、団欒、家族を粗野な外部世界から守ろうとする意志、などを教えられると考えたのである」
（土居義岳「住宅という名の原罪」
「GA Japan』1992年1号）

高い生産力を確保するためには、一定のモラルをもった、つまりばらつきのない標準化された労働力が必要だったのである。住宅はその労働力を確保するための教育装置であった。標準化された住宅が標準化された家族をつくり標準化された労働力を再生産し続けることが期待されたのである。「施設化された住宅」はそのような意図と共に供給されたのである。

こうした「一住宅＝一家族」という住宅が第一次大戦後のヨーロッパ、特にフランス、ドイツ、オーストリアにおいて公共住宅として供給される。積層された集合住宅のモデルをつくったのはＣＩＡＭ（近代建築国際会議）の建築家たちであった。それは国民国家の国家的要請である。「一住宅＝一家族」というシステムは国家を運営するシステムとして極めて好都合だったのである。相互に隔離された標準化された住宅は標準家族（標準家族というbehavior）を教育する教育装置である。住宅の内側で自らの保守管理を完結させる。高齢者や子供や障碍者に対する社会的な責任が家族内部の問題であるかのように扱われるのである。つまり様々な社会的な矛盾が「一住宅＝一家族」の内側の問題として扱われる。「一住宅＝一家族」システムは国家の側の負担を極めて少なくするのである。だからこそこのＣＩＡＭモデルとも言える集合住宅のモデルがその後、世界のモデルになったのである。日本でも第二次世界大戦後このモデルが輸入されて日本の集合住宅のモデルになっていった。

「一住宅＝一家族」は日本の行政システムの根幹である。そして今でも「一住宅＝一家族」を前提にして日本の国家行政は運営されている。

5　官僚制的統治システムによる〝社会（society）〟

それでは、『建築空間の施設化」に象徴されるような、今の私たちの社会とはどのような社会なのか。

「社会（society）は、それぞれの成員にある種の行動（behavior）を期待し、無数の多様な規則を押しつける。そしてこれらの規則はすべてその成員を『正常化（normalize）』し、彼らを行動（behave）させ、自発的な活動や優れた成果を排除する傾向をもつ(6)」というハンナ・アレントの指摘は、それがそのまま「管理」あるいは「統治」の本質である。

アレントは〝社会（society）〟という言葉を極めて限定的に使う。私的に管理された集団の関係が〝社会〟である。「社会というものは、いつでも、その成員がたった一つの意見と一つの利害しかもたないような、単一の巨大家族の成員であるかのように振舞うように要求する

（7）」、それがアレントの定義する〝社会〟である。そして「統治の最も社会的な形式（social form of government）は官僚制である」（8）とアレントは言う。さらにその官僚制こそが国民国家における「その最後の統治段階」なのである（9）。そうだとしたら、官僚制的統治システムによって統治運営されている今の私たちの生活環境がまさしくアレントの言う〝社会〟である。官僚制は徹底したセクト主義である。排他的に分割された各管轄部局（セクト）ごとに縦割り的に国家を管理する統治システムである。その外側からの批判を一切許さない。管轄部局（セクト）のその密室性・排他性こそ官僚制の本質である。こうしたセクトの徹底した排他主義は、アレント流に言うなら、これこそが私的管理社会そのものである。実際、各セクトの内側は極めて私的に運営されている。厳格な前例主義を前提にした極めて排他的な（私的な）ルールに則って運営されているという意味である。前例主義はそのセクトの排他性の根幹である。セクトは何らかの独自の思想を持っていないということのそのアリバイとして、前例主義が有効なのである。セクトは無思想である。それ以外にその私物化の正当性の根拠を説明できないからである。無思想性を根拠にしたセクトの私物化こそが官僚制的統治システムの最終形なのである。

「建築空間の施設化」の象徴する今の私たちの社会こそが「官僚制」の最終形である。「官僚制」とは統治の主体（統治する思想）の見えない統治システムのことである。そこでは様々な施設のその利用者は常に画一的・標準的（normal）な人間として期待され、あるいはそのような作法を教育される。建築空間に無意識になってしまったその利用者は、まさにこうした官僚制的管理社会の住人である。

6 「施設設計者」の無思想性

日本では、建築空間の設計者たちは施設設計の技術者として扱われる。それは、建築空間の最も重要な担い手である建築の設計者を「技術者」として徹底して国家の管理下に置くというシステムである。日本における建築教育は明治新政府によってその骨格がつくられた。それ以降工学部の中にあって技術者教育が徹底されている。「技術者」という意味は、あらかじめ切り分けられた施設の設計者として、なぜそれがそのように切り分けられているのか、その根拠を疑わないで設計する人という意味である。つまり、設計者の無思想性が前提されているのである。日本では優れた技術者というのはそういう技術者である。ちなみにこれは建築の業界に限らない。機械も電気もエレクトロニクスもどのような業界であっても技術者の置かれている立場はさほど変わらない。与えられたテーマ（何のために誰のためにつくるのか）の思想的根拠を疑わずにひたすら「切り分けられた物」としての製品の効率や経済効果を上げる役割である。技術者の扱うのは単なる「物」であり「施設」である。

そして建築の設計者もまたそうした技術者の一員として制度（官僚制的制度）の中に組み込まれているわけである。私たち建築の設計者が扱う対象はあらかじめ切り分けられた「施設」である。建築空間の設計者は日本では施設の設計者なのである。

「施設」を画一化・標準化することによって、標準的な行動様式（behavior）が誘導される。その施設を使う多くの人たちは、それが機能的にできていると信じていると思う。「機能的」という意味は「単一類型・単一敷地」に切り分けられた施設として、その切り分けられ方に忠実にできているという意味である。「標準的・画一的」という意味とほぼ同じになってしまっているのに、全くそれを疑問に思わない。建築空間は機能的でこそあるべきだ、つまり標準的であるべきだという人が今や圧倒的大多数なのである。

「施設」の設計には何らかの固有の意志を持った設計者というのは必要とされない。設計者はその施設の標準化に従事する忠実な標準設計技術者なのである。「施設」にはどこにも誰かの意図や意志が介在していない。ただ機能的にできている。建築空間とはそのようなものだと考えられているのである。逆に言えば建築空間をそのようなものだと考えることによって施設化が完成する。

実際私たち設計者という立場は、建築が計画されて実現されるその官僚制的プロセスの最下流に位置している。類型が決まり、敷地が既に決まり、予算が決まって、その最後の段階で設計者が決まる。公共建築はそうである。

官僚制には権力の中心といったものがない。セクト的に縦割りになったその最端末に権力が配分されて潜んでいるのである。最端末というのは、官僚機構が民間業者に出会う場面である。様々な仕事をしている人たちは、官僚機構のセクト主義にぴったり重なるようにカテゴライズされ、その監督官庁（セクト）から管理監督される。監督官庁の側からは、彼等は、〝業者〟と呼ばれる。日本で仕事をしている人たちはこうしてほぼ例外なく「民間業者」として官僚機構の最端末に組み込まれるわけである（たとえば販売業者、通信業者、運送業者、建設業者、設計業者、輸入業者、畜産業者、清掃業者、特殊浴場業者、風俗営業の業者、飲食業の業者、介護事業の業者）。どのような業者も日本を運営する官僚機構の最端末で、その官僚機構から直接管理監督される。つまりその官僚制統治システムの最端末に組み入れられた〝業者〟はそのシステムを維持するための最も忠実で従順な実行部隊なのである。その端末に権力が集中している。「権力は下から来る」⑽とフーコーが言うのはそのような意味においてである。そして設計者はそこにいる。設計技術者はその官僚機構の最端末で「建築空間の施設化」を徹底させられる〝業者〟なのである。

7　インフラとそれに接続される施設

そして、その「単一類型・単一敷地」に切り分けられた施設たちをもう一度相互に結びつけるシステムがインフラ・ストラクチャーである。交通やエネルギーや上下水道や情報網などである。つまり、今の私たちが生活している空間は日本中に整備されたインフラとそこに接続されて、それぞれに独立性の高い「施設」群によって成り立っている。そのように計画され、そしてそのように私たちは認識しているはずである。

一九六〇年代に建築家が提案した都市像がそのようなインフラとそのインフラに接続された施設群による都市像であった。たとえば丹下健三の「東京計画１９６０」は東京湾を縦断する巨大インフラである。そのインフラに住宅を含む様々な施設を接続させて東京全体を再構築しようという提案である。あるいはイギリスの建築家グループ「アーキグラム」のplug in city計画は搭状のインフラに施設化されたユニットがplug inされる。「施設」はもはや人間を収容する単なるカプセルである。あるいは日本の「メタボリズム・グループ」の提案も決して動かないインフラと必要に応じて変換可能な施設群によって構成された都市像である。この六〇年代の建築家たちの都市像は、インフラがまずあってそれに従属する建築というイメージである。インフラは確固として動かない。「施設」は必要に応じていつでも自由に取り替えられる。多くの建築家たちの興味が建築から都市へとシフトし始めたのもこの頃である。そして実際七〇年代に登場し「日本列島改造論」（田中角栄）は、日本中をパブリック・インフラ（高速道路、新幹線、河川治水、下水道、エネルギー）によって再編成していったのである。インフラは官僚機構のそれぞれのセクトに配分されて国家の専管事項になっていった。

「建築空間の施設化」は一方でそれを支えるインフラの充実が必要不可欠である。確固としたインフラ・ネットワークとそれに接続され従属する全国一律標準的な「施設」というイメージは私たちが生活している空間の鳥瞰的イメージである。つまり私たちの生活空間はそれぞれに隔離された「単一類型・単一敷地」の施設群とそれを支えるインフラ網の関係なのである。この生活空間のイメージは多くの私たちによって共有され、もはや疑う余地のない〝常識〟になっている。

こうした〝常識〟は既に私たち自身にすり込まれていて、それがときには施設設計者批判として現れる。標準的・画一的施設こそをつくるべきであるという批判である。それは単に行政サイドからだけではなくて、建築空間は施設だと思い込んでしまっている利用者たちからも、である。たとえば劇作家の井上ひさしさんの批判がその典型である。

8 「建築空間」は施設であるという思い込み

「多目的ホールという発想は貧弱です。必ず無目的ホールに堕落します」

「ちなみに私たち「こまつ座」は、機関誌『the座』のために世界中の劇場を取材しました。平面図、設計図、運営方針などすべて。

全世界の1000の劇場に連絡取材、そして資料を取り寄せ、支配人にアンケートをした資料があり、日本で一番、劇場に詳しいと思います。

世界のいい劇場はみんな、一見平凡な型をしています（そこに劇場の本質があります）。へんてこりんでいいのは演目（だしもの）だけです」

（井上ひさし「何故、この場所に今つくるのか（歴史への参加）」「神静民報』2007年4月29日）

引用は私が実施設計まで完了してその後市長が交代して廃案になろうとしている小田原市の多機能ホール「（仮称）城下町ホール」への批判である。これは「建築空間は画一的・標準的な施設であるべきだ」という思い込みによって書かれた文章である。その思い込みは井上さんのというよりも、もはやむしろ多くの人たちの共通認識である。劇場という単一類型を信じてそれを全く疑っていない。設計者は技術者として、劇場専門家の意見を良く聞いて、言うとおりにつくるべきである、それが趣旨である。確かに劇作家という立場から見れば井上さんは劇場について日本一詳しいのだろう。それは、でも井上さんの立場から見たらということで、別の立場もあり得るのだと思う。

「（仮称）城下町ホール」は劇場専門館として計画されたわけではなくて、様々な用途を担っている。コンサートもある。中学生の発表の場所にも使われる。サーカスもできたらいいと私は思った。このお堀端は市民が自由に集まるには絶好の場所なのである。周辺環境や使われ方を想定すると多目的ホールは決して間違っていない。単一類型の劇場ではなくて、今までにない多様な使い方ができるホールを私は提案した。「自由広場」のようなホールである。日本各地にある多くの多目的ホールはそれが使われていないときは単なる巨大なブラックボックスである。特定の用途がないときでも、広場のように使えないだろうか、そういうことも考えられないだろうかという提案だった。それを使う人たちの考え方によって様々に使えるようなホールである。そうした提案がコンペの審査員たちから評価されたのだと思う。確かに劇場の専門館に比べたら相当その標準を逸脱している。でも、どこかに存在している前例と同じ標準的な建築空間が求められているわけではなく、その地域社会に固有の公共ホールがその都度考えられるべきなのである。

　実際、世界中の優れた劇場は井上さんから見たら平凡で標準的に見えるとしても、それらはその地域社会の固有性に基づきながら、地域社会に対する強い思いと、その思いを建築空間として実現しようとする建築家の創意によってできあがっているのである。劇場に限らない。優れた建築空間は、単に単一類型の施設としてそこにあるのではない。それは周辺環境を刺激して地域社会そのものを変える力を持っている。むしろそうした役割が「単一類型・単一敷地」の施設としての性能（もちろんそれも重要だけど）、それよりも遥かに重要なのである。それが建築空間の最も重要な役割である。その固有の地域社会にいかに貢献するか、そこに建築家の役割の中心がある。単なる施設設計技術者であるわけでは決してないはずなのである。

　それよりも問題なのは「へんてこりんでいいのは演目（だしもの）だけです」という文章である。〃へんてこりん〃という意味は標準から外れているという意味だと思う。それこそセクト主義の思想である。自分だけが〃へんてこりん〃なものをつくる権利があるという、この文章は他者の存在を認めないかのように聞こえる。劇作家に限らない。建築家に限らない。誰でも標準を逸脱した〃へんてこりん〃なものを提案する権利がある。ときにはそれは義務である。それを阻んでいるのが官僚制的セクト主義であり、標準化の力である。問題なのはセクト主義そのものであると同時にセクト主義による「建築空間の施設化」を当然のように受け入れてそれを身体化してしまっている私たち自身なのである。

9　建築家はパッケージ・デザイナーか

　もう一つ引用する。これは「インフラと施設」という今の統治システムの実体をそのまま表している発言である。

　「建築家や広い意味でのアーキテクチャー・デザイナーが、今後バーチャル・ボディを設計するといっても、意匠や内容に関わらず、もはやインフラ・レベルでのシステム構築にコミットしているとは言えません。むしろインフラ・レベルでのシステムが滞りなく回転することを前提に成り立つ、偶発的で意的な表象に関わっているだけです」

　「建築家は料理人になるのです。建築家がシステムの基体や基軸にかかわる設計にかかわることはもはやないのです」

　（山本理顕編『私たちが住みたい都市』平凡社、２００６、ｐ２２６

―p227宮台真司さんの発言）

これは二〇〇五年の工学院大学の連続シンポジウムでの発言である。磯崎新さんとの対談で、私が司会をしたからとてもよく覚えている。六〇年代につくられたインフラとそれに従属した施設との関係をそのまま反映した発言である。確かに今の多くの建築家たちはこうした構図をそのまま受け入れてしまっているように思う。施設設計技術者の役割を全く無抵抗に受け入れてしまっているのである。実際、インフラにコミットすることはもはやできないとあきらめてしまっている設計者の方が日本では圧倒的に多数派なのである。宮台さんが指摘するインフラにコミットできない単なる施設設計者というのは現実そのものである。「単一類型・単一敷地」としてつくられる施設の単なるパッケージ・デザイナーのようになってしまっているのである。でも、それが設計者・建築家の役割かというと違う。さらにそれがそのまま建築家不要論に繋がってしまうのだとしたら(11)、それこそ、現実の官僚制的管理社会をそのまま丸ごと追認してしまうだけである。

設計者・建築家の役割は施設設計技術者ではなくて「建築空間」設計者である。つまり一つの建築とその周辺との関係を設計する役割である。常にインフラを含めて設計することを求められているはずなのである。

六〇年代に考えられていたように、そして今でも考えられているように、実際にインフラはそれほど強靱だろうか。決して動かないインフラとそのインフラに支配される標準的な、そして画一的な施設という関係はどれだけ強靱なのだろうか。単に官僚制的管理社会にとって有効なだけである。強靱だと思い込んでいるその考え方が既に官僚制的管理社会の住人の考え方である。インフラは多くの人が思っているほど強靱ではない。むしろ脆弱である。強靱だと思っている私たちの思い込み、すり込まれてしまった思想が変われればすぐにでも変えられる、その程度のものなのである。

10 「建築空間」はインフラと共に設計される

建築空間はそれ自身であると同時にその周辺との関係である。建築とその隣り合う建築、あるいは周辺環境との関係なのである。周辺の建築と共に考えることは、それだけでもその建築空間は何らかのかたちでインフラに関わらざるを得ないはずなのである。

実際、建築空間は、常に、それを求められている。標準的で画一的な施設ではなく、インフラと共に考えられてはじめてその地域社会に固有の建築空間になり得るはずなのである。

もし建築空間の登場人物がその表象として登場するのであるとしたら、新たな建築空間は新たな表象を描くはずである（それは表象の否定とは違う）。建築空間がそこでのbehaviorと深く関係しているとしたら、逆に建築空間の提案が新たなbehaviorを誘導するはずである（それはbehaviorの否定とは違う）。「建築空間」は、そのような役割を担っているのである。そのためには単なる施設設計者として今のインフラに全面的に服従するのではなくて、新たなインフラの提案と共に「建築空間」が描かれなくてはならない。

建築空間はインフラから自由になれない。だからこそ、設計者は既存のインフラ・システムに対する提案と共に考える。新たなインフラについて提案する義務がある。建築空間はそこに登場する登場人物たちを表象としてしか扱うことができない。だからこそ、逆に画一化された登場人物の表象を変換することが可能なのである。施設の内側で閉じてしまっている標準化されたbehaviorを外側に開くことが可能なのである。「建築空間」が「表象の空間」だからこそ可能なのである。

韓国の江南市というところで設計コンペがあった。一〇四二戸の集合住宅のコンペである。オランダの建築家二人と韓国二人、日本からは私たちの事務所の計五人の建築家チームによる指名コンペで、韓国の集合住宅の新たなプロトタイプを求められた。

韓国も激しく高齢化している。今までのような標準家族のための住宅の供給システムが既に行き詰まっているのである。「一住宅＝一家族」が相互に隔離されるように配置された今の集合住宅のシステムはこれからの高齢化社会では役に立たない。「一住宅＝一家族」システムで供給される住宅は外に対するあまりにも高プライバシーのためにほとんど密室である。日本でもそうした住宅の欠陥が様々な問題を引き起こしている。独居死、高齢者の一人住まい、老老介護、密室住宅内暴力、幼児・児童への虐待、こうした問題は住宅の施設化故である。住宅を施設として供給してきたツケが回ってきているのである。施設の特徴は外部への閉鎖性、密室性である。このような施設化された住宅を前提にする限り、その住宅の集合の仕方について、あるいはコミュニティーについて、話をすることはできない。施設化された住宅とその集合によるコミュニティーとは論理的に矛盾するからである。

韓国のコンペでは、私たちはそのようなことを主張した。従来の「一住宅＝一家族」システムではなくて、コミュニティーを前提とした住宅である。各住戸を密室化しない。でも、その外をどう設計するか。それこそインフラの設計である。私たちはそのインフラと共に住戸プランをつくった。全体の配置計画と共にある住宅である。それは極めて透明性の高いファサードをもった住戸プランである。その透明なファサードが中庭を挟んで向かいあっているような配置計画を私たちは提案した。つまり向こう側の人が見える。この住宅群の住人の多くは高齢者である。住宅は高齢者や低所得者たちのセーフティーネットであることを前提とした配置計画なのである。ここでは公共住宅自体がすでに社会インフラなのである。

11 「地域社会圏モデル」

低所得者たちはネットカフェに住めというような日本の住宅政策の貧困はもはや無策を超えている。「一住宅＝一家族」というシステムで住宅を供給してきた住宅政策の破綻は、日本の行政システムの破綻を意味している。標準化の破綻である。全国一律のインフラ網とそれに従属する相互に隔離された施設群という風景は標準的・画一的な管理のためには極めて好都合だけど、一方でそれぞれ豊かな個性をもった地域社会を徹底的に破壊してきたと言える。画一化された風景など、誰もそんな風景を見ない。パッケージのような施設など誰も見ない。誰にも見られない風景はますます疲弊して行くのである。

日本は高度に完成された官僚制国家である。徹底して私物化されたセクトによって統治されている国家である。その統治システムがこの標準化の直接の原因なのである。そして日本にはその私物化セクトに対する対抗軸がない。建築家は、官僚制機構の側から見れば業者である。その業者的経験に基づいて言うとしたら、それを変えるための可能性はとりあえず二つである。

一つはセクトの最端末の透明化である。官僚機構の最端末と〝業者〟の出会う場面を徹底して透明化することであ

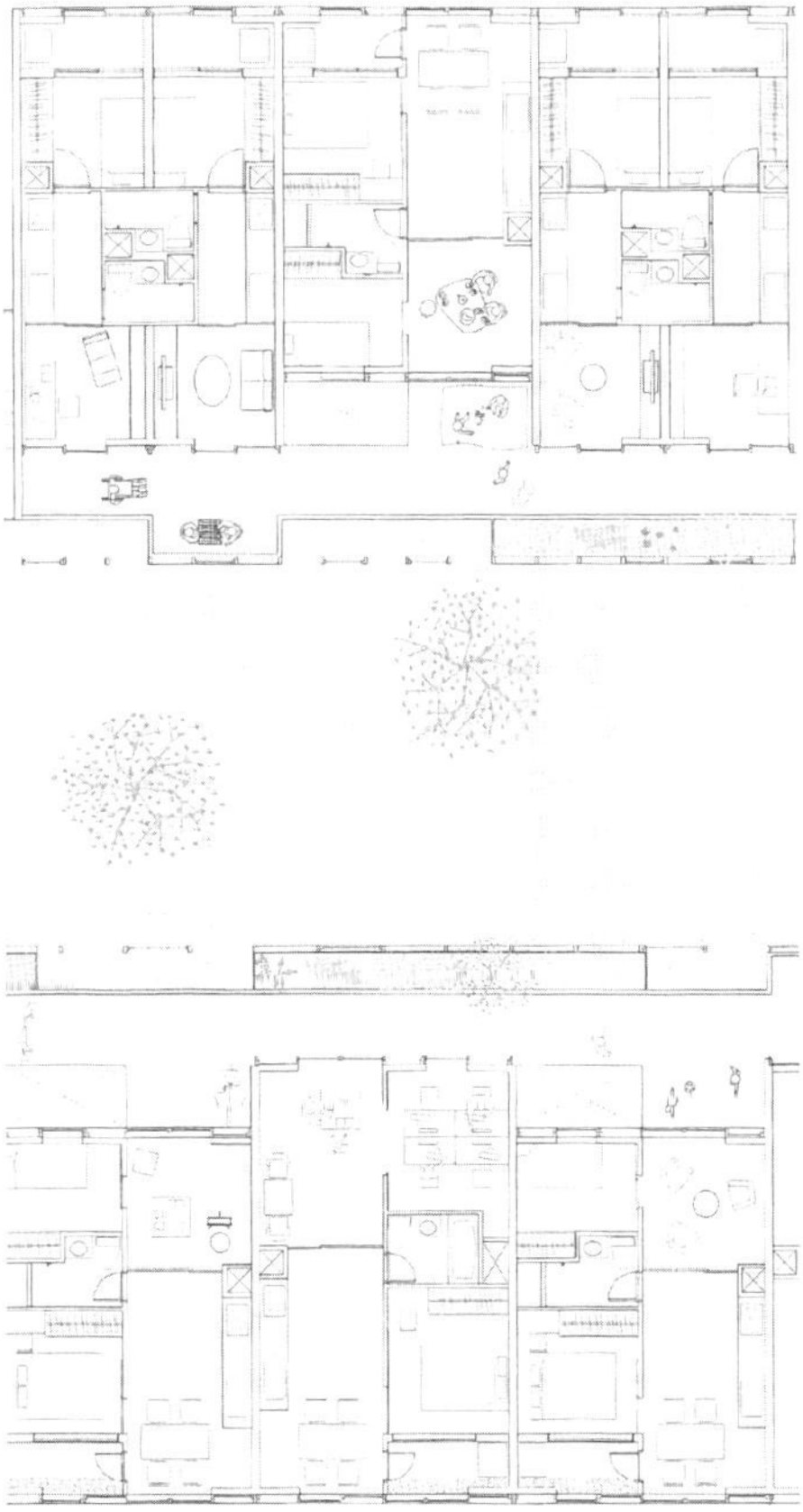

韓国での『江南ハウジング』プロジェクトユニット平面図
中庭をはさんで向かいあって配置された住棟

る。今は密室である。セクトの私物化を守るためである。もう一つは常にインフラと共に提案することである。私たち〝業者〟のその働き方はセクトの側から決められてしまっている。インフラと共に提案することで、そこではじめて一方的に官僚制的セクトの側から指導を受ける〝業者〟としてではなく、セクト主義の対抗軸になることができるはずである。全国一律パブリック・インフラではなく、その地域社会に固有のインフラである。インフラと共に考えることは、その地域社会について考えることなのである。

『地域社会圏モデル』（INAX出版）という本をつくった。三人の若い建築家（中村拓志、藤村龍至、長谷川豪）たちと一緒に「地域社会圏」のモデル設計をしたのである。「地域社会圏」というのは「一住宅＝一家族」システムに変わる全く新しいシステムによる住み方の提案である。四〇〇人程度の人たちが一緒に住む。その四〇〇人は家族の集合ではない。単に個人の集合でもない。その四〇〇人程度の人たちが一緒に住むとしたらどのような居住空間になるのか。どのようなエネルギー供給システムになるのか。高齢者や子供はどのようにそこに住むのか。交通はどうするのか。維持管理は誰が担うのか。ゴミはどう処理されるのか。賃貸なのか分譲なのか。つまり、インフラと共に考えるわけである。

もしそうした「地域社会圏」が「一住宅＝一家族」に変わるシステムとして具体的に考えられるとしたら、今の行政の運営システムそのものが変わる。「一住宅＝一家族」システムが破綻しているとしても、今、それに変わる空間モデルがない。それは、今の官僚制的統治社会に変わる新しい統治モデルが思い浮かばないということと同義である。「地域社会圏」に固有の小さなインフラ・システムと共に、魅力的な建築空間のモデルを私たち建築家の側が提案できるかどうか、それが極めて重要なのである。

アレントは、世界は人工的な工作物によってできている、という。工作物が何故、世界をつくることができるかというと、それが人間の寿命より遙かに長生きだからである。「（工作物による）世界は、そこに個人が現れる以前に存在し、彼がそこを去ったのちにも生き残る。人間の生と死はこのような世界を前提としているのである(12)」。もし工作物による世界がなかったら、私たちは自分がどこで生まれてどこで死んでいくのかその記憶を共有することができない。世界は工作物による世界であると同時に私たちの共同体的記憶の空間なのである(13)。建築は工作物である。世界をつくるその最も中心的な工作物である。建築空間は私たちの記憶の空間なのである。誰にとっても標準的であっていいはずがない。

（1）ハンナ・アレント著、志水速雄訳『人間の条件』ちくま学芸文庫、1994、p65を参照

（2）拙著『新編住居論』平凡社ライブラリー、2004、p247を参照

（3）『人間の条件』ｐ64

（4）拙稿「闕論Ⅰ」「新編住居論』および「共同体内共同体」「地域社会圏モデル」ＩＮＡＸ出版、２００９、ｐ１８１を参照

（5）その経緯については中野隆生さんの「プラーグ街の住民たち』（山川出版社、１９９９）に詳しい。拙稿「地域社会圏とは何か」「地域社会圏モデル』収録、でもそこに触れている

（6）『人間の条件』ｐ64、括弧内は筆者による

（7）『人間の条件』ｐ62

（8）『人間の条件』ｐ63、括弧内は筆者による

（9）『人間の条件』ｐ63

（10）ミシェル・フーコー著、渡辺守章訳『性の歴史Ⅰ』新潮社、１９８６、ｐ１２１

（11）「地域社会圏モデル』ｐ１３６を参照。

（12）『人間の条件』ｐ１５２。括弧内は筆者による。

（13）〝アレントの世界〟という言葉に惹かれて、その解説を私の建築家的偏見と共に、Ｙ-ＧＳＡ（横浜国立大学大学院）のスタジオブログ（http://www.y-gsa.jp/studio/yamamoto/index.html）に書いている。今回のこの文章はそのブログを下敷きにした文章である。「地域社会圏モデル」については拙著、並びにこのスタジオブログを参照してください

Ⅲ部

山本理顕論

山本理顕

Riken Yamamoto 一九四五〜

実家は薬局である。薬を扱う生業を問題にしようというのではない。表通りに面して店、奥に生活の場があるが来客にいつでも応じられるモニターとしての部屋でもある必要から、コンパクトで多目的な居室になっている、そうした住まいに育った山本における建築家としての自覚にまず触れたいのである。ようするに大学の住宅の授業で、リビング、ダイニング、キッチンを家族の中心として空間化するのを基本とする考え方に接した時、彼は違和感を持った。自分の体験してきた住まいが特殊と知ったのではなく、日本人全般の住まいがそのように描かれるのは現実と違うと見抜いたのである。

身近な人や場所を描くことで画家がデッサンカを確かめるように、山本は身のまわりの生活時間を定量的に観察することで住宅の現実を写しとろうとした。とりあえずは家族と個人それぞれの場所が外にどのように開かれているかのダイアグラムを、大学院生のときに作製した。「ヒョウタン型図(山本モデル)」として今は知られている。このダイアグラムを反映したといえる住宅が挙に四軒まとまって建築誌に発表されるのはほぼ六年後であるが、その間に、東京大学の原広司教授の海外集落調査に研究生として同行して報告的論文を書き、また自分の設計事務所を開くという動きがある。結局は建築の設計をめざしたのだが、その四軒の住宅は、ひとりの建築家がほぼ同じ時期に手がけたにしてはそれぞれの姿があまりにも違っていた。例えばその一軒には壁がない。平屋

植田実

の切妻屋根と床だけのところにひとつひとつ切り離された部屋が（便所や物置も同様に）点在している。地下一階、地上三階建の鉄筋コンクリート造の住宅は正面ファサードが外階段で埋めつくされている。家族の個室、共用室、客室を各階で切り離すためである。また木造三階建て和風の家には、田の字形に区切られた板の間に客用と家族用の掘矩撻が据えられ、一見開放的に思えるが外部との接点になる領域と家族の領域が明快に分かれる導線がそこに仕込まれている。四軒目は、間口いっぱいの長さで一、二階にアトリエがあり、その上下を繋ぐ大階段で小劇場然とした住宅である。大階段の裏に寝室、家族室がある。階段の表側は外に思い切り開かれ、裏側は閉じられた領域。そういう住宅。おそらくは、それぞれの家のスタイルをあえてまったく変えることで、見え掛かりは関係なく、住まいにおける個人、家族、そしてその外部つまり社会という通底的構造を自立させて示そうとしたにちがいない。その構造とは、例えば外部に対して個人の領域（個室など）も家族の領域（居間など）も直接開かれている、あるいはまず個人の領域が外に開かれていて家族共有の場はその奥にあるといった構造である。玄関を入ると居間があり、その奥に個室がある一般的な住まいとは逆なのだ。そうした構造を変えることなく、住まい手は自分好みのスタイルを求め、建築家もそれに応えることを設計と考えているとしたら、そこには住まいの現実の探求はなく、ただ形式性だけがある。山本はそう主張している。平たく言えばＬＤＫ＋ｎをプランニングの基本としてきた日本の戦後住宅全体の流れに対する疑義を呈しているのである。その後も同じ姿勢を崩さず、むしろより強調して、多くの住宅を手がけている。

実際にそれらの住宅を訪ねてみると、独特な部屋の構成は、そこから家族というものが新しく生まれ出てくるような新鮮な感動を受ける。建築そのものが、形式性の枠を取り払った家族の現実へと迫る肖像となっているのだ。そこに、薬屋さんの家で育った山本の生活体験が効いているといってしまえば簡単だが、それまでの住宅設計の慣習性を強く批評的に意識し、その意味を研究者として掘り下げ、自分の住宅をつくりあげるまでに至った者は、一万人に一人もいない。そのような意味での建薬家である。

熊本県営保田窪集合住宅（一九九一）も、外部に開かれているのは個々の住戸であり、その奥に共有の中庭がある。住戸に囲われたオープンスペースという団地構成はやはり従来の計画概念にあからさまに逆らうと見られて大きな論議を呼んだ。これを通して山本の論法はさらに尖鋭となり、社会学関係者などとの交流も相俟って、戦後そのものの検証にも及んで現在に至っている。

しかし彼はいわば間取り論のなかに閉じこもっているのではない。住宅も、また九〇年代後半あたりから次々と実現する中学校、大学のキャンパスその他の大規模建築も等しく、その立ち姿がなにより印象的だ。頭上高く拡げられた天幕のような屋根、部屋と部屋とを繋ぐ長いブリッジや回廊は、その建築が占めるべき本来的な場の必要を、風景として告知しているようにみえる。だからその輪郭はヴォリュームではなく、概念の陣取りであり、それは最初期の住宅から変わらない。いいかえれば、最近の美術館や庁舎のような魅力あふれる建築にも、計画概念のしきたりを拒んで白紙から出発する姿勢が貫かれているために、生まれたばかりのビルディングタイプとして感じられる。この断固とした分かりやすさが山本の特性である。

『現代建築家99』新書館、2010年

〈ループ〉——さらにその概念を深化せしめよ

原広司

山本理顕が、私の研究室に入ってきたのは、かれこれ20年ほど前になる。当時、私は30歳半ばであり、建物は〈有孔体〉と名づけた幾つかの建築、今の若い人たちは当然ながらほとんど知らない建築をつくっていたにすぎなかったのだが、山本理顕のドローイングは、確かに研究室に来そうな学生の図柄であった。すなわち、理顕のドローイングは、後に、彼らと共に集落調査をするに至って提起された概念〈閾〉、あるいは閾によって定まる〈領域〉を強く意識した図面であり、また私もそこらを意識して建築をつくっていたのだった。

想いかえせばあの頃は、大学闘争の最中であり、正確に言えば運動もやや下火になっていたが、当時私が教えた学生のなかには布野修司、三宅理一、杉本俊多らの「雛芥子＝ひなげし」集団がおり、彼らは今や私には歯がたたない理論家たちになっている。この頃、伊東豊雄は何をしていたのか定かでないが、石山修武は、私が東洋大学に巻き込んだ同級生の太田邦夫の助手をしていて、なにやら新しそうな絵を描いていると評判だった。高松伸に出会ったのは、ずっと後のことになるのだが、布野と山陰で秀才ぶりを競ったという噂からすると、理顕が研究室に入って来た頃は、まだ京大の学生か、ようやく卒業した頃である。鈴木博之は、私が東大へ移ったときとはやや時間がずれていて、時計台の前でビラをくばっている頭の切れるやつが居るという噂だけは聞いていた。藤森照信が、隣の部屋に大学院生で来て、あなたのリートフェルトから近代建築論を始める語り口はなかなかよいといった批評をたまわったのも、理顕が研究室に入って来た頃と時間的にそう離れてはいない。竹山聖や隈研吾が研究室にいて、團紀彦が槇文彦の研究室にいたときは、理顕が現われた頃とは、かなりの隔たりがある。私の集落調査の記憶からすると、理顕と竹山・隈の時代とはコンテニアスなのだが、理顕たちと地中海をめぐったのは'71年であり、竹山、隈とサハラを縦断したのは'79年だから、理顕と竹山・隈とがデザインのうえではかなりの差異があるのは当然である。

今にして想えば、山本理顕は、なかなかしたたかであった。集落調査も、彼と共に始まったし、調査を続けられたのも、彼に負うところが大きいのである。例えば、集落調査には絶対不可欠な自動車の専門家である佐藤澄人を巻き込んだのも、理顕である。そもそも集落調査は、ある日突然「地中海へ行ってみるか」と言ってしまったことから始まっている。そのとき、理顕や入之内瑛がのらなかったら、集落調査は始まらなかったのだ。1970年の動乱、言ってみれば近代建築の終焉の折に、現在活躍中の40歳代建築家たちは、それぞれ自分たちの将来を画策していたのだろうが、何かにつけて煮えきらない態度を示す山本理顕も、おおげさに言えば九死一生とばかり集落調査に入れ込んだのも、うなずけるところなのだ。恐らく、竹山や團の世代でもおよそ想像がつかないだろうが、伊東豊雄のような純粋感性派を別にすると、石山修武にしても高松伸にしても、少なくとも精神のうえでは、生きるか死ぬかの闘いを過ごしていたのである。

ようやく時代は〈地域〉なる概念を提起しえていた。理顕が現われた頃、私は「均質空間論」を準備していたのだが、空間概念のうえで当然ながら、アリストテレスのトポス（場所）論に興味をもっていた。やがて、中村雄二郎によってトポス論は世間に拡まってゆくが、集落研究の錨はまさにトポスにある。石山や布野が「アジア！」と言うと、私はトポスを感じるのだ。同じ頃、構造主義が勢力をもってきた。ここには、多少の時間的ずれがあって、フランスではすでにデリダ、ラカンの時代で、「雛芥子」はデリダの読み合わせをやっていたのである。ともかく、構造主義は〈モデル〉と言った。この〈モデル〉が、私よりやや若い世代には、大きな影響を与えたのであるが、山本理顕にもかなり強いインパクトとなったようである。理顕の建築には、トポスよりモデルを感じるのはそのせいであり、石山のトポス感覚と、その意味では対照的である。石山が固有の！と言えば、山本は置換可能な！と言う。

さて、理顕は、私たちが行なった5回の集落調査のうち、

3回に参加した。すなわち、第1回の地中海周辺、第2回の中南米、第4回のインド・ネパールである。集落調査は、実に面白い。私たちの集落調査は、特に面白いだろうと思う。3回も集落の旅をして、一人前の建築家になれないとしたらどうかしているとも言える。もっとも、こうした発言も、理顗のような建築家が登場したから言えるのだが。

第1回の地中海周辺の調査は、いろいろな意味で興奮した。特に、ガルダイヤを訪れたのが、理顗を含めて私たちの運命を決定したと言ってよいだろう。つまり、私たちは、ガルダイヤでル・コルビュジエの建築を見たからである。私にしてもコルビュジエには深い関心をもっているが、コルビュジエ研究にはさして関心がない。もちろん、ル・コルビュジエの作品群があって、ガルダイヤが見えてくるという順序である。しかし、もし私がコルビュジエの研究者であったら、ガルダイヤあるいはムザッブの谷の7つの都市とコルビュジエの建築との連関を研究するだろう。「集落に学べ」という感覚は、ムザッブの谷を訪れれば、ほとんどの人が身につけるにちがいないのである。

第2回の中南米の調査あたりから、山本理顗の建築の初源を説明する話題が出てくる。中南米の集落、特に原アメリカ的な集落は、私たちが〈離散型集落〉と名づけた形態をもっている。（そうだ、私たちは、マヤの建築が、フランク・ロイド・ライトの写しではないかと驚いたのだった。）離散型集落の住居は、いろいろなパターンをもっているが、その代表的な集落、例えばマヤ文化圏のガテマラの集落では、分棟形式をもっている。ここで重要なのは、離れている事物あるいは領域、散らばっているものども、隔たりをもつ事象などである。その原型は、天体のように、〈離れ散った個体間の秩序〉の問題を暗示して、その秩序のひとつを構造主義者たちは「コンステレーション」（布置）と呼んだのだが、その意味するところは「星座」なのである。

山本理顗の教師づらをするつもりはないが、建築を考えるうえでかなり重要なところなので、しばらく辛抱していただきたい。理顗が、〈有孔体〉のような絵を描いているとき、そこで問題なのは、自立した領域、言い換えると〈離れた個体〉相互の配置、そこに生まれてくる、あるいは付与すべき秩序なのである。私たちは、中南米の離散型集落において、まさに〈離れた個体間の秩序〉の所在をかいま見たのである。それは、実に、住居間の伝達可能性、くだいて言えば、住居と住居の間で大声で話ができると同時に、身ぶりを相互に見ることができる距離に、住居を置くことから生まれる配置のバランスである。この相互呼応性は、最近では私が、〈応答せよHow do you read me?〉と表現するところのcoresponsive architectureの属性なのである。つまり、私たちは、マージャンや魚突きに熱中しながら、最近では高橋源一郎が『優雅で感傷的な日本野球』でややややわな関心を示したライプニッツの基本問題を、ハードに考えていたのだった。

山本理顕において基本テーマとなった分棟の問題は、ことcoresponsiveな関係性においては、いまだうまい表現をもちえていない。ライプニッツが提起した事物の交通問題、事象のcoresponsiveな対応関係は、むしろ伊東豊雄が直感的に理解したのである。つまり、離れた事物の呼応関係、それは時に感応と言ったらよいと思うのだが、〈感応〉は〈風〉が交通の媒介をすると伊東は理解したのである。石山は離れた事物の呼応関係をどのように理解したかと言えば、〈場〉の生成に根拠を見いだしている。例えば、「伊豆の長八美術館」における力学的場。

山本理顕が、彼の〈離れた個体間の秩序〉を見いだしたのは、第3回のインド・ネパールの集落調査においてである。屋根が、離れた個体間の秩序たりうることは、すでに多くの事例があるし、ル・コルビュジエの後期の作品であるチューリッヒの湖の傍の小品が、ひとつの原型となっている。スケールが大きくなれば、バックミンスター・フラーの都市ドームがある。シェルターが離散する事物の統合者たりうることは、十分に知られていることなのだ。インド・ネパールの調査を終えて、山本理顕が、千々に乱れるカースト制度と、それらに対応する見えない領域トーラから成る集落を統合的に秩序づけている原因を、何と呼ぶべきか私に相談にきた。

空間には、主として二つの属性があって、そのひとつは容器としての性格（領域、境界などの概念が直接的に現われる空間性）と、場としての性格（中心と周縁、勾配、引力と斥力などの概念が直接的に現われる空間性）とがあるが、どちらかと言えば、山本は前者、石山は後者に関心を払っている。この両者の性格をあえて古典的に言えば、統一的に秩序づけるもの、例えて言えば、粒子としての光と波動としての光を統合する〈光の方程式〉のようなもの、これは事物の世界では何と言うべきか、というのが山本の問いであったように思う。そのとき私が思いついたのが、〈ルーフ〉という概念である。それは言ってみれば、集落調査において各地で見てきたバザールの風景でもある。肉屋と八百屋は、いかにして統一されるか。答えは、同じ屋根の下にあればよいのである。

〈ルーフ〉は、〈モデル〉の所在を示す基本概念である。俗に言えば、屋根さえあれば、いかなる相互に矛盾した事象も統合され、同じ屋根の下にある事象は、相互に置換可能になる。置換可能性こそ〈モデル〉の基本である、と構造主義者たちは言った。つまり、〈ルーフ〉は〈モデル〉の成立条件なのである。インドの千々に乱れる集落を見る前に、理顕は〈多様なるものの統一〉者としての屋根に関心をもっていた。しかし、〈ルーフ〉に確信をもったのは、恐らくインドの集落に接したときであろう。ライプニッツは空間を定義して、「空間は同時存在の秩序である」と言った。解説すれば、空間はさまざまの異なった事象、離れた事象が同時に在ることを許容するただひとつの現象である、という意味である。もし、ライプニッツが建築家であったなら、〈空間は屋根である〉と言ったのではなかろうか。

山本理顕が、最近ではもっとも屋根らしい屋根をつくった、という点では、多くの人びとの賛同が得られるだろう。それは、発見や発明をともすればないがしろにするポストモダーンの建築のなかでの快挙であるといってよい。しかし、事態はそう簡単ではないのである。構造主義を否定して登場した、いわば〈差異の哲学〉は、デ・コンストラクションと言った。つまり解体であるが、彼らが指し示したところは、〈屋根なき秩序〉である。

〈屋根なき秩序〉は、それ自体矛盾である。雨が降ったらどうなるのか。仲よく隣同士だった肉屋と八百屋も、店をたたんで近くの屋根の下に雨やどりとなる。何時でもルーフは付き物で、問題は屋根のかけ方に尽きると言いきれるのか。私は、その通りだと思う。ただ、〈ルーフ〉は屋根とは限らないのである。離散型集落の〈ルーフ〉は肉声と身振り、つまりスピーチアクトの伝達可能性、communicabilityにあった。すなわち、本来遠く離れて立つ住居間の伝達のための適当な距離、あるいは隔たりが、〈ルーフ〉つまり屋根であったのだ。例えばインドの集落では、見えないカーストの領域の境界が〈ルーフ〉だった。

いずれにせよ私たちは、常に言えることとはいえ、重要な局面を迎えている。それは、いわば全体性に関する問題なのであるが、今世紀は歴史上もっとも全体性に苦しめられた世紀であったのだ。神なき時代を本格的に迎えるやいなや、全体性は言葉の届かないところへ遠ざかりながら、いっぽうでは意識と体験がほんの一時の持続とはいえ、全体性をもって手許に近づいてきた。ようやく最近になって、シミュレーションつまり演劇の科学が、思考と体験の乖離を埋めようとして、これがエレクトロニクスの時代を特徴づけるのだが、私たちにとって未だ今世紀はかなりの時間を残しており、全体性の問題、言い換えれば〈ルーフ〉あるいは〈様相〉について、建築をめぐる論理あるいは建築の表現として、何らかの結末をつけることができるのか。山本理顕は、このあたりの事情をよくわきまえている建築家である。

　都市を語り、集落を語るとき、私たちは、つい体験の直接性にたよった語り口を取りがちである。この道はまずもって、大変判りやすい。「私はこのような集落をめぐる体験をした」という全体性をめぐる物語。この物語を、新しい建築によって体験すること（あえて言えば、様相の現象）と、そのような建築のつくり方を体験すること（様相の原因）とは根本的に異なった体験なのである。建築家なら、例えば集落を訪れるときに、後者の体験を意識するのであり、その集落の見方が今日の山本理顕を支えている。そして、全体性とは、天地創造の構想以来の伝統として、つねにつくり方の領野に属している。なにやら神秘的な手続きのもとに、特異な様相が生まれたというのでは、私たちの生そのもののように納得できない。まさに、この点において、山本理顕が、今世紀の残りの時間を担ってゆく一人になると、私は確信する。

　山本理顕と集落との係わりをかいま見てきたつもりなのだが、集落をはずして理顕を論じることはいくらでもできる。たまたま集落を取り上げれば、こんなことだというだけの話にすぎない。〈ルーフ〉のつくり方を、理顕は今後もますますさかんに追求してゆくだろう。それは、一言で表現すれば、ル・コルビュジエとの闘いなのである。それを、一般的に表わせば、全体性をめぐる近代主義との闘いである。私たちは、ル・コルビュジエが、中世集落に何を見て都市論を築いたかを知るために、集落を訪れた。そしてたまたま、ガルダイヤへ行った。だから、アポリアを抱えても仕方がないのである。アポリアをこだまさせてゆきながら、建築が生まれてゆくとすれば、山本理顕としても幸いとしなくてはならないであろう。

『建築文化』1988年8月号

成熟しない建築家

松山巖

建築家とは奇妙な職業人である。デザインを決め、図面を描き、工事を監理する。それなら建築を建てる人が、デザインを考え、工事を受ける施工会社なり、大工など職人たちなりに直接に頼めばいい。いや、それは面倒で、適切なデザインを決めることはできないし、図面も描けない、工事の監理など素人にはできるはずもないといわれるだろう。では建築家は施主の代理人なのかといえば反論が出る。建築家は施主の要求を聞くだけではない、建築には法律と技術の条件があり、社会的な意味があり、芸術作品だというだろう。しかしそれは建築家が時に法律家や技術者になり、時に社会事業家になり、芸術家になり、施主にも職人にもなることであって、その実、建築家の主体性は曖昧だという証しではないか。

ではさまざまな顔を持つために建築家はどうするのか。だから彼らは、何が今の流行りか、モダンか、ポストモダンか、コンクリート打放しか、いかなる身ぶりをすれば専門家らしいか、どういう発言をすれば社会事業家や芸術家らしいかと日夜、情報収集に励むのだ。とはいえ、何も私はこの状況をすべて否定するつもりはない。良心的な建築家ならさまざまな顔を持つし、今日ではあらゆる文化がマーケティングに左右されているのだから。

こんな当たり前のことを記したのには訳がある。村上春樹の『IQ84』3巻［新潮社／2009-10］と、その後に出た春樹へのロングインタビュー（「考える人」2010夏）を読み終えて、フト山本理顕の建築を思い浮かべた。私は格別な春樹ファンではない。彼の小説も編集者が送ってきたから読んだだけで大いに感動したわけではない。しかし文体には卓抜な技術を感じた。展開はさらにうまく、ページをめくると最後まで読みたくなる。にもかかわらず読了後、物語から受ける感動は薄かった。が、その感動の薄さが理顕の仕事を思い起こさせ、春樹がインタビューで答えている言葉が理顕の言葉と重なってきたのである。

ところで9月から群馬県立近代美術館で「白井晟一展」が開かれている。私は縁があって展覧会の企画に参加している。その企画会議の日に私は理顕と別の用事があり、その後、彼と共に白井展の企画会議の人たちと会った。すでに会議は終わり、飲み会に変わっていた。大半のメンバーは理顕もよく知っていたので、彼も気楽にまず白井晟一について語った。若い頃に白井の仕事をトレースした思い出があると言い、さらに「建築は結局感動だよ」とぽつりと話した。この発言には私も酒席にいた人たちも、オッと小さく驚いた。すると理顕は「僕は建築に感動を求めることはあえてしてこなかったけど」と照れて断りを入れた。確かに理顕の作品も春樹の小説のようにあえて感動を抑えているところがあると考えたのである。

白井の仕事を若い頃にトレースしたと聞けば、初期作品の「山川山荘」［1977］の屋根は確かに白井の「善照寺」のそれを思わせ、発表時に屋根の美しさに私は感嘆した覚えがある。しかしプランとなれば白井とは全く違うし、やがて彼は木造を捨て、コンクリートと鉄骨によって住宅、団地や大学など公共施設を次々手がけてきた。考えてみれば理顕は70年代後半から問題作を発表し続けてきたのだから、長年の友人とはいえ、すごいものだと改めて感心する。では彼は感動と引き替えに建築に何を目指したのだろうか。

私と理顕とは敗戦の1945年生まれである。村上春樹は我々よりは4年遅れて生まれ、79年に『風の歌を聴け』［講談社］でデビュー。以来、問題作を発表してきたのは周知の事実である。だからといって単純に理顕と春樹を重ねたわけではない。思いつきながら彼ら2人の仕事を比べてみる気になったのは、建築と文学の違いはあれ、彼らの仕事への取り組み方に似たような感触と違いを感じたからだ。春樹は翻訳家でもあり、海外の近代文学に精通した作家だが、彼はインタビューの中でこう述べる。

『完全な小説家』というものは、少なくとも一九世紀まではいたんです。（略）ところが二〇世紀に入ると、一九世紀的な『完全な小説家』はいなくなって、それぞれにみんな矛盾を感じながら、袋小路を個別に抱え込んでやっていかざるを得ない。漱石も同じです。自分を意図的に袋小路に追い込み、近代的な自我というものに向き合わずして小説を書き続けることができなくなった」。

春樹は現代の作家もこの自我という落とし穴から抜け出せないでいると語り、同時にこの陥弁から免れている現代作家を挙げて、「自我の問題から抜け出す方法を19世紀文学やR.チャンドラーやガルシア＝マルケスらから学んだと話している。この春樹が語る近代文学の自我の問題こそ、建築世界でいえば建築家の主体性のことだと私は考える。なぜなら日本の建築家は西欧の建築デザインを移入していた頃には、主体性も何もなく、幸福な時代であった。しかし戦後の高度成長期に入り、建設の量も一気に増え、以後、建築設計もマーケティングに左右され始める。理顕も私も60年代後半、東京オリンピックから大阪万博にかけての建設ブームの時期に大学で学んだから、この雰囲気はよく知っている。

学生運動の高揚、ヒッピー、ベトナム戦争、中国の文化革命など大きな時代のうねりがあり、個人の主体性を問う声は70年代前半まで高かった。おそらく春樹も同様の時代気分を味わったはずだ。長谷川堯が・建築の自我に求めた大正期の建築家・後藤慶二論「神殿か獄舎か」(1)を「デザイン」に発表し、原広司の「建築に何が可能か」(2)が話題になったのもこの時期だ。だからといって自立する術もなく、危うい足場を自分自身で何とかしなければならなかった。そしてこのドタバタした時代の向こうに現れたのは、あらゆる文化がマーケティングによって決められる社会であり、現在では建築家の自我も主体性も問われることは稀になった。

山本理顕を一言でいえば、マーケティングを拒否し続けてきた建築家である。春樹が作家の自我から逃れようとしているなら、むしろ理顕は建築家の主体性を改めて問い始めている。だからといってその違いは表裏の関係にあるし、彼ら２人が初めから自覚的であったとは思えない。春樹も理顕も70年代に既成の文壇、建築界から距離を置いて、原広司をもじれば文学と建築に「何が可能か」を考えていたのである。

理顕が「山川山荘」他３つの小住宅を発表したのが１９７８年。そして「HAMLET」［１９８８］「GAZEBO」［１９８６］を発表したのは88年で、その際に10年を回顧して「設計作業日誌77／88 私的建築計画学として」(『建築文化』１９８８・８)という文章を書いている。彼は大学院を出た後、原広司の研究室に入り、その後すぐに自分の事務所をつくろうと計画を立てる。無謀だと思うかもしれないが、これもまた当時の学生を取り巻く雰囲気を知らないと理解できない。私もまた大学を出ると、折からの建設ブームで就職先は多かったが、行き場所もなく友人たちと事務所を構えた。理顕は当時を回顧してこう述べている。

「実務経験なんて、と思っていた。そんなものいくら積んだところで、所詮、行き着くところは知れている。建築の中心的課題とは、無関係なものじゃないかという気分だった。建築は具体的なものとしてある以前に、まず思考の対象としてあった。ちょうど原研究室の第1回目の集落調査から帰ってきたばっかり、ということもあって、平面図に表われるような空間の配列だと思っていたのである」。

彼はこの文で実務経験のなさから失敗を犯したことを白状しているが、恥じてはいない。「建築は具体的なものとしてある以前に、まず思考の対象」だとは理顕の、その後の設計をすべて表している。では彼は、この時期に建築をどのように思考したのか。プリミティブな集落を実際に触れ、彼は発見する。

「空間の配列を決めているのは、用途ではない。そういう、人びとの行為に単純に対応するような〈用途〉などいった概念では、決してない。それはすぐ判る。行ってみれば誰でも判る。だって、便所がない、風呂はもちろんない、時には台所もない。それは住居なのか、それとも、住居によく似た別の何ものかなのか。もし、住居だとしたらどこまでが1軒の家なのか。きっと誰だって混乱する。用途に応じた部屋の配列という見方で見るかぎり、住居は例外だらけなのである。（略）建築的空間というのは何よりもまず、この立ち居振舞の道具立てとしてある、というわけである。こう考えると、とたんに、プリミティブな住居や集落が判りやすくなる。あれほど例外だらけだったものが、あっという間に整理されちゃったのである」。

理顕は2つのことを発見した。空間は〈用途〉ではなく〈人々の立ち居振舞〉だということ。この視点は彼の設計の原点となったが、春樹流にいえば、住居は建築家が恣意的に定める用逮、建築家の自我では生まれないという意味である。そしていま一つ彼は発見する。「例外だらけだったものが、あっという間に整理されちゃった」。

混乱している状況を「整理」する重要性を学んだのである。理顕は実に整理整頓が上手である。というと整理整頓なぞ誰でもできる、と考える。しかし多くの建築家は整頓できても整理ができない。整頓はモノの配置、つまり「空間の配列」。しかし整理は異なる。整理とは不必要なモノとコトをばっさり捨てることだが、多くの建築家はあるモノとコトを捨てきれない。理顕のうまさは捨てることにある。

「山川山荘」はプリミティブな集落や住居そのままである。

個室やトイレ、台所や食堂、風呂がバラバラに配置され、それを切妻の大きな屋根が覆っている。プランは〈用途〉を捨て、人の〈立ち居振舞〉だけに還元されている。

覆う屋根は、いわば集落を表していると考えれば分かりやすい。住居をプリミティブな集落の部分と考えれば、彼の思考は分かる。この方法は「藤井邸」［1982］でも「GAZEBO」でも踏襲される。階段や中庭が現れるが、これも人の「立ち居振舞」を、集落の共同性を支える儀式を考えた上での解答である。しかしより重要な点は「GAZEBO」で木造を捨てたことだ。ここがうまい。理顕は自分が思っているよりもうまい建築家である。鉄骨は「自由な素材なのである。（略）記憶の層が浅いような気がする」と語っている。理顕は木造には日本人の記憶が深く染み付いているが故に捨てたのである。もしも「GAZEBO」も、それ以降の作品も木造を選んでいれば、彼は意識的に日本の伝統、「記憶」と対決せざるを得なくなり、春樹がいうように「自我」に悩んだに違いない。

「いわゆる純文学の作家は、外側から囲い込んでいって自我を構築するよりは、内側からつくっていこうとする。そんなむずかしいことをしていたら、小説も小説家もやがて立ちゆかなくなるでしょう」。

この春樹の言葉を借りれば、理顕は日本建築の外に立ち、自我に悩むことを捨て、まずは外側、つまりデザインと技術で「囲い込んでいっ」たのである。

鉄骨を選んだために、その軽快さ故に理顕の仕事はマーケティングに乗り始める。いわばデザインの文体を手に入れたのだが、これは皮肉である。だが、春樹もまた同様で、作家の自我から自由になろうとし、文体をつくり上げたためにかえって流行作家になっていく。この事実は彼ら2人に自覚と自信を与えた。理顕は「GAZEBO」の形式を集合住宅「熊本県営保田窪第一団地」［1991］で大々的に展開する。もっともここから彼ははっきりと建築家の主体性を意識し始め、「保田窪団地」では2DKのタイプを家父長制だとして批判的に捉えてみせた。この辺りもノモンハン事件とオウム真理教など共同体にこだわり続ける春樹との類縁性を感じるのだが、もう春樹と重ねるのはやめ、理顕の仕事について語ろう。

「保田窪団地」は閉鎖的だと批判を受けた。私もそう思う。何しろ1人で見学に行った折、外側しか見られず、悔しい思いをしたからだ。ところが彼はまた大きく変わる。「東雲キャナルコート」［2003］で彼は「保田窪団地」の図式の裏表をぐるりとひっくり返す。図式を元に戻したわけではない。赤瀬川原平が考えた「宇宙の缶詰」のような発想の転換がある。内部の中庭を外へ、外部空間を内側にし、住居は内部の廊下（元々は外部にあった）でつながれ、そこに面する扉を採光窓のようにガラス戸に変え、暗い浴室を逆に外に面した窓に変えた。この発想の転換で内にも外にもより開放的になる。久しぶりの個人住宅「ドラゴン・リリーさんの家」［２００８］や「横須賀美術館」［２００６］はこの展開の先にあり、「邑楽町役場」や「小田原市ホール」も同様である。そればかりかこの２つの公共施設で彼は住民を積極的に参加させる方法を編み出す。これは文化人類学者レヴィ＝ストロースが未開人のもののつくり方から発見したブリコラージュの手法である。

　ブリコラージュというと木や土を使うことを思うかもしれないが、現代にあってはさまざまな既製品をコラージュして利用することだ。「公立はこだて未来大学」［２０００］では道路資材のグレーチングを手すりや床材に使い、既製品のＰＣ版を巧みに利用し、先の２施設では住民参加を促すために考えたのは梱包用の帯鉄でフレームを縛り、つなぎ、フレームを組み合わせることによって空間の配置を自在に変化させようとした。残念ながらこのアイデアは、いわばマーケティングの圧力で実現はしていない。どれほど現代人がマーケティングに無意識に操られているか。

　だから私は、なぜ春樹より理顕の仕事が一般的に解読されないのか、彼の悔しさも分かるからこの思いつきの一文を書いた。彼が日本では最も先鋭的に人間の社会的責任の問題、主体の問題を具体的に実践しようとしているからだ。これは実に困難な道で、その道が彼に成熟を許さず、かつ感動への道はさらに遠いだろう。にもかかわらず、過日、「GAZEBO」を訪れてみれば、30余年の時間に耐え、静かな落ち着きを見せ、そこに私は感動した。

『INAX REPORT No.184』２０１０年10月号

（１）長谷川堯「神殿か獄舎か——都市と建築をつくるものの思惟の移動標的」『デザイン』１９７１・11・12、１９７２・３—のちに同タイトルで単行本化［相模書房／１９７２］［参照：「INAX REPORT」Ｎｏ.１６８］

（２）『建築に何が可能か』原広司著［学芸書林／１０６７］［参照：「INAX REPORT」Ｎｏ.１６９］

「世界」という「空間」をつくる「仕事」
——山本理顕論

布野修司

日本の第一線で活躍する建築家の中で、最も「正統的」なのが山本理顕である。「正統的」な建築家とは、日本の「戦後建築（近代建築）」の初心を真摯に継承する建築家という意味である。「邑楽町役場庁舎」「小田原市市民ホール」「天草市本庁舎」をめぐって、コンペ（設計競技）で設計者に選定されながら設計業務契約を解除されたことに対して、「建築家」の社会的存在証明（レゾンデートル）をかけて裁判を起こす、そんな真摯な建築家が山本理顕である。建築家が日常的に遭遇する様々なトラブルに対してその都度「事を構える」のは多大なエネルギーを要するし、マイナスが大きい。スターアーキテクトでも、仕事の機会を失うリスクを考えて、クライアントの理不尽、不条理に黙して耐えるのが通常の選択である。

しかし、山本理顕は常に敢然と闘う。「制度」＝施設＝インスティチューションを如何に超えるか、ステレオタイプ化した空間を支えるシステムに対して、常に異を唱える。「戦後建築」の初心を最も真摯に受け止め継承する建築家とは、そういう意味であって、しかも「戦後建築」も既に異議申し立ての対象である。山本理顕はその最前線にいる。

地味かもしれない。「奇を衒う」ところがなく、「アート」を標榜することもない。真正面から「建築」に取り組む「理論家」である。「現実派」、「社会派」と言っていいが、「理想家」あるいは「ラショナリスト」と言ったほうがいい。「社会の中の建築」、「建築の中の社会」のあり方についてのラディカルな問いが思考の原点にある。日本の現実の中で、山本理顕同様、真摯に「建築」と格闘する建築家たちの支持は絶大である。山本理顕の「2024年プリツカー賞」受賞は、そうした建築家たちに大きな勇気を与えることになった(1)。

Ｉ「制度」と闘う建築家――山本理顕の軌跡

雛芥子

山本理顕と最初に出会ったのは、当時六本木にあった東京大学生産技術研究所の原広司研究室においてである。外国人建築家を案内して原研究室を「雛芥子」の仲間(東京大学工学部建築学科1969年進学の学生で結成。杉本俊多、千葉政継、戸部栄一、村松克己、久米大二郎、三宅理一、川端直志、布野修司他)と訪れたのだが、アポイントはとっていなかった。突然の訪問に、一人で研究室で図面を描いていた山本理顕は、驚き戸惑いながら僕らに応対してくれた。当時、「雛芥子」の仲間は修士課程に在学していたから1972年から74年の間だ。山本理顕は、東京芸術大学の修士論文のエッセンスを1970年に「住居シミュレーション」(『都市住宅』、1970年4月号)として発表している。1973年に「領域論試論」(『SD別冊 住居集合論その1』、1973年3月)を書いているから、原研究室の「地中海周辺」をめぐる世界集落調査の第1回を終えてそのまとめの最中だったと思う。

この最初の出会いをきっかけに、原広司が開催した自主ゼミ、宮内康を中心とする「同時代建築研究会」(昭和建築研究会と称して1976年12月に活動開始。設立メンバーは宮内康、堀川勉、布野修司。1992年10月3日の宮内康の死［享年55歳］によって活動を停止した)などを通じて、僕は、山本理顕と親しく接してきた。東洋大学では、設計演習の非常勤講師を頼んで毎週のように会っていた。年間を通した即日設計の科目(設計演習ⅡA)で、一週目に課題を出し、二週目にその講評を行うという形式であった。課題を出し、次の課題を決めると、建築界をめぐって果てしなく議論した。山本理顕は、「山川山荘」(1977年)などでデビューしていたものの、ほとんど無名であり、採点の間に、GAZEBO(1986年、四周に壁のない屋根だけの東屋、パビリオンの意)のスケッチを描いていたのを覚えている。京都大学時代にも非常勤講師として2年来てもらった(2000〜2001年)。滋賀県立大学でも、学生たちに「建築をつくることは未来をつくること」と熱く語ってくれた(2007年)(2007年5月18日、第24回「DANWASHITSU」講演 滋賀県立大学にて。『雑口罵乱②』所収)。そして、現在は、『都市美』(2019年創刊)の編集を一緒に行っている。

横浜

北京生まれで、横浜育ちである。「モダンリビングには程遠いでたらめな家に住んでいた。家族構成もユニークだった。父親がいない代わりに、祖母と叔母が同居して、さらにその叔母に軽い障害があったりしたものだから、普通の家族の生活に比べればかなりユニークだったと言っていいと思う」（『新編 住居論』あとがき、2004年）と書いている。この家族構成が家族と住居の関係を執拗に問う山本理顕の原点にあることは疑いがない。

父親は、通信関係の技師であったと聞いたけれど、その生い立ちについては詳しく聞いたことがない。ただ、横浜への拘りは強い。「GAZEBO」は実家であり、1973年の山本理顕設計工場の設立以来、槇文彦（1928〜2024年、文化功労者、日本芸術院会員、1993年プリツカー賞受賞）が設計した代官山の「ヒルサイドテラス」（1969年、1980年日本芸術大賞）に置いていた事務所も、横浜に移している（1997年）。さらに、2021年にはGAZEBO近くに一般社団法人地域社会圏研究所とともに本拠地を構えた。

山本理顕は、数々の大学で非常勤講師を務めてきたが、還暦を前にして工学院大学の常勤の教授に招かれる（2002〜07年）。そして、Y-GSA（横浜国立大学大学院・建築都市スクール）の初代校長に就任する（2007〜11年、客員教授2011〜13年）。横浜育ちで、横浜を拠点とする山本理顕にとって、その後の活動にとって最高のポジションを得たことになる。

梁山泊

山本理顕は、1968年に日本大学理工学部建築学科を卒業後、東京芸術大学の修士課程に入学、修了後、原広司研究室の研究生になった（1971年）。なぜ、原広司研究室だったのか。当時、磯崎新（1931〜2022年）40歳、原広司（1936年〜）35歳、二人は、建築を学び始めた学生、若い建築家たちの憧れの存在であり、磯崎の『空間へ』（1971年）そして原の『建築に何が可能か』（1967年）、そして宮内康（1937〜92年）の『怨恨のユートピア』（1971年）は必読書だったのである。

「全共闘運動」は、1967年の早稲田大学の学費値上げ反対闘争、そして翌年1月の佐世保エンタープライズ寄港阻止闘争、東京大学の医学部インターン問題をめぐる学生への不当処分への抗議運動などを前史とし、日本大学の20億円の使途不明金問題をきっかけに全国に広がった。日本大学では、古田重二良会頭を頂点とした権威主義的な体制への不満が爆発し、1968年5月23日に初めてのデモが行われ、5

月27日には秋田明大（1947年〜。『大学占拠の思想』、1969年。『獄中記 異常の日常化の中で』、1969年）を議長として日大全共闘が結成された。秋田明大は、山本理顕の1年後輩である。建築学科の同学年には、都市梱包工房の入之内瑛（1946〜2024年。1972年建築計画研究所都市梱包工房設立）、前川建築設計事務所の代表取締役を務める橋本功（1945年〜、1970年前川國男建築設計事務所入所。代表取締役）らがいた。

磯崎新は、繰り返し「1968年」について語っている。「私は年齢的には1960年世代だけど、建築家としての思考のしかたは1968年に属している」という。磯崎新の思考の根底には、一貫して、「既成のもの」「旧体制」「旧制度」「エスタブリッシュメント」に対する「反」がある。「反建築史」「反回想」「反建築的ノート」など著書やエッセイのタイトルにも「反」が用いられる。「違反」「異議申し立て」「解体」「革命」「前衛」といった言葉が好んで使われる。山本理顕は、明らかに、磯崎新の「反」を引き継いできたように思える。

1968年に大学に入学した僕らの世代にとって最も親しい言葉は、「異議申し立て」であり、「反」「叛」であり、「造反有理」であり、「自己否定」である。磯崎新の書くものに「全共闘世代」が共感し、共鳴したのは、その思考の根底において通底するものがあったからである。当時、既成の制度に異を唱える集団として、あらゆるところに梁山泊があり、無数の出会いがあった。

やや時代は下るが、僕は、1970年代末から1980年代にかけて、頻繁に入之内瑛、橋本功の二人と会う機会があった。いささか苦い想い出がある。宮内嘉久（1926〜2009年。建築評論家、建築ジャーナリスト。『少数派建築論』『廃墟から 反建築論』『建築・都市論異見』『建築ジャーナリズム無頼』『前川國男 賊軍の将』など）に声をかけられ、『風声』『燎』を引き継ぐ新たな建築メディア『地平線』（仮称）を出版しようということで編集委員会（入之内瑛、橋本功、永田祐三（1941年〜。1965年竹中工務店入社。1985年永田・北野建築研究所設立。2007年永田建築研究所。「ホテル川久」［1993年、第6回村野藤吾賞受賞］入社 藤原千春、小柳津醇他）で議論を重ねていたのである。経緯は省くが、決裂することになった。個人的な総括として、創刊に加わったのが『群居』（石山修武・大野勝彦・布野修司・渡辺豊和で創刊。1982年12月に創刊準備号、1983年4月の創刊号「特集 商品としての住居」から2000年10月に第50号「特集 21世紀への遺言」、12月に終刊特別号（総目次・活動記録）まで、全52号を刊行した）である。山本理顕が『都市美』を創刊したのは、上述のように2019年である。

上野の森

東京芸大大学院では山本学治研究室に属した。当時、その周辺には錚々たるメンバーが蝟集していた。東京芸大の美術学部には、現在アート・ディレクターとして活躍する北川フラム（１９４６年〜。東京芸術大学美術学部仏教彫刻史専攻。１９７１年「ゆりあ・ぺむぺる工房」設立。１９７７年「現代企画室」設立。１９８２年「アートフロントギャラリー」設立。「ファーレ立川」［１９９４年］。「大地の芸術祭　越後妻有アートトリエンナーレ」［２０００年〜］。「瀬戸内国際芸術祭」［２０１０年〜］。２００７年芸術選奨文部科学大臣賞。２０１６年紫綬褒章。２０１８文化功労者。）がいた。北川フラムの姉北川若菜は原広司夫人である。

井出建（１９４５〜２０２２年）、松山巌（１９４５年〜。『乱歩と東京』［１９８４年］で日本推理作家協会賞。『闇のなかの石』［１９９５年］で伊藤整文学賞。『群衆―機械のなかの難民』［１９９６年］で読売文学賞）、元倉眞琴（１９４６〜２０１７年。１９７１〜76年エム工房。１９７７〜80年槇総合計画事務所。１９８０年飯田善彦［１９５０年〜］とスタジオ建築計画設立。東北芸術工科大学教授［１９９８〜２００８年］。東京芸術大学美術学部建築科教授［２００８〜12年］。熊本県営竜蛇平団地［１９９３年、１９９５年日本建築学会賞］）らで結成されたグループ「コンペイトウ」が山本理顕の同世代である。「コンペイトウ」は武蔵野美術大学の「遺留品研究所」（真壁智治、大竹誠……）、東京大学の「ランディウム」（石井和紘（１９４４〜２０１５年。「数寄屋邑」［１９８９年］で日本建築学会賞［などとともに、数歳年下の僕らには有名であった。１９６９年の『建築年鑑』（宮内嘉久編集事務所）の後頁に集められた当時の若者たちを集めた「ぼく自身の広告」にその群像を見ることができる。

「コンペイトウ」の井出建、松山巌とは『ＴＡＵ』（ＴＡＵ（Trans -Architecture&Urban）。商店建築社から１９７１〜73年に4号刊行された。編集長は坂手健剛。アートディレクションは遺留品研究所）で出会った。この二人と「雛芥子」は研究会を何回か続けた。フランス語が堪能な三宅理一のリードで、フランス革命期の建築家、ルドゥー、ブーレー、ルクーらの原書を読んだ。そして、元倉眞琴と出会ったのは槇総合計画事務所においてである。僕は大学院の頃、夏休みのひと月、一年先輩の初見学に連れられて、槇事務所でアルバイトをした。そこで元倉眞琴に出会ったのである。不思議な縁である。

元倉真琴と山本理顕はヒルサイドテラスの最下階で事務所スペース（フィールドショップ）を共有することになる。

原広司研究室

原広司が東洋大学を経て、池辺陽（１９２０〜79年。１９４２年東京帝国大学工学部建築学科卒業。１９４４年坂倉準三建築研究所入社。１９４６年東京帝国大学第二工学部講師。１９４７年新日本建築家集団ＮＡＵ創立に参加。１９４９年東京大学助教授。１９６５年東京大学生産技術研究所教授）に招か

れて東大生産技術研究所に助教授として戻ったのが１９６９年、「東大闘争」の真最中であった。『建築に何が可能か』は、「雛芥子」の仲間と本郷の製図室の読書会で読んだ。M・ポンティの『知覚の現象学』も続いて読んだが、同じくらい難解であった。しかし、「建築に何が可能か」という問いは、「全ては建築である」（H・ホライン［１９３４〜２０１４年］）というスローガンとともに、建築を学ぶ学生たちをわくわくさせた。RAS設計同人（原広司、香山寿夫、宮内康、三井所清典ら東京大学大学院生によって１９６１年結成）によるものも含めて「伊藤邸」（１９６７年）「慶松幼稚園」（１９６８年）など少なからぬ作品が知られており、その「有孔体」理論は実に魅力的であった。

結果的に、山本理顕は原広司の一番弟子となる。一足先に原研究室に入った入之内瑛とともに東大の原研究室を立ち上げたのが山本理顕といっていい。東洋大時代の原研究室の面々にはアトリエ・ファイを支えることになる小川朝明、また山谷明などがいる。東大の原研究室からは、宇野求、隈研吾、竹山聖、小嶋一浩、曲渕英邦、今井公太郎、太田浩史、南泰裕、槻橋修などが次々に育つことになる。

「雛芥子」主催のシンポジウムで原広司と「雛芥子」は直接知り合い、原広司の呼びかけで自主ゼミを始める。原広司の周辺もまた、北川フラム率いる「アートフロント」を交えて一つの梁山泊であった。渋谷の桜丘にアートフロントが経営する傘屋という居酒屋があって夜な夜な集った。少しして古谷誠章（１９５５〜。「茅野市民館」［２００５年］で日本建築学会賞。日本建築学会会長［２０１７〜18年］）など少し若い世代も研究会に加わる。「雛芥子」が大学院に進んだ頃、東大と東京工業大学は単位互換の制度をもっており、原広司研究室と篠原一男研究室は交流があった。当時、長谷川逸子（１９４１年〜。１９７９年長谷川逸子・建築計画工房設立。「眉山ホール」［１９８６年、日本建築学会賞、現存せず］。「湘南台文化センター」［１９９０年］。「山梨フルーツミュージアム」［１９９５年］など）は篠原研究室の研究生で、時々顔を合わせた。

僕が修士2年生の時、指導教官であった吉武泰水（１９１６〜２００３年）が定年を前にして（57歳）突然筑波大に転勤する「事件(!?)」が起こる。原研究室に来ないかと誘われたが、僕の方に「本郷」を動けない事情があった。「雛芥子」の仲間の何人かは日本を離れ（海外留学）、また就職し、僕は、原広司の長野県飯田高校の後輩でRAS設計同人でもあった宮内康が主宰する「AURA設計工房」というもうひとつの梁山泊に出入りすることになる。

世界集落調査

原広司研究室の「世界集落調査」は、１９７０年代を通じて、「地中海」「中南米」「東欧・中東」「インド・ネパール」「西アフリカ」と5回行われる。山本理顕は、「地中海」「中南米」「インド・ネパール」に参加し、「領域論試論」「閾論Ⅰ」「閾論Ⅱ」の3本の論文を書いている。いずれも『住居論』に収録しているが、その住居論の大きな基礎になっているのが、世界集落調査であることは自らしばしば触れるところである。

この世界集落調査が原広司をはじめ竹山聖など参加メンバーにとっても大きな糧になっていることも明らかである。『建築に何が可能か』以降、原広司の著作は決して多くはない。最も重要な建築論集は『空間〈機能から様相へ〉』（1987年）である。まとまった形で書かれたものに『集落への旅』（1987年）があり、『集落の教え100』（1998年）がある。原広司は、1970年代には「粟津潔邸」（1972年）、「原邸」（1974年）、「松欅堂」（1979年）などの住宅作品以外の設計を行っていない。2度のオイルショックを経験した1970年代は本当に仕事が無かった。「住居に都市を埋蔵する」という方法意識は、若い建築家たちが心底共有するところだったのである。

原研究室の「世界集落調査」は、神代雄一郎（1922～2000年）、宮脇檀（1936～98年）らが先鞭をつけた「デザイン・サーヴェイ」の延長、すなわち、B・ルドフスキーの「建築家なしの建築」の発見以降の流れに属すると見ることが出来るが、国境を軽々と超え、広大な世界を疾風のように駆け抜けることにおいて、日本の建築界に全く新たな視座をもたらすものとなった。

僕がアジアを歩き始めたのは、1978年に原広司がかつて在職した東洋大に職を得てからである。1979年の1月から2月にかけてインドネシア、タイに出かけた。そして、続いて8月、原研究室に在籍していた宇野求とフィリピンとマレーシアへ行ったのがアジア研究の出発点である。前田尚美、太田邦夫、上杉啓、内田雄造（1942～2011年）といったメンバーと一緒に「東洋における居住問題に関する理論的実証的研究」という研究プロジェクトを始めることになったのが直接のきっかけであるが、原研究室の「世界集落調査」が大きな刺激になっていた。建築学界全体に大きな影響を及ぼしたことは、僕自身が日本建築学会の研究協議会としてオルガナイズした「住居・集落研究の方法と課題：異文化の理解をめぐって」が示している。

雑居ビルの上の住居　GAZEBO

山本理顕は、1973年に「山本理顕設計工場」を設立する。デビュー作と言っていい「山川山荘」が竣工するのは

1977年である。建築家修業と世界集落調査は重なっていることになる。実際は、「山川山荘」に先立つ作品として「三平邸」（1976年）というアトリエがある。この作品について、山本理顕は、次のように書いている（「設計作業日誌77／88─私的建築計画学として」、『建築文化』［1988年8月号］）。

「とにかく、はじめてのことばかりで、何も知らないままつくった建物である。大体、私は大学院を出たあと、すぐ原研究室に行って、そのまま事務所だあ、と勝手に一人で始めてしまったものだから実務経験がなんにもない。恐ろしいことにそれで設計してしまったのである。だから、このアトリエには断熱材が入っていない。知らなかったのである。（中略）実務経験なんて、と思っていた。そんなものいくら積んだところで、所詮、行き着くところは知れている。建築の中心的課題とは、無関係なものじゃないかという気分だった。建築は具体的なものとしてある以前に、まず、思考の対象としてあった。ちょうど原研究室の第1回目の集落調査から帰ってきたばかりということもあって、平面図に表れるような空間の配列だと思っていたのである。どうも私の頭の中では徹底的に抽象化されていたらしいのである。」

「山川山荘」から「GAZEBO」で日本建築学会賞（1987年）を受賞するまで、山本理顕は、「窪田邸」（1978年）、「山本邸」（1978年）、「藤井邸」（198年）など住宅を中心とした設計を細々と続けている。

この間、そう忙しくなかったのは証言できる。上述のように、東洋大学で設計演習の非常勤として、毎週川越まで来てもらっていたのである。僕は、専ら即日設計を担当していて、山本理顕以外にも、毛綱毅曠、元倉眞琴、宇野求らにも交替で来てもらった。2週間で1課題、即日設計をしたものを次の週に徹底したジュリーを行う。最初の週は課題を出せば暇と言えば暇で、昼飯は近くの蕎麦屋で日本の建築についてしゃべった。実に楽しかった。そして、課題を考えるのが刺激的だった。

そのストックは数十あるが、傑作が「都市に寄生せよ」であり、「愛人が同居する家」（「逆噴射家族」）である。「愛人が同居する家」については、山本理顕が「住宅擬態論」の中で詳しく書いている。講演にやってきた六角鬼丈が「なんだ！この課題は？」と首を捻っていたことを思い出す。ある種の思考実験といっていいが、現実的諸条件をひとつだけ外してしまうと、著しく建築的想像力は刺激され解放される。「突然土地が50m隆起したとする」、「渋谷の駅前に二坪程の土地が手に入ったとする」、「パンテオンを地下に埋めて核シェルターとする」……次々に二人で課題を考えた。

そうした課題を学生に与えながら、「そろそろ設計しなきゃ」といってエスキスしていたのが、日本建築学会賞を最初に受賞する「雑居ビルの上の住居」すなわち「GAZEBO」であり、「ROTUNDA」（1987年）である。そして続いて「HAMLET」（1988年）が竣工して、初期作品の集大成である「特集・山本理顕的建築計画学77／88」（『建築文化』、1988年8月）がまとめられ、その評価が定まることになる。

公共建築コンペへ

日本建築学会賞を契機に公共建築の設計への道が開かれるのは、山本理顕の場合も同じである。次の飛躍の大きなきっかけとなるのが「熊本県営保田窪第一団地」（1988～91年）である。一方、「名護市庁舎」（1978年）、「駒ヶ根市文化公園」（1984年）、「日仏文化会館」（1990年）、「川里村ふるさと館」（1990年）、「加茂町文化ホール」（1992年）、「埼玉県立近代文学館」（1993年）、「熊谷市第二・桶川市民ホール文化センター」（1994年）と設計競技への応募も活発化する。

「熊本県営保田窪第一団地」、「岡山の住宅」（1992年）以降、「緑園都市」（1992～94年）、「東雲キャナルコートCODAN」（2003年）へ、計画住宅団地の設計の機会も訪れた。

「熊本県営保田窪第一団地」は、新聞やテレビを巻き込んで大きな反響を巻き起こした。「外部を通過して部屋相互が結びつけられている」プランニングに居住者はとまどったのである。居住者のみがアクセスできる中央広場（コモン）のあり方に建築家の横暴だという非難が寄せられた。「デザインのために生活が犠牲にされている」という紋切り型の批判が浴びせられるのである。しかし、少なくとも建築界では建築家の本来なすべき試みとして受け止められた。以降、公共建築を設計する機会に恵まれるようになる。

「岩出山中学校」（1996年、1998年毎日芸術賞）のコンペに勝ったのが次のステップになる。そして、「埼玉県立大学」（1999年、2001年日本芸術院賞）によって、その地位を確固たるものとする。「公立はこだて未来大学」（2000年）で、木村俊彦とともに2度目の日本建築学会賞作品賞を受ける（2002年）。この時、僕は審査委員のひとりであった。

中学校、大学という施設についても、山本理顕のアプローチは変わらない。すなわち、施設＝制度（インスティチューション）と空間の関係を徹底して問う姿勢は一貫している。

海外での仕事はこれまで少ない。「建外SOHO」（2003年）が最初で、生地北京というのも縁であろうか。その後、韓国城南市の「パンギョ・ハウジング」（2010年）、天津図書館（2012年）、ソウル江南ハウジング（2014年）、そして

「THE CIRCLE―チューリッヒ国際空港」（2020年）が続くことになる。

「岩出山中学校」以降、コンペの勝率は相当高かった。その鋭い提起が日本の社会の根を的確に突いていたことを示している。しかし、その方向性に大きく立ちはだかったのが「邑楽町役場庁舎」（2005年）をめぐる問題である。また、小田原の「城下町ホール」（小田原市市民ホール）」（2005年）をめぐる問題である。さらに、「天草市本庁舎」（2013年）も、プロポーザル（企画競争入札）で最優秀賞を受賞したが、市長の交代などを理由に解約されることになった。

II　家族のかたちと社会のかたち――山本理顕の建築論

山本理顕が執拗に問い続けてきたのは、家族のかたちと住居のかたちである。あるいは社会的な制度と空間の形式である。この建築家にとっての原初的な問いは、デビュー作である「山川山荘」以降一貫し、「GAZEBO」、「ROTUNDA」、「HAMLET」を経て、「熊本県営保田窪第一団地」、「岡山の住宅」、そして「東雲キャナルコートCODAN」まで住居に即してつきつめられ、学校、大学、役場など公共建築へその問いを広げてきた。

山本理顕の建築家としての基本的構えは、空間の型と生活の型の対応を問うてきた建築計画学のそれと極めて近い。山本理顕が初期の作品をまとめる最初の雑誌特集を「山本理顕的建築計画学77／88」と題したのは、彼自身「建築計画学」を意識していたからである。その後、「51C」（1951年公営住宅標準設計C型）をめぐって鈴木成文や上野千鶴子らと議論が戦わされ、『家族を容れるハコの戦後と現在』（2004年）が編まれるのもベースが共有されていることを示している。僕が、当初から山本理顕にシンパシーを持ち続けてきたのは、建築計画（吉武泰水・鈴木成文）研究室を出自とするからでもある。

山本理顕には、いわゆる建築論あるいは建築家論がない。近代建築の巨匠たちや歴史的な傑作、同世代の建築家についてのまとまった論考はない。また、一般的にいう表現論、技術論の展開もほとんどない。そうした意味では特異な建築家といえるかもしれない。論考の大半は、住居論である。しかし、その住居論は、建築論、都市論へとそのまま接続される同相の構造を持っている。

住居論の中核となる、『住居論』（1993年）を含む『新編住居論』（2004年）と『建築の可能性、山本理顕的想像力』（2006年）の2冊を中心にその骨格、基本概念をみよう。

「領域」「閾」「ループ」

山本理顕の出発点は、「世界集落調査」に基づく「住居集合論」である。そして、それ以前に、自ら「発端であった」という修士論文をもとにした「住居シミュレーション」モデルがある（『新編　住居論』「はじめに」）。山本には、当初から住居という誰にとっても身近な空間の配列を執拗に問いつめる基本的視座があり、一貫している。前述のように、その出自としての家族関係（育った家族、住居）と世の中で標準と考えられている（教えられる）家族のかたちと住居のかたちとのギャップが思考の原点にあるのだと思う。

原広司の場合、住居集合の配列を数学的モデルによって説明することに専ら関心があり、一方で、最低限、集落調査における発見を様々なレベルで表現あるいは設計手法に直結（還元）する構えがある。なぜ、原広司が「世界集落調査」へ向かったか、いくつか推測できるけれど、定かではない。風のように集落を駆け抜ける調査の学術的意味については随分違和感も持ったし、議論もした。僕のアジア都市研究（都市組織 Urban Tissues研究、都市型住宅研究）はその議論の延長線上にある。

山本理顕は、徹底して原理的である。「領域論試論」（『SD』別冊No. 4）は、3つの集落（住居集合）の型を区別する。「ペトレス型」「クエバス型」「メディナ型」という3類型は、住居と住居集合における領域の「明快／不明快」という概念的分類に過ぎないが、実際に調査した集落を分類していることにおいて単なる図式的類型論ではない。3つの住居集合のかたちは実際あり得るのである。

この論文で「領域」という概念とともに「閾（しきい）threshold」という概念が提出され、それをつきつめるのが「閾論Ⅰ」「閾論Ⅱ」である。山本理顕の住居論の中心はこの「閾」論である。

「閾」とは、日常語では「敷居」「入口」のことである。「領域」と「領域」の「境界」が「閾」である。「領域」とは、何らかの特性を内包する空間であり、「境界」によって閉ざされている「場」である。特性とは「集団」の統一性のことであり、ひとつの「領域」にはただひとつの集団の統一性が実現されている。ひとつの「領域」に複数の集団の統一性を実現することはできない。

以上のように「領域」を規定すると、「ふたつ以上の『領域』が互いに交わって並立することはない」ことになる。しかし、集落（住居集合）がひとつの「領域」であり、個々の住居も「領域」である場合（ペトレス型集落）、「互いに干渉しないで、なお『領域』相互の接触を可能にするような」「空間」「装置」が必要になる。それが「閾」である。「閾」とは、具体的には「ホワイエ」「風除室」「気密室」のような空間である。
その論の多彩な拡がりをいささか損ねているのであるが、単純化すれば、論旨は以上のようだ。山本は、「閉じられた領域内の秩序を維持し、かつ外部と交流するための空間装置」＝「閾」を「仕掛け」と捉える。また、「閾論Ⅱ」は「〈ルーフ〉に関する考察」と題されるが、「機能を超えた、家族、親族、血縁集団といったスケールを捨象された」「単位」として、「閾によって秩序づけられた閉じた領域のすべてにあてはまる概念」として「ルーフ」という概念を提出し、より柔軟な概念モデルを練り上げている。閉じた領域のすべてにあてはまる「ルーフ」という概念の具体例として挙げられるのが、南インドの建築書「マーナサーラ」の村落都市のパターンである（インド古来の『シルパ・シャーストラ Silpaśāstra（諸技芸の書）』。布野修司『曼荼羅都市――ヒンドゥー都市の空間理念とその変容』、２００５年）。住居・集落・都市をひとつの閉じた秩序として地域に住む人々の世界観＝宇宙観の形象とみなす「マーナサーラ」の世界（「曼荼羅都市」の原理）と後に見る「イスラーム都市」の原理の対比は、山本理顕の領域論の鍵である。

プロトタイプの脱構築

■「閾」論を基にした山本理顕的住居論の二つのテーゼは以下である
■「家族という共同体は〈共同体内共同体〉である」
■「住居という空間装置はそのふたつの共同体、家族という共同体とその上位の共同体が出会う場面を制御するための空間装置である」

この実に単純なテーゼ、原理と「世界集落調査」が明らかにする多様な住居集合のあり方を前提とすると、日本の住居はあまりにも画一的である。このおそろしいほどの画一性とそれを支える生活像、家族像についてのステレオタイプ化された幻想を鋭く告発するのが「住宅擬態論」（『室内』の連載のうち１９９２年９月号「愛人が同居する家を設計せよ」を『住居論』に再録）である。そして、家族と住居の擬態について考えさせる設計課題が「愛人の同居する家」であり、「１００人の住宅」である。また、実際の試作品、モデルとして建設されたのが「岡山の住宅」である。

しかし、山本理顕は、「山川山荘」において、既に、ステレオタイプ化した住居の形式に対する批判を試みていた。夏しか使わない別荘という特殊な条件ではあるが、ひとつの住居形式の提示である。吹きさらしの板の間は朝鮮半島の「抹楼（マル）」、「大庁（デーチョン）」を想起させる。あるいは、安藤忠雄（１９４１年〜。１９９３年日本芸術院賞。１９９５年プリツカー賞。

１９９６年高松宮殿下記念世界文化賞。１９９７年ＲＩＢＡゴールドメダル。２００２年ＡＩＡゴールドメダル。２００３年文化功労者。２００５年ＵＩＡゴールドメダル。２０１０年文化勲章）の「住吉の長屋」（１９７６年、１９７９年日本建築学会賞）を思わせる。１９７０年代は、ポストモダン世代が相次いで住宅作品を発表した時代である。それは決して「狂い咲きの時代」（『住宅70年代・狂い咲き』［２００６年］）ではなく、日本の社会が新たな居住形式をもとめる地殻変動のひとつの表現であった。銘記すべきは、住居という身近な空間形式を徹底して問うことが「建築家」が「建築家」となる出発点であったということである。

「山川山荘」とともに『新建築』（１９７８年８月号）に発表された「新藤邸」、「窪田邸」、「石井邸」は一見バラバラである。渡辺豊和（１９３８年〜。「龍神村民体育館」［１９８７年］で日本建築学会賞）に「精神分裂」と言われたという。また、伊東豊雄（１９４１年〜。１９８６、２００３年日本建築学会賞。１９９９年日本芸術院賞。２００２年ベネチア・ビエンナーレ金獅子賞。２００６年ＲＩＢＡゴールドメダル。２０１０年高松宮殿下記念世界文化賞。２０１３年プリツカー賞受賞。２０１６年日本建築学会大賞。２０１８年文化功労者。２０２２年芸術院会員）も「相当見かけのスタイルが違う」という（『山本理顕／システムズ・ストラクチュアのディテール』、２００１年）。しかし、山本の「闘論」に基づけば、そう違和感はない。「形式としての住居」（『新建築』、１９７８年８月号）としてのいくつかの解答としてありうるからである。山本理顕における「スタイル」の問題、「建築表現」の問題は後にみよう。徹底して、住宅の画一化、ステレオタイプ化を批判する山本理顕が他の建築家—例えば伊東豊雄—と一線を画すのは、単に批判に終始するのではなく、新たなプロトタイプを提示してみせるところにある。「〈アーキタイプ〉のない建築、それは私にとって『理想の建築』なのである」という伊東豊雄とも、「未だみたことのない建築」をつくりたいという藤森照信とも違うのである。

「雑居ビルの上の住居　GAZEBO」は、ひとつのプロトタイプの提示である。幹線道路沿いの商業地域において、如何に住居が成立するか、その形式についてのひとつの解答である。その試みは「住吉の長屋」に匹敵するといっていい。全ての空間が経済原則によって支配されるなかで（社会的総空間の商品化）、「ただ最上階だけは、明け渡さない」（「破産都市」）という覚悟がこのモデルにこめられている。

そして、戸建て住宅のモデルとして「岡山の住宅」が設計され、集合住宅モデルとして「熊本県営保田窪第一団地」が設計された。山本理顕の住居へのアプローチが実に「正統的」であることは以上のように明らかである。

細胞都市

山本理顕の領域論が―また「建築家」の多くが―前提とするのは、住居という空間単位の集合を拡大、重層していくことにおいて、集落、都市、世界が構成されるということである。土木の分野のように空間を支えるインフラストラクチャーを重視する立場からすると、まったく異なった組み立てとなるが、山本にとって、インフラストラクチャーも「閾」である。そして、「閾」論、「ルーフ」論は、スケールについては伸縮自在である。従って、その住居論は、建築論、都市論などへ拡大可能である。また、そもそも山本理顕は都市への視座を持ってきた（『徹底討論　私たちが住みたい都市』、２００６年）。

横浜の「緑園都市」の商業地区計画は都市への展開の第一歩であった。そして、山本理顕が提示するのは、「細胞都市」という概念（『細胞都市』、１９９３年）である。「細胞都市」という概念で具体的にモデルとされるのが「全体の計画が見えない」「アドリブ的」な「イスラーム都市」である（『細胞都市』、『建築の可能性、山本理顕的想像力』、２００６年）。「イスラーム都市」は、「最終形に向かって徐々にでき上がっていくような都市ではなくて、その都度完成された都市」である。この「イスラーム都市」への関心も「世界集落調査」の第一回「地中海」に遡ることが出来る。山本は具体的な構成原理の詳細に触れることはないが、B.S.ハキームの『イスラーム都市―アラブの町づくりの原理』（佐藤次高監訳、１９９０年）（Hakim, B.S. [1986], "Arabic-Islamic Cities: Building and Planning Principles, London. 布野修司＋山根周『ムガル都市―イスラーム都市の空間変容』、２００８年）が出版される前のことだから、「イスラーム都市」への着目はいち早い慧眼であった。

「細胞都市」とは、「一つの建築が都市の因子であり細胞であるような」都市である。「都市細胞」としての建築は、「一つの建築であると同時に、都市への増殖の契機をその内側に持っている建築」である。

「全体の計画をまずつくって、その計画に従って個々の建築を制約していくという方法ではなく、つまり都市という全体のための部分品であるような建築をつくるのではなく、（中略）建築が次から次と連続してゆくときの、その連続のための因子を、自分の中に持っているような建築が考えられればいい」というのが、「緑園都市」の方法である。

しかし、「緑園都市」の場合、「因子」というのは実に単純である。全ての建物に、隣接する建物に通り抜けできる道をつくる、というのが「連続のための因子」なのである。「通り抜けの道」を個々の建築に用意すればいい、ということではもちろんない。「イスラーム都市」の原理は、もう少し豊かな空間を生み出す仕掛けを持っている。

職寝一体SOHO

「熊本県営保田窪第一団地」「緑園都市」の経験を経て、「東雲キャナルコートCODAN」（2003年）の機会が与えられる。それを機会に「建外SOHO」（北京、2004年）の設計というチャンスを得る。海外（異文化）における設計は、「閾論」の普遍性を試す絶好の機会ともなる。天津の「伴山人家」（2005年）、「アムステルダムの集合住宅」（2007年）は実現しないが、韓国の「パンギョ・ハウジング」（2010年）が続いた。

しかし、もちろん、理論と現実は異なる。理念がそのまま実現するとは限らないのがむしろ一般的である。「緑園都市」の場合、「通り抜けの道」を因子としてセットするのが精一杯だったとも言えるのである。

「東雲キャナルコートCODAN」は、都市基盤整備公団（現・都市再生機構）のプロジェクトである。前身は日本住宅公団であり、日本の戦後住宅のプロトタイプを供給してきた日本最大の公的住宅供給機関である。その歴史的、社会的役割についてはここでは略すが、山本理顕など著名な建築家グループに白羽の矢が立つ必然性があったことは間違いない。半世紀を経て、その住居モデルが社会のニーズとずれてしまっていることは明らかだからである。

山本理顕は、「洗面所や浴室のようなウォーターセクションと台所を窓側に寄せる」アイディアを試したかったという。そうすることによって、実際にはオフィスのように使ったり、仲間同士でシェアして大きなユニットに住んだり、多様な住まい方が可能になると考えた。民間の分譲マンションを依頼されて提案したけれど、実現しなかった。「分譲住宅として一般性にかける」、すなわち「分譲住宅は住まいというよりも一種の資産として購入するわけだから、誰にとっても過不足がないといったような一般性がないと売れない」とディベロッパーが考えたからである（「建築の社会性」、『JA 51 riken yamamoto 2003』、2003年9月）。

公団もディベロッパーであることに変わりはないが、賃貸住宅ということで社会的ニーズをより考慮できる余地はあった。また、公団としても、空家を出すわけにはいかない社会的プレッシャーがあった。

7割をファミリータイプ、3割を提案型とした「東雲キャナルコートCODAN」は、平均倍率24倍という成功を収めた。成功の理由は、必ずしも「プラン」の型にあるわけではない。「職寝一体」、「職住混在」がその主要な理由だと山本理顕は冷静に分析している（「職寝一体 職住混在」、『季刊デザイン』、No.5、2003年10月）。

山本理顕は「東雲」において何をなしえたのか。伊東豊雄、曽我部昌史との鼎談「東雲キャナルコートCODANを語る」（『新建築』2003年9月号）を読むと、悪戦苦闘の様がよくわかる。

SOHO（Small Office／Home Office）という住まい方に対しては、住宅市場において「デザイナーズ・マンション」が既に対応してきたところである。「ちょっとおしゃれな」デザインというレベルではなく「職寝一体」のモデルというのが山本理顕であるが、「多少はできた」「道半ばだなあ」というのが自己総括である。

「51C」批判!?

「東雲キャナルコートCODAN」については、工事中の現場を見学する機会があった。現場は、鈴木成文率いる神戸芸術工科大学の学生たちをはじめ、ごった返しの大盛況であった。簡単なビアパーティもあって議論は弾み、その勢いで、新大塚の鈴木成文邸に雪崩れ込むことになり、朝まで飲んだ。気がつけば横浜であった。

その日の議論がきっかけになって、シンポジウムが企画され、その議論は、上述した『「51C」家族を容れるハコの戦後と現在』（鈴木成文・上野千鶴子・山本理顕他、2004年）という本になった。その全てをしきったのが、鈴木成文先生の教え子で、鈴木宅で書生を務めたことのある山本喜美恵である。彼女は滋賀県立大学の僕の研究室の研究生になった後、大阪大学の博士課程に進学し、現在は明石工業高等専門学校で教鞭をとる。

大きな焦点は、「51C」（鈴木成文『五一C白書―私の建築計画学戦後史』、2006年）の評価であり、もうひとつの焦点は、上野千鶴子（1948年～）を急先鋒とする「建築家」＝「空間帝国主義者」批判であった。

その議論の全体は、『「51C」家族を容れるハコの戦後と現在』に委ねたい。僕はそこで「『51C』：その実像と虚像―戦後日本の住宅と『建築家』」という文章を書いた。結論部を引けば以下のようだ。

1979年に東南アジア諸国を歩き出して、強烈なインパクトを受けたのは、セルフヘルプ・ハウジング（自力建設）あるいはハウジング・バイ・ミューチュアル・エイド（相互扶助）と呼ばれる供給手法である。中でも、コア・ハウス・プロジェクトと呼ばれる住宅供給の方法に眼から鱗が落ちる思いがしたことを思い出す。

コア・ハウス・プロジェクトとは、ワンルームと水回り（トイレと洗面台）のみを供給し、後は居住者に委ねるという手法である。それぞれの経済的余裕に従って、後は勝手に増築する。間取りは自由である。財源が乏しく、やむを得ない創意工夫である。コア・ハウスの形態はプリミティブではあるけれど実に多様である。思ったのは、日本の戦後まもなくの「51C」であり、「最小限住宅」である。オールタナティブはいくらでもあり得たのではないか。

その後、インドネシアで集合住宅のモデルを考える機会があった（『カンポンの世界』、１９９１年）。結果として、コモン・リビング、コモン・キッチンをもつインドネシア版コレクティブ・ハウスとなった。ｎＬＤＫをただ積み重ねたり、並べたりするだけの日本の住宅がむしろ特殊であることは明らかである。

キーとなるのは、集合の論理である。あるいは共用空間である。

「51Ｃ」以降、鈴木成文の仕事は、一貫して住居集合と共有空間、「いえ」と「まち」をつなぐ論理をめぐっている。それを充分展開し得たのか、という問いは、同時に自ら引き受けるべきテーマとなる。山本理顕の保田窪団地や東雲の提案が「51Ｃ」を超え得ているかどうかは冷静に判断されていい。

上野の近代家族批判はラディカルである。しかし、近代家族という擬制も諸制度によって裏打ちされており強固である。そして、住居もまた極めて保守的である。しかし一方、ｎＬＤＫという空間単位によって構成される社会が多様化する家族関係、流動化する社会編成に対応できないことははっきりしている。

では、どのような空間モデルが可能なのか。あらゆる機会において、「建築家」には問われ続けているのである。

Ⅲ　建築をつくることは未来をつくること
──山本理顕の設計手法

山本理顕は、徹頭徹尾、理論家である。そして、社会と空間のラショナルなあり方を問うことにおいて鋭い社会批評家でもある。磯崎新や伊東豊雄のように、世界の建築界の動向を見極めながら自らの位置を定めるといった構えはない。建築を媒介としながら社会的空間の編成について提案する、まさに「社会建築家Social Architect」と呼びうる建築家である。しかし、理論が理論だけに終始するだけであれば、大きな影響力は持ち得ないことははっきりしている。具体的な建築を実現してみせることによって建築理論は迫力をもつ。

山本理顕の住居論、建築論は、しかし、「表現論」を欠いている。空間システム、構工法システムの追求がその設計方法のベースである。弱点と言えば弱点と言えるが、だからといって、山本理顕の建築表現に力がないかというとそうではない。その理論に耳を傾けさせる基底には表現力がある。そして、その基底にあるのは、次のような深い問いである。

私の表現に対する思い入れは、どんなかたちで〝私〟を超えることができるのか。多少でも普遍性を獲得し得る可能性があるものなのか、あるいは〝私〟の内部だけに封じ込められるものなのか。表現に対する語り口は〝私〟にのみ固有の思い入れ、つまり〝私〟の固有性をどう超えることができるのか。その部分を突破しないかぎり、どんな表現に対する語り口も〝私〟以外の人々には、まったく効力を持たないと思えるからなのである。つまり、私の表現はどう共感されるのか。その仕組みは、どうなっているのか。そこを明瞭にしない限り、表現についてては何も語り得ないはずなのである。

（「設計作業日誌77／88―私的建築計画学として」、『建築文化』、1988年8月号）

技術という記憶が埋め込まれた素材

「素材」が手がかりとなるのではないかと、上の問いに対して山本理顕は考える。初期の住宅作品群が「精神分裂」（渡辺豊和）と評されたことには上に触れたが、建築を始めたばかりの試行錯誤を、「『表現』の論理と『観察』の論理は全く別ものなのだ、などと逃げまくらないで、どこかに接点を見つけられるんじゃないか。素材というものの解釈が「表現」に接近するための切り口になりそうに思えた」と素直に振り返っている。

例えば、「藤井邸」。鉄筋コンクリート造の上に軽い鉄骨造を載せるつもりが木造となった。僕はルイス・I・カーン（1901〜74年）のある作品を思い浮かべたけれど、木造は本意ではなかったらしい。木という素材を柱梁として用いただけで、「和風」に見えて驚いた。これは木の性能に基づくのではなく、木造が担ってきた歴史性、私たちの「記憶」に基づくのではないか。そして、今や、気候変動、地球温暖化の問題の深刻さが明らかになることにおいて、木造建築の見直しは建築家にとっての大きな課題である。

山本理顕の木造建築について、その性能を突き詰める方向を見たいと思うが、以降、残念ながら、掘り下げられてはいない。ただ、はっきりしているのは、木片をペタペタと貼るだけの「グリーンウォッシュ」(二酸化炭素削減を糊塗する)建築は、山本理顕とは無縁ということである。

山本理顕は、鉄とガラスとコンクリート、すなわち近代建築を支えてきた工業材料を前提として、「GAZEBO」、「ROTUNDA」、「HAMLET」、そして「熊本県営保田窪第一団地」において、あるスタイルを確立したように思われる。

鍵は、「屋根(ルーフ)」である。

「GAZEBO」にしても曲率の緩やかなヴォールト屋根がなければ、「図式」だけの建築に留まったかもしれない。もちろん、山本理顕は「屋根」だけに拘ってきたわけではない。むしろ、端正なグリッド構成、ラーメン構造、鉄のディテールを研ぎ澄ませてきた。ポストモダニズム建築の跋扈の後、山本理顕をネオ・モダニズムの旗手にのしあげたのはその研ぎ澄まされたその構造システムとディテールである。しかし、その後「エコムスアルミニウムプロジェクト」(2004年)はその延長として理解できるにしても、「工学院大学八王子キャンパス・スチューデント・センター設計プロポーザル(案)」(2005年)、「N研究所」(2008年)、「城下町ホール(仮称)」(2009年)になると、いささか異なった展開が見える。これまでの方針は揺れだしたのであろうか、新たな境地を見出しつつあるのであろうか、と当時思った。

仮設としてのシステムズ・ストラクチュア

山本理顕の最初の公共建築は、実は、横浜博覧会の「高島町ゲート協会施設」(1989年)である。「私は自分のつくったものを見て、美しいとか凄いとか思ったことは、それまで一度もなかったけれども、この建築のようなオブジェのような現象のような出来事のようなものを見て、掛け値なしにそれを美しいと思った」(『細胞都市』)という。

「高島町ゲート」を見て、僕も実に美しいと思った。

60・5㎜φの足場用の仮設パイプ材を組み合わせて、28mの高さの塔を40本建てた。28mの高さの塔をつくるための部材としては、余りにも脆弱でぐらぐらするので相互に塔を結びつけて全体がスーパーラーメンになるような構造にした。限られた種類の部材、大量に造られ、一般的に使われている部品でかくも豊かな表現が可能になる。山本理顕の「システムズ・ストラクチュア」(『山本理顕/システムズ・ストラクチュアのディテール』、2001年)の原型は、「高島町ゲート」である。この足場を提供した日綜産業の小野辰雄社長（1940〜2023年）は、1990年以降、職人大学設立の運動を展開するが、その運動に共鳴した内田祥哉（1925〜2021年。学士院会員、東京大学名誉教授、1995年日本建築学会大賞）の命で、僕は、田中文男、藤澤好一、安藤正雄らとともに参加した、そんな縁もある。

「岩出山中学校」（1996年）、「埼玉県立大学」（1999年）、「広島市西消防署」（2000年）、「公立はこだて未来大学」（2000年）では、鉄骨、プレキャストコンクリート（PC）による一貫して単純なラーメン・グリッドを追求している。山本理顕が戦後モダニズムの正統な継承者だというのは、まず、このシステムズ・ストラクチュアとそのディテールの追求を根拠としている。ローコストを目指して工業化構法を追求した精神と共通するものがある。

「GAZEBO」、「ROTUNDA」、「HAMLET」におけるスチールの既製の丸パイプを使ったディテールの追求にすでにその片鱗が見られるが、19世紀の工業製品とかヴィオレ・ル・デュクを参照したというのも興味深い。『山本理顕／システムズ・ストラクチュアのディテール』における伊東豊雄との対談が二人のシステムに対するスタンスの違いを示して興味深い。伊東が「HAMLET」を「バラック」と評するのが案外的を射ているように思える。「バラック」という言葉も様々なコノテーションをもつが、「戦場に仮設的に設けられる兵舎」という原義、すなわち、仮設性という点では「高島町ゲート」に通ずる。「邑楽町役場庁舎」（2005年）で提案されたのも、50㎜の角パイプを使ったほとんど仮設建築といっていい工法である。

バブルが弾けて以降、徹底したローコストの追求、工期短縮などが要求された。山本理顕の『バラック』建築の洗練は時代と見事に照応したのである。山本理顕にとっての一貫する課題は、「システムが表現に転換する時」（『GA Japan』76、2005年9月号）である。

仮説としての制度・施設・空間

「建築は仮説に基づいてできている」（『現代の世相1　色と欲』［1996年］所収）と山本理顕はいう。「ポストモダンなのかモダニズムなのかデコンストラクティヴィズムなのか」といっても、新聞の文化欄で話題になっても、一般人にとって日常の生活とは遠く離れた話だ。「形ばっかりで、中身のことなんか何にも考えてない」のが建築家であり、「形なんかどうだっていいのよ、中身が大切なんだから」というのが多くの人たちである。しかし、「建築の〝中身〟って何？」と山本理顕はラディカルに問う。

仮説にすぎないじゃないか。

「住宅擬態論」は既に見たが、「住宅というビルディング・タイプは家族という仮説に基づいてできている」というテーゼは、全てのビルディング・タイプ、公共施設に拡大適用しうる。学校、図書館、病院、福祉施設、美術館、博物館、劇場……すべて仮説としての制度によって規定されている。そして、空間の配列がその制度を裏打ちしている。

「建築は制度に則ってできている。制度の忠実な反映が建築である。ひとつひとつの建築だけではなくて、身近な環境から都市環境まで含めて、およそ、私たちの周辺環境はいわば制度そのものである、という認識は、もはや多くの私たちの常識である。」（「建築は隔離施設か」、『新建築』１９９７年12月号）。宮内康の「今日の都市の風景は、建築基準法と都市計画法のほぼ正確な自己表現と見ることができる」（「風景としての都市―東京一九七五年」、『風景を撃て　大学一九七〇―七五　宮内康建築論集』、１９７６年）という指摘を思い出す。

公共建築の設計計画をテーマとしてきた「建築計画学」の研究室に所属したことで、僕は、制度＝施設として予めあり得てしまっている空間の調査を基に設計計画の方法を組み立てることの問題点について否応なく考えてきた。「制度と空間―建売住宅文化考」（『見える家と見えない家』［１９９１年］）という文章はそうした論考である。例えば、教育施設について、「ノングレーディング（無学年制）」「チーム・ティーチング」などをうたう「オープンスクール」の出現を前にして、戦後「建築計画学」がやってきたことは一体何だったのか。I・イリイチの『脱学校の社会』、M・フーコーの『臨床医学の誕生』、『監獄の誕生』、J・ハーバーマスの『公共性の構造転換』などが必読書であった。

山本理顕の「建築は仮説に基づいてできている」は、「建築計画学」批判として実に説得力がある。しかも、建築家を鼓舞するように、制度＝空間という常識を「仮説」と言い切る。そして、「制度はそんなに強固ではない」ともいう。

もし建築が制度の単純な反映でしかないなら、建築の設計者というのは制度を空間に変換する単なる自動筆記機械のようなものである。制度を空間に翻訳する翻訳技術者である。（「建築は隔離施設か」）

地域社会に固有な建築類型

山本理顕の設計手法は、以上のように、あらかじめ、身近な全ての空間に、そして既に見たように都市へと適用可能である。というより、空間の成立、空間の編成そのものが、すなわち、建築のプログラムの設定そのものが出発点となる。

近代的な諸施設がそれぞれ「ひとつのビルディング・タイプとして整備されるのはつい最近、日本が近代国家として整備される時期である」。そして、「国家のシステムから日常の生活、地域社会との関係として再整備されるのは、ようやく戦後になってからである」。「国家というシステムから地域社会へという理念を敷衍するための装置が建築だった」。

実に的確な状況認識である。

現在、日本の地域社会は危機的な状況にある。子どもたちが戸外で遊べない、「限界集落」がここそこに出現する。地域社会の崩壊は覆うべくもない。そして公共施設、地域施設のあり方は大きく揺らいでいる。少子高齢社会の到来によって、これまでの施設体系、空間編成の破綻は誰の眼にも明らかになりつつある。小学校・中学校といった教育施設が余り、高齢者のための施設がより必要になるのは当然である。加えて市町村合併がある。山本理顕は、そうした問題を遥かに深いレベルで見通していたのである。

日本建築学会の建築計画委員会が——僕はその委員長を務めた（2006～10年）——「公共建築の再構成と更新のための計画技術」と題した設計競技（2008年）を行ったのは、遅きに失していると言わざるをえないが、既に様々な試みが為されていることが明らかになったことは、山本理顕の建築家としての構えの先駆性と正統性をあらためて証すことになった。

山本理顕は、「地域社会に固有なビルディング・タイプを本気で考案する必要がある」という。「問題なのは全国画一地域社会であり、そのための日本全国画一ビルディング・タイプである」ことははっきりしているのである。『地域社会圏モデル』（山本理顕・中村拓志・藤村龍至・長谷川豪、2010年）が、山本理顕が行き着いた地平である。

つくりながら考える／使いながらつくる

どうすれば、新たなビルディング・タイプを発見することができるか、あるいは考案することができるか。出発点となるのは、現場（フィールド）である。現場から組み立てる方法がそこでは問われる。アジアの諸都市についての都市組織研究、あるいは「ティポロジア」研究は、「地域に固有な」「都市組織」「建築類型」を発見するのが目的である。

山本理顕は、『つくりながら考える／使いながらつくる』（山本理顕＋山本理顕設計工場、2003年）という。内田祥哉の『造ったり考えたり』（1986年）を思い出したが、「つくりながら考える」であり、「使いながらつくる」というところに新たな位相がある。そして、「プロセスが既に建築である」と言う。

プロトタイプか、プロセスか。「雑居ビルの上の住居」「岡山の家」「熊本県営保田窪第一団地」のような「プロトタイプ」の提示の位相と展開はどう異なるのか。

『つくりながら考える／使いながらつくる』は、プロセスをそのまま本にしたユニークな本である。「邑楽町役場庁舎」「公立はこだて未来大学」「横須賀美術館」「東雲キャナルコートCODAN」などの設計プロセスの一端が記されている。スタッフとの本音のやり取りの中で、次のようにいう。

20世紀の建築家たちは常にプロトタイプを目指したように見える。ドミノとかユニバーサル・スペースというプロトタイプを考える。（中略）プロトタイプがないとしたら、その都度決定するにはどうしたらいいかという話になるわけでしょう（中略）そのときに初めて住民と呼んでいいのか分からないけど、その建築の当事者が登場するチャンスがあるんだと思う。（中略）「住民」という言葉があやしいんじゃないの。「住民」って、すごく抽象化されていて誰だかわからない。

ここでも山本理顕は原理的である。

設計プロセスを論理化すること、その決定プロセスを可能な限りオープンにすることは、逸早く、C・アレグザンダー（1936〜2022年）が提起したテーマである。ただ、設計プロセスはそう単純ではない。建築を構成する無数の要素を数学的な手法でブレークダウンし、分類化した与条件をもとに空間化した部分を逆に統合化していくのであるが、条件が変更されたり、加わったりすれば、フィードバックが生じる。C・アレグザンダーもその限界を意識していて、基本的なパターン（ディテール、空間、その配列）を辞書化し（パターンブック、設計資料集成、モデル空間……）、ユーザー（建設主体）がそれを選択するシステムを提示する。それが『パタン・ランゲージ　環境設計の手引』（1984年）である。山本理顕は、その「パタン・ランゲージ」論を批判的に総括する。C.アレグザンダーの場合、パターンが余りにも普遍的に想定されているのである。

公共建築の設計計画、あるいはまちづくりにおいて、「住民参加」の手法として「ワークショップ」方式が試みられるようになりつつある。しかし、システムを決定する主体とは誰か。山本理顕は「主体性」をめぐって繰り返し問うている（「計画する側の主体性が問われている」『建築文化』、1996年6月号。「主体性をめぐるノート」『新建築』、1999年11月号。「主体性をめぐるノート2」『新建築』、2000年9月号）。「純粋空間」と「生活空間」、「身体感覚」と「共通感覚」、「個人作業」と「共同作業」、「共感される空間」……等々をめぐって真摯な思考が積み重ねられている。

「邑楽町役場庁舎」コンペ（原広司審査委員長）は、まさに「プロセスが建築である」ということを具体的に問い、確認するものとなった。全ての過程をオープンにしたということは画期的なことであった。そして、「提案は他者のさまざまな見解を受け入れることができるシステムをもっていなくてはならない」「システムの誘起する建築の実現は、なんらかの新しい美学に支えられること」という応募条件、評価基準は、山本理顕が考え続けてきているテーマであった。

未来をつくること

プロトタイプか？　プロセスか？　誰が何を決定するのか？

「邑楽町役場庁舎」の不幸な経緯については、日本建築学会でのシンポジウム（２００７年3月16日）の報告などに譲りたい（「活動レポート　公共事業と設計者選定のあり方―「邑楽町役場庁舎等設計者選定住民参加型設計提案競技」を中心として」、『建築雑誌』、２００７年6月）。また、『権力の空間／空間の権力―個人と国家の〈あいだ〉を設計せよ』（２０１５年）に、山本理顕自身による経緯と総括がある（「4　住民参加による建築の設計、そして反対派」「第五章『選挙専制主義』に対する『地域ごとの権力』」）。

一般的に「住民参加」というけれど、意志決定をめぐる制度的枠組みには大きな壁がある。常に新たな形態を生み出すシステムを支える社会システム（法・制度）が問題なのである。

しかし、「常に新たな形態を生み出すシステム」は、別の次元で問題にできる。誰がそのシステムを提案するのかについては、山本理顕の答えははっきりしている。システムを提案できるのが「建築家」なのである。「建築家」は単なる「調停者」ではない。

山本理顕の眼は、日本の建築界全体へ、建築社会システム全体へ、日本の都市景観の全体に注がれ始めていく。２００7年から２００8年にかけて、山本理顕は、国土交通省の「建築・まちなみ景観形成ガイドライン」検討委員会（山本理顕、布野修司、岡部明子、北澤猛、木下庸子、工藤和美、宗田好史、蔀健夫、荒牧澄多）の座長を務めた。「タウンアーキテクト（コミュニティ・アーキテクト）」論（布野修司『裸の建築家　タウンアーキテクト論序説』［２０００年］）を知っていて、僕も委員に招かれたのである。というより、遡ること10年余り、その前史に、続いて述べる「アーバンアーキテクト制」の構想に、一人は関わっていたのである。この時の議論の主テーマは、デザイン・レビュー制度日本版ＣＡＢＥ（英国のデザイン・レビュー・システム。Committee of Architecture and Built Environment）の導入で、主導したのは、後に内閣府で総理大臣補佐官を務める和泉洋人（１９５３年～。２００７年国土交通省住宅局長、２００９年内閣官房地域活性化統合事務局長、２０１２年内閣官房参与［国家戦略担当］。２０１３年第２次安倍内閣総理大臣補佐官。２０２０年菅内閣総理大臣補佐官。日本建築センター顧問。２０２１年住宅生産団体連合会特別顧問。２０２２年大阪府・大阪市特別顧問）であった。詳細は省くが、東日本大震災の発生によって、この構想は実現することはなかった。

アーバン・アーキテクト制

日本版ＣＡＢＥの導入構想のおよそ10年余り前に、建設省（現・国土交通省）住宅局が構想したのが「アーバン・アーキテクト制」である。これについては、『裸の建築家―タウンアーキテクト論序説』に詳述したが、元になったのは「建築文化・景観問題研究会」（１９９２～95年）である。建設省のスタッフと何人かの「建築家」が主として「景観問題」を議論する場として建築技術教育普及センター（１９８２年設立）内につくられた。委員会メンバーは、建築課長（住宅課長）として県や政令指定市に出向する建設省の若手官僚と建築家（元倉眞琴、山本理顕、芦原太郎、隈研吾、團紀彦、平倉直子、高橋晶子、原尚、小嶋一浩、鈴木エドワード）、学識経験者（西村幸夫［１９５２年～。國學院大學観光まちづくり学部長、元東京大学副学長・先端科学技術研究センター長］）、大西隆（［１９４８年～。東京大学名誉教授、元日本学術会議会長］）、振り返れば錚々たるメンバーであった。仕掛け人は建設省住宅局長梅野捷一郎と建設指導課建設専門官森民夫（１９４９年～）である。森民夫は、後に、長岡市長を５期（１９９９～２０１６年）務め、全国市長会会長（２００９～16年）を務めることになる。

きっかけは「違反建築」問題である。建築行政は建築基準法の遵守を錦の御旗とする「取締り行政」のみであって、秩序ある街並みの形成に寄与していない、どうすればいいか、というのが建設省（国土交通省）の問題意識であった。研究会では、参加メンバーの問題提起を受けて議論を積み重ねるとともに、各地に出かけてシンポジウムや講演会を開催した。

研究会の結論は「豊かな街並みの形成には『建築家』の継続的参加が必要であり、新たな制度が必要である」というものである。いかにすぐれた街並みを形成していくか、建築行政として景観形成をどう誘導するか、そのためにどのような仕組みをつくるかというのが当初の問題意識であり、その仕組みに「建築家」の参加を位置づけようというのが「アーバン・アーキテクト」制と呼ばれることになった構想である。しかし、この構想も阪神・淡路大震災の発生によって実現されることはなかった。

Ⅳ　権力の空間／空間の権力——地域社会圏の形成へ

山本理顕が「個人と国家の〈間〉を設計せよ」と題した論考を『思想』誌（岩波書店）で5回にわたって連載したのは２０１４年であり、それをまとめて『権力の空間／空間の権力』として上梓したのは２０１５年である。Ｙ-ＧＳＡの山本理顕スタジオのためのブログがもとになっているというが、横浜に拠点を設けることで、一気にそれまでの思考がより先鋭なかたちでまとめられることになった。ひとつは、「邑楽町役場庁舎」（２００２〜09年）「小田原市市民ホール」（２００５年）「天草市本庁舎」（２０１３年）をめぐる自治体そして地域住民との軋轢に巻き込まれたということがある。そして、もうひとつは、ハンナ・アレント（１９０６〜75年）の思想、著作に全面的に向き合ったということがある。

ノーマンズ・ランド

『権力の空間／空間の権力』は、「ハンナ・アレントの著書『人間の条件』（一九五八年）に不思議な文章がある」と書き起こされる（1“no man's land”とは何か？「第一章『閾（しきい）』という空間概念」）。その文章とは、牧野雅彦の新訳（講談社学術文庫、２０２３年）で示せば「第二章　公的領域と私的領域」、「8　私的領域―財産」に書かれた、

都市にとって家の内部の領域は隠されたままで、いささかの公的意義も持たないが、外側に現れる部分は都市にとっても重要な意味をもつ。それは家と家を区別するための境界という形で公的領域の内部に現れるのである。法というのは、もともとはこの境界線のことだった。古代において、法は実際の空間、私的なものと公的なものの間にある一種の無人地帯であり、これが公私双方の領域を保護すると同時に、互いに分け隔てていたのである。

という文章である。

この文章の「公的領域」「私的領域」「境界線」「法」「無人地帯（ノーマンズ・ランド）」をめぐるアレントの議論によって、山本理顕は、その「閾論」を補強するのであるが、その骨子は、「閾」とは、「ノーマンズ・ランド」のような空間であり、「二つの異なる領域の間にあって、その相互の関係を結び付け、あるいは切り離すための空間」、「都市という公的領域と家族という私的領域の中間」にある空間であって、「閾」はそこに住む人たちを〝結びつけると同時に分け隔てる〟ための建築的装置である」ということである。

イリノイ工科大学でのプリツカー賞受賞記念講演“A Theory of Community Based on the Concept of Threshold”（２０２４年５月16日）、横浜国立大学２０２４年プリツカー賞受賞記念・名誉教授特別講演会「閾論」（２０２４年６月７日）も以上が骨子である。

労働・仕事・行為

山本理顕のハンナ・アレント思想の読解は、もちろん、「閾論」の補強にとどまるわけではない。大著『全体主義の起原』に続いて、古代ギリシアに始まる西洋哲学の流れの中に自らの哲学を位置付けた『人間の条件』は、その思索に多大な共振を引き起こしている。

『人間の条件』が問うのは、人間とは何か、世界とは何かといった哲学的問いではない。中心テーマは、「われわれが行っているのは、いったい何なのか」であり、「人間の条件」としての「活動的生活 vita activa」である。

アレントは、人間の活動を、労働labor、仕事work、行為actionの３つに分けて、それぞれを「人間の条件」として問う。

労働laborは、人間の肉体の生物学的過程に対応する活動であり、人間が自然のままに成長し、外界から物質を取り入れて代謝を行い、やがて衰弱して死に至る過程は、生命維持のための生活必需品によって拘束されている。これらの生活必需品は、労働によって生産され、生命過程に取り込まれなければならない。それ故、労働という活動が行われるための人間の条件は、生命それ自体である。

仕事workは、人間の存在の非自然的な側面に対応する活動である。仕事は、人間を取り巻く自然環境すべてから明確に区別された「人工的」な物の世界を作り出す。世界そのものは個々の人間が死んでも存続し、その意味において、すべての個人を超越した存在でなければならない。仕事という活動のための人間の条件は、自然とは区別された世界の存在である。

行為actionは、人間と人間の間で事物を通さずに直接に行われる、ただ一つの活動である。この地球の上に生き、世界に住んでいるのは複数の人間であった、単一の人間という抽象的な存在ではないという事実が、行為という活動の条件である。

労働、仕事、行為という３つの条件はいずれも政治に結びついているが、複数性――「生きる」ことは「人々の間にいる inter homines esse」ことである――は政治にとって「不可欠の条件」であり、それだけで政治を成り立たせる「十分条件」である、というのがアレントである。

建築家は、人間が死んでも存続する「人工的」な物の世界を作り出す仕事に関わる。山本理顕は、アレントに依拠しながら、仕事の意味を問うている（「2　仕事の世界性」第三章　「世界」という空間を餌食にする「社会」という空間）。

選挙専制主義

「世界の物」「空間」をつくる「仕事」に携わる建築家として、山本理顕が遭遇した「邑楽町役場庁舎」（２００２～09年）「小田原市市民ホール」（２００５年）「天草市市庁舎」（２０１３年）の設計をめぐる顛末、さらには名古屋造形大学学長（２０１８～21年）、解任事件（２０２１年）は、今日の日本の建築界のみならず日本社会全体の劣化を示している。

理不尽に仕事の機会を奪われた山本理顕の「選挙専制主義」批判・「標準化」批判・「官僚制的管理」批判が舌鋒鋭くなるのは当然である。しかし、その分析はあくまで冷静である。

「小田原市市民ホール」は、実施設計が終了し、建設会社を決める入札直前の解約であった。反対の急先鋒に立ったのは劇作家の井上ひさし率いる「こまつ座」である。

「城下町ホール」と仮称された市民ホールは、もともと多目的ホールであることを条件とし、設計コンペが実施されたものである。山本理顕設計工場が提案したのは、「小田原市の市民が自分たちの裁量で使い方を自由に考えることができるようなホール」であり、プロレスの興行にも使えるし、サーカスにも使える。勿論、演劇空間としても、あるいはコンサートのためにも十分な建築的性能を持っている。そして中学生や子供たちにも使ってもらえるような多目的ホールである。実現すれば、ユニークなホールとなったことは疑いがない。

しかし、「多目的ホールという発想は貧弱です。必ず無目的ホールに堕落します」（「何故、この場所に今つくるのか（歴史への参加）」『神静民報』）と井上ひさしから横槍が入った。「『こまつ座』は、世界中の劇場を取材し、日本で一番劇場に詳しいと思います」といい、「世界のいい劇場はみんな、一見平凡な型をしています（そこに劇場の本質があります）。へんてこりんでいいのは演目（だしもの）だけです」という。

「多目的ホール」が多目的に使われない、「無目的ホールに堕落します」というのは、確かに、ホールがアクティブに運営されなければそうなる事例は少なくない。しかし全ては建設者（自治体）のプログラムの問題であり、審査委員会の問題であって、問われるべきは劇場の本質だという「一見平凡な型」である。ましてや、小田原市が要求水準として示したのは「多目的ホール」であって、「専用劇場」ではないのである。

山本理顕はこう返している（『権力の空間／空間の権力』あとがき）。

へんてこりんなもの（今までにない新しいもの）をつくる資格があるのは演劇について考える人だけである。知は〝考える人〟の側にある。それを執行するもの（建築をつくるもの）はその〝知〟に従うべきである。実際には世界の劇場はその地域社会に見合うようにそれぞれ個性的である。決して平凡でもないし、標準的でもない。ここには建築に限らず、ものをつくる人びとに対する密かな差別がある。〝考える人〟がいる。その考えに従って〝ものをつくる人〟がいるという「知と行為のプラトン的分離」（アレント）である。

結局、「小田原市市民ホール（通称・小田原三の丸ホール）」が竣工したのは2021年、設計者は仙田満（1941年〜。元日本建築学会会長、元建築家協会会長）に変更され、施行者は鹿島建設であった。井上ひさしの言うような劇場の本質である「一見平凡な型」が実現されたのであろうか。

天草市本庁舎の場合は、山本理顕設計工場JV（山本理顕設計工場、IGA建築計画、廣田建築・都市設計工房、フジモトミユキ設計室）の建築設計業務であったが、『権力の空間／空間の権力』の刊行段階では帰趨ははっきりしていなかった。天草市は、「くまもとアートポリス」事業への参加するために、2013年6月に市庁舎建設のための公募型プロポーザル・コンペを実施、山本理顕設計工場JVを設計者として選定したのであるが、翌年3月の選挙で当選した新市長が「アートポリス事業」から撤退、契約を解除する。この委託契約解除を巡って設計料の未払い分を支払うように求めた訴訟で和解が成立したのは2020年である。

首長が交替する度に引き起こされる公共事業の受注をめぐるドタバタ劇は、自治体行政の一貫性を著しく損ね続けている。山本理顕は、「選挙専制主義」というが、背後にあるのは、建設業界に支えられた地方政治の癒着の構造である。

地域社会圏

山本理顕が、「地域社会圏」という概念を提示したのは『地域社会圏モデル』（2010年）であるが、さらにY-GSAにおける大学院生のための「特徴的な居住地域を選んで、その地域全体を再設計せよ」という設計課題を『地域社会圏主義』（2013年）にまとめる。また、「コミュニティ権」という概念を使いだす（「特集　コミュニティ権主義　新しい希望」、『都市美』創刊号、2019年）。日本の市町村（自治体）には多くを期待できない、ということであろう。『権力の空間／空間の権力』の最終章の最終節は「『地域社会圏』という考え方」で締めくくられるのであるが、以降、個別建築の設計を超えて、社会変革の運動へ向けて踏み出したように思える。

地域社会圏あるいはコミュニティ権とは何か。山本理顕は、

> コミュニティとはただ単に隣り合って住んでいるというような受け身の状態をさすのではない。（中略）一つの空間を共有しているという感覚である。（中略）自ら進んでそれを共有しようという意志を含んでいる。つまりその空間の中で、自らを現存化actualizeしようとする意志である。現存化actualizationとは、他者と共にいる空間の中で「自分をはっきり際立たせ」る（アレント『人間の条件』「第五章　活動」「29〈工作人〉と出現の空間」）という意味である。

という。

『地域社会圏主義』において「空間の近接性が共同性をつくるという建築家の信念にはどうしてもついていけない」という、建築家を空間帝国主義者と批判する上野千鶴子に対して、山本理顕は、相互に何の関係も持たない隔離施設のような「一住宅＝一家族」を前提とする社会の内側に住んでいるから、それがコミュニティを拒絶する空間であることがわからない、気がつかないのだという。

山本理顕が、ここでもアレントに従いながら注目するのは、第3代アメリカ合衆国大統領トーマス・ジェファーソン（1743～1826年）のウォード・システムである（ハンナ・アレント『革命について』「第六章　革命的伝統とその失われた宝」）。具体的なモデルとしたのはニュー・イングランドのタウンシップである。アレントは、アメリカ革命が終わったのち革命精神をどのように保持するかを考えていたのはジェファーソンのみであるといい、その「基本的共和国elementary republic」の計画が実施されていたら、「フランス革命のときのパリのコミューンのセクションや人民協会にみられる統治形態のかすかな萌芽をはるかに凌駕していただろう」という。アレントによれば、ウォードの人口規模は、フランス革命、ロシア革命、ハンガリー革命時の評議会（コミューン、レーテ、ソヴィエト）制度と同規模である。山本理顕の検討によれば、2000～3000人であり、地域生活圏、コミュニティの規模については、同程度と考えているようである。

『権力の空間／空間の権力』では、「地域社会圏」の空間の要点が、(1)「閾」を持つ住宅、(2)インフラと共に設計する、(3)情報の共有、秘密の保護、意志決定の仕組みの共有、(4)生活保障システム、(5)専門家集団、(6)建築空間とし

ての魅力、にまとめられているが、２０１３年に増補改訂された『地域社会圏主義』には、「一住宅一家族」モデルに代わる「地域社会圏」モデルが極めて具体的に描かれている。また、仲俊治との共著『脱住宅―「小さな経済圏」を設計する』（２０１８年）で、それまでの仕事を振り返っている。僕は、若い建築家たちと、山本理顕が「すべてはここからだった」という「熊本県営保田窪第一団地」（１９９１年）以降の日本の住宅を振り返る『はてしなき現代住居　１９８９年以後』（布野修司編、２０２４年）をまとめた。世界に先駆けて人口減少、少子高齢化社会を迎えた日本において、１億円を超えるタワーマンションに住むパワーカップルがいる一方で、１０００万戸の空き家を抱えるのは異常である。単独世帯が約４割、夫婦のみ世帯を合わせれば約６割となる日本に必要とされているのは、新たな「集まって住むかたち」であり、山本理顕の提起する方向であることは明らかである。

　『都市美』の編集委員に招かれて、「地域社会圏」をめぐって「ポストメモリーとしての『大東亜共栄圏』隣組と町内会」（『都市美』、第２号、２０２１年）、「カンポンとルスン　都市村落（アーバン・ヴィレッジ）の成立根拠」（『都市美』、第３号、２０２３年）を書いた。そして、日本の市町村（基礎自治体）の可能性をめぐって『希望のコミューン―新・都市の論理』（布野修司・森民夫・佐藤俊和、２０２４年）を書いたのは、「地域社会圏主義」に触発されてのことである。コミューンは、フランスで「基礎自治体」すなわち「地方自治体」の最小単位を意味するが、日本のように市町村を区別せず規模を問わない。イタリアのコムーネも同様である。人口数百人でも首都人口約２２０万人のパリもコミューンである。フランスには約３万８千のコミューンがあり、平均人口は約１５００人、約９割は人口２０００人以下である。『地域社会圏主義』は、（大）都市の内部の区に焦点を当てるのであるが、２０００〜３０００人のコミューンには期待できるのではないか、という問いかけである。

「都市美」を中心理念とした大学!?

　２０１０年代の山本理顕設計工場の仕事の中心となるのは、２００９年のチューリッヒ空港運営会社Flughafen Zürichによるコンペで設計者に選定された「THE CIRCLE―チューリッヒ国際空港複合施設（スイス・クローテン市）」である。２０１５年に着工し、竣工したのは２０２０年である。スイス最大級の建設プロジェクトに参加することで、コンペの仕組み、設計料など彼我の違いを思い知らされることになった。そして、実際にその違いを嫌というほど思い知らされたのが「名古屋造形大学学長解任」である。

２０１６年に名古屋造形大学（愛知県小牧市）で講演したのがきっかけで、「埼玉県立大学」（１９９９年）「公立はこだて未来大学」（２０００年）の実績を評価されて、名古屋市北区に移転する構想があった新キャンパス（名城公園キャンパス）の設計を依頼された。そしてさらに学長就任を依頼される。「ザ・サークル」の設計が進行中で断ったけれど、度重なる要請に、キャンパスの設計と同時に学問領域を再編する大学改革をすること、大学の業務管理をする補佐を付けること、学生たちの指導もする教授となることを条件として、就任することになった（２０１８年４月）。

山本理顕がしたためた理念は、「都市美」を大学の芸術活動の中心理念にしたい、〝美しい都市は住みやすい都市である〟、住みやすい都市、美しい都市をつくる主体はその都市の住民です、「都市美」と深く関わることによって、日本の新たな芸術運動をこの名古屋からつくり出していきたい、地域社会に貢献する人材を育てたい、という、いかにも山本理顕らしい格調高い宣言であった。

２０１８年12月には新キャンパスの用地が取得され、２０１９年には新キャンパスの設計管理業務契約が締結された。大学改革と合わせた新たな理想的キャンパス計画が進められることになった。同年８月には『都市美』も創刊された。

しかし、事態は暗転する。問題となったのは、名古屋競馬場の跡地の再開発である。愛知県、名古屋市が２０２６年に開催するアジア競技大会の選手村に利用するために民間の開発事業者を公募開始したのは２０２０年10月であった。「名古屋造形大学」の運営母体である学校法人「同朋学園」は、他に「同朋大学」「同朋高校」「名古屋音楽大学」を運営するが、学園は、中部電力を中核とするその応募グループの一つとして参加し、公募型プロポーザル方式の審査（コンペ）で選定されれば「同朋大学」のキャンパスを移転するという。公募の締切は２０２１年３月、山本理顕に知らされたのは同年ので寝耳に水の提案であった。

「名古屋造形大学」には直接関係ないが、学長は同朋学園の理事である。コンペの応募要項を読み込んだ山本理顕は、その立地（隣接して場外馬券売り場が新設　港に近く津波災害や土壌汚染のリスクが高い）を問題視して反対したが、理事会は参加を決定する（賛成11、反対７）。納得できない山本理顕は、プロジェクトの目的、コンペの前提条件、近隣住民への説明の有無などを愛知県・名古屋市に公開質問、さらに選定方法を問題にした。公共事業のコンペをめぐる曖昧な募集要項、不透明な選定方法は、今日も繰り返されている建築界・政界の闇の体質である。何度もこの闇に阻まれてきた山本理顕は黙っていられなかったのである。

仰天したのは、同朋学園が学長職・理事・教授職を6ケ月間停止し、期間中、学園諸施設への立ち入りを認めず、給与は支給しないという懲戒処分を行ったことである（2021年8月）。工事中であった新キャンパスにも立ち入りを禁じられ、停職期間は任期満了（2022年4月）まで延期された。学園は、さらに工事の瑕疵を指摘し、業務完了時に支払われる設計料を支払わないという対応をとった。『都市美』も名古屋造形大学としては発行しないという措置が取られた。大学もまたあきれるばかりに荒廃しているのである。僕は、この停職処分期間中に、以前から予定されていたのであるが、辻琢磨特任講師がコーディネートするオンライン授業「住居論」（山本理顕vs布野修司）を行うことになった（2021年9月8日、10月13日、11月10日、12月15日）。

うんざりする経緯は省こう。結果だけ記せば、競馬場跡地の再開発については、愛知県・名古屋市は、経費節減を理由にアジア大会の選手村建設を取りやめた。同朋学園も「同朋大学」キャンパス建設を断念、撤退した。山本理顕は、設計料裁判（2023年10月）については勝訴し、地位保全裁判（2023年12月）は和解した。しかし、学長復帰は果たされていない。

さらなる闘いへ――プリツカー賞受賞

悪戦苦闘を続ける山本理顕から「2024年プリツカー賞」を受賞したという電話をもらったのは正式発表（2024年3月5日）の2週間ほど前である。とてつもなくうれしい知らせであった。上述してきたように、デビューする以前から親しく接してきた建築家が、しかも、社会的に様々なトラブルに巻き込まれてきた建築家が、「建築界のノーベル賞」と言われる賞を受賞するとは、信じられない思いも湧いた。

しかし、プリツカー賞といっても、それがいかなる賞であるのか、さしたる知識を持っていたわけではない。山本理顕の受賞を機会にその歴史、歴代受賞者、審査員を調べて、近年、「ソーシャル・アートとしての建築」をより評価する流れにあることを理解した。もっとも、RIBA（王立英国建築家協会　1834年〜）にしても、CIAM（Congrès International d'Architecture Moderne、近代建築国際会議　1928〜59年）にしても、「ソーシャル・アートとしての建築」を謳ってきたのである。しかし、プリツカー賞と言えば、新奇な形態を弄ぶとまでは言わないまでも、「ちょっと変わった」「見たことのない」「形」が評価される印象が強かった。

審査委員長のアレハンドロ・アラヴェナ（2016年受賞者）は、サンチアゴ（チリ）を拠点にローコスト・ハウジングを手掛ける、また、公共建築、インフラストラクチャーの計画などを手掛ける。審査員の王澍 Wang Shu（1963年〜）は、寧波美術館で受賞（2012）するのであるが、杭州のまちづくりに小さなプロジェクトを積み重ねてきたことで知られる。

ブルキナファソのディエベド・フランシス・ケレ（1965年〜）は、ガンド村の小学校、中学校、高校など数々のプロジェクトが知られるが（2022年プリツカー賞受賞）、まさに山本理顕が目指すようなコミュニティ全体が参加するプロセスを基本としてきた。また、地域産材である土、砂、煉瓦、ラテライトを用い、伝統的な建築の換気システム、太陽エネルギーの利用などパッシブ技術を前提とし、建設資材の再利用、リサイクルも行う。住民は、建設に参加することでその技術と維持方法を学ぶ。ケレは社会運動家でもある。

アンヌ・ラカトン（1955年〜）とジャン＝フィリップ・ヴァッサル（1954年〜。ラカトン&ヴァッサル、2021年プリツカー賞受賞）は、住宅関連プロジェクトを中心として、西アフリカ全域とヨーロッパ合わせて30を超えるプロジェクトを実施してきているが、「決して取り壊さない」ことを理念としてきた。次世代に対して公平であること、持続可能性を徹底して追求する。トム・プリツカーは、「彼らは、建築が社会全体のためのコミュニティを構築する力をもつことを常に理解してきた」と評する。

イリノイ工科大学での受賞講演の後、新たにエグゼブティブ・ディレクター就任したマヌエラ・ルカ＝ダツィオの司会で、コミュニティをめぐって議論したのは、ケレ、ラカトン、ヴァッサル、山本理顕である。

受賞後の様々な取材などで慌ただしいスケジュールをこなしながら、新たな仕事も開始されつつある。海外からのコンペへの招待、フィリピン、韓国、グアテマラ、ベネズエラ、イタリア、セルビア、インドネシアなど海外からの講演依頼は、よりグローバルな仕事に結びつく可能性がある。一方、能登半島地震の被災地支援にも心を砕き、大阪・関西万博に危惧を表明する。メディアとしての『都市美』の刊行、地域社会圏研究所の活動を軌道に乗せることも課題である。

山本理顕の闘いがとどまることはありえない。希望となるのは若い世代がその闘いの流れに合流してくれることである。

（1）本稿のもとになっているのは、『建築少年たちの夢　現代建築水滸伝』（2011年）「第四章　家族と地域のかたち—山本理顕」である。この論考の執筆の後、山本理顕は、その拠って立つ社会のあり方を問う『地域社会圏主義』（2013年）を書き、そして、歴史に残る名著『権力の空間／空間の権力　個人と国家の〈あいだ〉を設計せよ』（2015）を書いた。本稿は、前項の増補改稿である。主として増補したのは、Ⅳ章であるが、全体的に手を加えた。

山本理顕　年表

山本理顕　履歴

1945年　北京に生まれる
1968年　日本大学理工学部建築学科卒業
1971年　東京藝術大学大学院美術研究科建築専攻修了
　　　　東京大学生産技術研究所原広司研究室研究生
1973年　株式会社山本理顕設計工場 設立
1989年　京都精華大学美術学部助教授（-1990年）
2002年　工学院大学 教授（-2007年）
2007年　横浜国立大学大学院 教授（-2011年）
2011年　横浜国立大学大学院 客員教授（-2013年）
　　　　日本大学大学院 特任教授（-2013年）
2018年　名古屋造形大学 学長（-2022年）
2022年　東京藝術大学 客員教授（-2024年）
　　　　神奈川大学 客員教授
2024年　横浜国立大学 名誉教授・名誉博士
　　　　日本大学 名誉教授・名誉博士（工学）

建築作品

1976年	三平邸	神奈川県	
1977年	山川山荘	長野県	
	新藤邸	神奈川県	
1978年	窪田邸	東京都	
	STUDIO STEPS（石井邸）	神奈川県	
	山本邸	神奈川県	
1981年	勢能邸	東京都	
1982年	藤井邸	神奈川県	
1983年	新倉邸	東京都	
1984年	佐藤邸	東京都	
	ESSESギャラリー	東京都	
1985年	小俣邸	神奈川県	
1986年	きらら光が丘店	東京都	
	GAZEBO	神奈川県	SD Review1985 1987年日本建築学会賞作品賞
	マルフジ南田園店	東京都	
1987年	ROTUNDA	神奈川県	1987年日本建築学会賞作品賞
	大晃奥湯河原寮	神奈川県	
	マルフジ小作店	東京都	
	フジキ画廊モダーン	東京都	

1988年	HAMLET	東京都	
1989年	若槻邸	神奈川県	
	横浜博覧会 「高島町ゲート協会施設」	神奈川県	
	横浜博覧会「神奈川プラザ」	神奈川県	
1991年	熊本県営保田窪第一団地	熊本県	
1992年	葛飾の住宅	東京都	
	岡山の住宅	岡山県	
1992－94年	緑園都市駅前商業街区計画	神奈川県	第26回SDA賞パブリック部門奨励賞 94アーキテクチャー・オブ・ザ・イヤー受賞 第6回横浜まちなみ景観賞受賞
1995年	鎌倉の住宅	神奈川県	
1996年	岩出山中学校	宮城県	第38回BCS（建築業協会）賞 日本建築学会東北支部第17回東北建築賞 第39回毎日芸術賞
	山本クリニック	岡山県	JCD（日本商環境設計家協会）大賞
	横浜市下和泉地区 センター・ケアプラザ	神奈川県	神奈川県建築コンクール奨励賞
1998年	北野共生プロジェクト研究所	東京都	
1999年	埼玉県立大学	埼玉県	1999年度グッドデザイン賞施設部門賞金賞

2000年	広島市西消防署	広島県
	横浜市営住宅（ミツ境ハイツ）	神奈川県
	公立はこだて未来大学	北海道
2001年	東京ウェルズテクニカルセンター	静岡県

第9回越谷市景観賞
第41回BCS（建築業協会）賞
第57回日本芸術院賞
第42回BCS（建築業協会）賞
第9回公共建築賞優秀賞

日本建築学会北海道支部第26回北海道建築賞
北海道赤レンガ建築賞
2002年日本建築学会賞（作品）
第43回BCS（建築業協会）賞
第9回公共建築賞優秀賞
第9回公共建築賞 国土交通大臣表彰
26回北海道建築賞
第42回BCS（建築業協会）賞
北海道赤レンガ建築賞
2002年日本建築学会賞（作品）
第43回BCS（建築業協会）賞
第9回公共建築賞優秀賞
第9回公共建築賞 国土交通大臣表彰

	バンビル	新潟県	
2002年	Dクリニック	埼玉県	
2003年	東雲キャナルコート・CODAN	東京都	
2004年	北京建外SOHO	中国・北京市	2006 Best Residential Project Architectural Record/ New Week China Awards 2006 Highrise Awards 2006
	エコムスパビリオンSUS福島工場	福島県	福島県建築文化賞
2005年	公立はこだて未来大学研究棟	北海道	
2007年	横須賀市美術館	神奈川県	神奈川県建築コンクール最優秀賞 第2回国際海の手文化都市よこすか景観賞 第49回BCS（建築業協会）賞 JIA（日本建築家協会）賞 第13回公共建築賞優秀賞
2008年	福生市庁舎	東京都	
	ドラゴン・リリーさんの家	群馬県	
	ナミックス・テクノコア	新潟県	第51回BCS（建築業協会）賞
2009年	宇都宮大学オプティクス 教育研究センター	栃木県	

2010年	パンギョ・ハウジング	韓国・城南市
2012年	天津図書館	中国・天津市
	平田みんなの家	岩手県
	KAAT×地点「トカトントンと」	神奈川県
2013年	横浜動物の森公園サバンナゾーンレストラン他	神奈川県
2014年	ソウル江南ハウジング	韓国・江南市
2016年	横浜市立大学YCUスクエア	神奈川県
2018年	横浜市立子安小学校	神奈川県
	集合住宅	東京都
2019年	東京ウェルズテクニカルセンター	静岡県
2020年	THE CIRCLE チューリッヒ国際空港複合施設	スイス・クローテン市
2022年	名古屋造形大学	愛知県
2024年	ジャズ喫茶ちぐさ	builging
	桃園市美術館	builging

著作

表紙	年	書名	シリーズ等	出版社	備考
	1986年	『建築―あすへの予感　離陸への準備』	建築文化別冊	彰国社	共著
		『山本理顕』	シリーズ 現代建築空間と方法23巻	同朋舎出版	
	1991年	『緑園都市　山本理顕の建築』		ギャラリー・間	
	1993年	『細胞都市』	INAX ALBUM12	LIXIL出版	
		『住居論』	シリーズ 住まい学体系54巻	住まいの図書館出版局	
	1994年	『私の建築手法 原広司・山本理顕・石井和紘』	シリーズ 東西アスファルト事業協同組合公演記録集	東西アスファルト事業協同組合	
	1997年	『建築家　山本理顕』		鹿島出版会	
	1999年	『Cell City La vill cellulaire』		フランス建築家協会（フランス）	
		『Riken Yamamoto』		Birkhäuser（スイス）	
	2001年	『PLOT 01：山本理顕』		A.D.A.EDITA Tokyo	

	年	書名	備考	出版社	
		『山本理顕／システムズストラクチュアのディテール』		彰国社	
	2002年	『私の建築手法 山本理顕・青木淳・内藤廣』	シリーズ 東西アスファルト事業協同組合公演記録集	東西アスファルト事業協同組合	
	2003年	『つくりながら考える　使いながらつくる』		TOTO出版	
	2004年	『新編 住居論』		平凡社	
		『「51C」家族を容れるハコの戦後と現在』		平凡社	共著
	2005年	『山本理显设计实例』		中国建筑工业出版社（中国）	
	2006年	『徹底討論　私たちが住みたい都市』		平凡社	編著
		『建行道　山本理顕に耳を澄ませ』		BankART	
		『建築の可能性、山本理顕的想像力』		王国社	
		『コンペに勝つ！』		新建築社	共著

	年	書名	シリーズ	出版社	
	2007年	『建築をつくることは未来をつくることである』		TOTO出版	共著
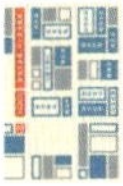		『建築の新しさ、都市の未来』	シリーズ 建築文化シナジー	彰国社	編著
	2010年	『地域社会圏モデル　国家と個人のあいだを構想せよ』	シリーズ 建築のちから3巻	LIXIL出版	共著
		『未来コンパス　13歳からの大学授業』	シリーズ 桐光学園特別授業	水曜社	共著
		『私の建築手法　山本理顕』	シリーズ 東西アスファルト事業協同組合公演記録集	東西アスファルト事業協同組合	
	2011年	『みんなが描いた「みんなの家」』		総合資格学院	編著
	2012年	『RIKEN YAMAMOTO 山本理顕の建築』		TOTO出版	
		『釜石 平田 みんなの家　昼は、カフェ　夜は、居酒屋』			編著
		『未来の住人のために』	シリーズ OURS TEXT	nobody 編集部	共著
		『地域社会圏主義　増補改訂版』		LIXIL出版	共著

	2015年	『権力の空間／空間の権力　個人と国家の〈あいだ〉を設計せよ』	シリーズ 講談社選書メチエ	講談社	
	2016年	『いま、〈日本〉を考えるということ』	シリーズ 河出ブックス	河出書房新社	編著
	2019年	『脱住宅　「小さな経済圏」を設計する』		平凡社	共著
		『都市美 第1号　コミュニティ権 新しい希望』		左右社	責任編集
	2021年	『都市美 第2号　公的空間の作法』		一般社団法人地域社会圏研究所	責任編集
	2023年	『MATERIALIZATION　山本理顕的設計監理思想』		建築技術	編著
		『都市美 第3号　国家と住宅』		一般社団法人地域社会圏研究所	責任編集
		『地域社会圏主義　増補改訂版』		TWO VIRGINS	共著
	2024年	『THE SPACE OF POWER, THE POWER OF SPACE』		一般社団法人地域社会圏研究所	

編集後記　布野修司

建築界のノーベル賞といわれるけれど、プリツカー賞とはいったいどんな賞か？　その一般的なイメージは、これまでにない、人目を惹く建築によって、国際的に注目され、世界中の建築家に影響を与えた建築家に与えられる賞といったものであろう。しかし、山本理顕の場合、必ずしもそうしたイメージはない。

プリツカーとは何者か、ハイアット財団とは？　受賞理由は？　審査委員は？……審査委員長のアレハンドロ・アラヴェナの仕事、また、直近のプリツカー賞受賞者を改めて調べた。イリノイ工科大学（ミース・ファン・デル・ローエ設計）での記念講演の後のパネルディスカッション「コミュニティ」をめぐる議論に登壇した面々とアラヴェナ、山本理顕は、完全に、「世界」を共有している。誤解を恐れずに言えば、プリツカー賞の評価基準は「ソーシャル・アート」にシフトしつつある。この『都市美』臨時増刊の編集方針の第一は、山本理顕のプリツカー賞受賞の意義を伝えることである。

そして第二は、山本理顕の足跡をその原点に遡って振り返ることである。『住居論』（１９９３）『建築の可能性　山本理顕的想像力』（２００６）『地域社会圏主義』（２０１３、２０２３）『権力の空間／空間の権力』（２０１５）『脱住宅　「小さな経済圏」を設計する』（２０１８）といった著作があるから、時々の求めに応じて書かれた論考を読み直したいと思った。驚いたのは、卒業論文が『装飾論』（１９６７）であり、修士論文『住居の意味論的構造』（１９７１）において、既に、その住居論、閾論の骨格が書かれていることである。

建築作品については、２０２５年７月に横須賀市立美術館で開催される「山本理顕展」のために制作される作品集に委ねたいと思う。

都市美 臨時増刊号

2025年1月21日発行

責任編集　布野修司

発行　一般社団法人地域社会圏研究所
〒221-0843 神奈川県横浜市神奈川区松ヶ丘37-1
TEL.045-620-8081

編集　今井章博、中村睦美
野坂京子（山本理顕設計工場）

組版　アイランドコレクション

装丁　廣村正彰＋中村一行（HIROMURA DESIGN OFFICE）

発売　株式会社河出書房新社
〒162-8544 東京都新宿区東五軒町2-13
TEL.03-3404-1201（営業）

印刷　創栄図書印刷株式会社

ISBN978-4-309-92286-7 Printed in Japan.